"十二五"职业教育国家规划教材
经全国职业教育教材审定委员会审定

花卉生产与应用

HUAHUI SHENGCHAN YU YINGYONG

第二版

张秀丽　张淑梅　主编

化学工业出版社
·北京·

《花卉生产与应用》(第二版)采用项目教学法和典型任务相结合的"理实一体化"教学改革模式，在教材结构、顺序、内容等方面都进行了大胆的改进。根据课程结构和教学特点，分成花卉应用、花卉生产、花卉的经营管理3个模块，10个项目，26个工作任务。全书采用彩色印刷，图片精美，效果直观，便于学生理解和掌握。本书配有电子课件，可从 www.cipedu.com.cn 下载使用。

本书可作为职业院校园林技术、园艺技术、林学等专业教材，也可作为相关专业远程教育、技术培训及花卉栽植与养护技术人员的学习用书。

图书在版编目(CIP)数据

花卉生产与应用 / 张秀丽，张淑梅主编. —2版. —北京：化学工业出版社，2016.10
"十二五"职业教育国家规划教材
ISBN 978-7-122-27876-0

Ⅰ.①花… Ⅱ.①张… ②张… Ⅲ.①花卉—观赏园艺—职业教育—教材 Ⅳ.①S68

中国版本图书馆CIP数据核字(2016)第197543号

责任编辑：李植峰　迟　蕾　　装帧设计：史利平
责任校对：宋　夏

出版发行：化学工业出版社(北京市东城区青年湖南街13号　邮政编码100011)
印　　装：北京瑞禾彩色印刷有限公司
787mm×1092mm　1/16　印张15　字数418千字　2017年1月北京第2版第1次印刷

购书咨询：010-64518888(传真：010-64519686)　售后服务：010-64518899
网　　址：http://www.cip.com.cn
凡购买本书，如有缺损质量问题，本社销售中心负责调换。

定　　价：48.00元

《花卉生产与应用》（第二版）编审人员

主　　编　张秀丽　张淑梅

副 主 编　柳玉晶　郑志勇　荆建湘　夏忠强

参编人员（按姓名汉语拼音排列）

韩　雪（黑龙江林业职业技术学院）
胡　军（辽宁农业职业技术学院）
华庆路（吉林省榆树市环城乡农业技术推广站）
季晓飞（辽宁省大连市英歌石植物园）
贾大新（辽宁农业职业技术学院）
荆建湘（山东省济宁市高级职业学校）
柳玉晶（辽宁农业职业技术学院）
陆荣成（辽宁省盘锦市昊霆园林绿化工程有限责任公司）
王　辉（信阳农林学院林学系）
王庆菊（辽宁农业职业技术学院）
王兴东（辽宁省农业科学院果树科学研究所）
王再鹏（辽宁农业职业技术学院）
夏忠强（辽宁农业职业技术学院）
杨晓菊（辽宁农业职业技术学院）
于春雷（辽宁省经济作物研究所）
张淑梅（辽宁农业职业技术学院）
张晓波（辽宁省经济作物研究所）
张秀丽（辽宁农业职业技术学院）
张　颖（宿迁学院）
张咏新（辽宁农业职业技术学院）
赵思金（辽宁省营口市经济技术开发区林业局）
郑志勇（北京农业职业学院）
赵培军（辽宁农业职业技术学院）

主　　审　王贵玲（辽宁省大连市世纪种苗有限公司）
张　超（辽宁省盘锦市展鹏实业有限公司）

前言
PREFACE

按照《教育部关于“十二五”职业教育国家规划教材建设的若干意见》（教职成[2012]9号）的要求，依据教育部《高等职业学校专业教学标准（试行）》，结合本教材的使用情况和社会对人才的需求，对本教材进行修订。

本教材以工作过程为导向，以典型工作任务和生产项目为载体，遵循高等教育发展规律，重组教材内容，从花卉应用、花卉生产和花卉的经营管理三个方面进行编写，使学生先认识花卉的社会应用价值，带动其继续深入学习。整部教材体现了工学结合的课程设计理念，便于理实一体化教学，充分体现了“走出教室练，进入项目干，跟着企业走，随着季节转”的教学理念，为高等职业教育教学提供了教材保障。

本教材由张秀丽、张淑梅任主编，柳玉晶、郑志勇、荆建湘、夏忠强任副主编。具体编写分工如下：

模块一：项目一中任务一、任务二，项目二中任务一、任务二；模块二：项目一中任务一、任务三，项目二中任务一、任务三，项目三中任务一、任务三，项目四中任务一、任务三及开卷有益部分内容及各部分的技能考核与评价均由张秀丽编写，相应图片由张秀丽提供。模块一：项目三中任务一、任务二，项目四中任务一、任务二由张淑梅编写，相应图片由张淑梅提供。模块二：项目一中任务二，项目二中任务二，项目三中任务二，项目四中任务二及自我提升部分由柳玉晶编写，相应图片由柳玉晶提供。模块三：由夏忠强编写。此外，郑志勇、荆建湘、贾大新、王辉、赵思金、王兴东、韩雪、张咏新、王庆菊、杨晓菊、王再鹏、张晓波、于春雷、张颖、张玉玲、刘云强、胡军、赵培军、华庆路、季晓飞、陆荣成参与了本教材部分内容的整理工作。全书由张秀丽统稿，王贵玲、张超担任主审。

本教材是高等职业教育园林技术专业核心课程教材之一，注重实际操作，内容深入浅出，体系系统完整，表述通俗简练，具有较鲜明的职业特色，可做高职高专院校的教材，也可作为成人相关专业培训教材或花卉爱好者的自学手册。

在编写过程中，本教材参考借鉴了大量有关学者、专家的著作、资料，在此表示感谢！因时间仓促及编者地域和水平所限，不当之处在所难免，请读者批评指正！在此先表示谢意！

编　者

2016年2月

第一版 前言 PREFACE

根据社会对人才的需求，高等职业教育不断改革创新，逐渐形成以培养学生职业能力为主线，立足行业岗位要求为目标的人才培养模式。相对于高等职业教育的这种快速发展，新的人才培养模式的确立，现有的某些教材相对滞后。因此，加强课程改革、加快教材建设已成为目前教学改革的首要任务。本教材以工作过程为导向，以典型工作任务和生产项目为载体，遵循高等职业教育发展规律，重组教材内容。整部教材体现了工学结合的课程设计理念，便于“理实一体化”教学，充分体现了“走出教室练，进入项目干，跟着企业走，随着季节转”的教学理念。

本教材由张秀丽、张淑梅主编，柳玉晶、夏忠强、张咏新、王庆菊副主编。具体编写分工如下。

模块一：项目一中任务一、任务二，项目二中任务一、任务二；模块二：项目一中任务一、任务三，项目二中任务一、任务三，项目三中任务一、任务三，项目四中任务一、任务三均由张秀丽编写，相应图片由张秀丽提供。模块一：项目三中任务一、任务二，项目四中任务一、任务二由张淑梅编写，相应图片由张淑梅提供。模块二：项目一中任务二，项目二中任务二，项目三中任务二，项目四中任务二由柳玉晶编写，相应图片由柳玉晶提供。模块三：由夏忠强编写。此外，贾大新、赵思金、张玉玲、杨晓菊、刘云强、胡军、王再鹏、赵培军参与了本教材部分内容的整理工作。全书由张秀丽统稿，王国东、吴艳华担任主审。

本教材是高等职业教育园林技术专业核心课程教材之一，注重实际操作，内容深入浅出，体系系统完整，语言表述通俗简练，具有较鲜明的职业特色，可做高职高专院校的教材，也可作为成人相关专业培训教材或花卉爱好者的自学手册。

在编写过程中，本教材参考借鉴了大量有关学者、专家的著作、资料，在此表示感谢。同时，本书在编写过程中得到了辽宁省农业科学院果树科学研究所王兴东、大连世纪种苗有限公司王贵玲的很大帮助，在此一并表示感谢。因时间仓促及编者地域和水平所限，书稿中不当之处在所难免，请读者批评指正。在此先表示谢意。

编　者

2012 年 5 月

目录
CONTENTS

目录
CONTENTS

开卷有益　花卉的分类

中国被西方人士称为“园林之母”，园林植物资源极其丰富。各国园林界、植物学界对中国评价极高，视为世界园林植物重要发祥地之一。很多奇花嘉木最初都是由我国传至世界各地的，如芍药、荷花、梅花、兰花、牡丹、山茶、萱草、杜鹃花等。

花卉有广、狭两种含义。狭义的花卉是指有观赏价值的草本植物。如睡莲（图 0–1）、芍药（图 0–2）、羽衣甘蓝（图 0–3）、大丽花（图 0–4）、香石竹等；广义的花卉除指有观赏价值的草本植物外，还包括草本或木本的地被植物（如沿阶草类）、花灌木（如月季）、开花乔木（桃花）以及盆景等。（图 0–5 ～图 0–11）。

图 0–1　睡莲

图 0–2　芍药

图 0–3　羽衣甘蓝

图 0–4　大丽花

图 0-5　红王子锦带

图 0-6　月季

图 0-7　大花水桠木 1

图 0-8　大花水桠木 2

图 0-9　盆景

图 0-10　鸡树条荚蒾 1

图 0-11　鸡树条荚蒾 2

花卉的种类繁多，范围甚广，来源于世界各地，习性各异。栽培应用方式多种多样。分类方法因依据不同而不同。

一、按生物学特性分类

从生物学特性上分为草本花卉和木本花卉。

（一）草本花卉

植株的茎是草质茎，柔软多汁，木质化程度不高。按其形态可分为一二年生花卉、宿根花卉、球根花卉、水生花卉和多浆植物等 5 种类型。

1. 一二年生花卉

（1）一年生花卉　在一个生长季内完成生活史的花卉。即从播种到开花、结实、枯死均在一个生长季内完成。一般春天播种，夏秋开花结实，然后枯死，故又称为春播花卉。如百日草（图 0–12）、孔雀草（图 0–13）、鸡冠花（图 0–14）、半支莲、波斯菊（图 0–15）、麦秆菊等。

图 0–12　百日草

图 0–13　孔雀草

（2）二年生花卉　在两个生长季内完成生活史的花卉。一般秋天播种，翌年春天开花结实，然后枯死，故又称为秋播花卉。如紫罗兰、桂竹香、羽衣甘蓝（图 0–16 等）。

图 0–14　鸡冠花

图 0–15　波斯菊

图 0–16　羽衣甘蓝

2. 宿根花卉

宿根花卉是指植株入冬后，根系在土壤中宿存越冬，第二年春天萌发而开花的多年生花卉。其地下部分形态正常，不发生变态。如假龙头（图 0–17）、玉簪、荷包牡丹、菊花、肥皂草、萱草、宿根福禄考（图 0–18）、芍药（图 0–19）等。

图 0–17　假龙头

图 0–18　宿根福禄考

图 0–19　芍药

3. 球根花卉

球根花卉是指地下根或地下茎已变态为膨大的根或茎，以其贮藏水分和养分来度过休眠期的花卉。球根花卉按形态的不同分为 5 类。

（1）鳞茎类　地下茎膨大呈扁平球状，由许多肥厚鳞片相互抱合而成的花卉。如水仙、郁金香（图 0–20）、百合及风信子。

（2）球茎类　地下茎膨大呈球形，茎内部实质，表面有环状节痕，顶端有肥大的顶芽，侧芽不发达的花卉。如唐菖蒲（图 0–21）、香雪兰等。

（3）块茎类　地下茎膨大呈块状，外形不规则，表面无环状节痕，块茎顶部有几个发芽点的花卉。如仙客来（图 0–22）、马蹄莲、大岩桐、彩叶芋、菊芋等。

图 0–20　郁金香

图 0–21　唐菖蒲

图 0–22　仙客来

（4）根茎类　地下茎膨大呈粗长的根状，内部肉质，外形具有分枝，有明显的节间，在每节上可发生侧芽的花卉（图 0–23）。如美人蕉、鸢尾等。

（5）块根类　地下根肥大呈纺锤体形，芽着生在根颈处，由此处萌芽而长成植株的花卉。如大丽花（图 0–24）、花毛茛（图 0–25）等。

图 0–23　美人蕉

图 0–24　大丽花

图 0–25　花毛茛

4. 水生花卉

水生花卉是指常年生长在水中或沼泽地中的多年生草本花卉。按其生态分为以下几种。

（1）挺水类　根扎于泥中，茎叶挺出水面，花开时离开水面。如荷花（图 0–26）、千屈菜（图 0–27）、香蒲、水葱等。

（2）浮水类　根生泥中，叶面浮于水面或略高于水面，花开时近水面。如睡莲（图 0–28）、王莲（图 0–29）等。

图 0–26　荷花

图 0–27　千屈菜

图 0–28　睡莲

图 0–29　王莲

（3）沉水类　根扎于泥中，茎叶全部沉入水中，仅在水浅时偶有露出水面。如金鱼藻、苦草、黑藻等。

（4）漂浮类　根漂于水中，叶浮于水面，随水漂移，在水浅处可生根于泥中。如浮萍、凤眼莲、满江红。

5. 多浆花卉

多浆花卉是指植株茎变态为肥厚能贮存水分、营养的掌状、球状及棱柱状；叶变态为针刺状或厚叶状，并附有蜡质且能减少水分蒸发的多年生花卉。常见的有仙人掌科的仙人掌、仙人球、金琥（图 0–30）、昙花、令箭荷花，大戟科的虎刺梅，番杏科的松叶菊，萝摩科的佛手掌，景天科的燕子掌、毛叶景天，龙舌兰科的虎皮兰、酒瓶兰等。

（二）木本花卉

木本花卉是指植物茎木质化，木质部发达，枝干坚硬，难折断的多年生木本花卉。根据形态分为 3 类。

1. 乔木类

乔木类是指地上部有明显的主干，侧枝由主干发出，树干和树冠有明显区别的花卉。如银杏、碧桃（图 0–31）、桂花 、梅花、橡皮树、樱花（图 0–32）等。

2. 灌木类

灌木类是指地上部无明显的主干，由地面萌发出丛生状枝条的花卉。如月季（图 0–33）、腊梅、栀子花、贴梗海棠、绣线菊（图 0–34）、牡丹（图 0–35）等。

3. 藤木类

藤木类是指植物茎木质化，长而细弱，不能直立，需缠绕或攀援其他植物体上才能生长的花卉。如凌霄（图 0–36）、紫藤、爬山虎等。

图 0–30　金琥

图 0–31　碧桃

图 0–32　樱花

图 0–33　月季

图 0–34　绣线菊

图 0-35　牡丹

图 0-36　凌霄

二、按生态学习性分类

（一）按对温度要求分类

根据花卉的耐寒能力，可将其分为 3 类。

1. 耐寒花卉

耐寒花卉是指具有较强的耐寒力，能忍耐 0℃以下的温度，在北方能露地栽培、自然安全越冬的花卉。一般原产于温带及寒带。包括许多宿根花卉、落叶木本花卉及部分二年生草花、秋植球根花卉，如郁金香、丁香、蜀葵、玉簪等。

2. 半耐寒花卉

半耐寒花卉是指耐寒力介于耐寒花卉与不耐寒花卉之间的一类花卉。它们多原产于暖温带，生长期间能短期忍受 0℃左右的低温。在北方需加防寒设施方可安全越冬。如大部分二年生花卉、部分常绿木本花卉等。

3. 不耐寒花卉

这类花卉多原产于热带及亚热带或暖温带。在其生长期间要求较高的温度，不能忍受 0℃的温度，其中的一部分种类甚至不能忍受 5℃左右的温度。它们在温带寒冷地区不能露地越冬，低温下停止生长或死亡，必须有温室设施满足其对环境的要求才能正常生长。

（二）按对光照要求分类

1. 按光照强度分类

（1）阳性植物：这类花卉向阳性极强，好在全光照条件下生长，不能忍受任何大幅度的遮荫，只有在夏季阳光强烈的中午，才能使其处于光饱和点。如光照不足，则光合效率低，花芽形成较慢，植株提早衰老，花小且少，色淡，香味不浓。如香石竹、旱金莲等。

（2）阴性花卉：要求有一定的遮荫，其荫蔽度要求 50% 左右，因而需光较少，不能忍受阳光的强烈直射，否则，叶绿素遭到破坏，植株生长不良，甚至死亡。所以阴性花卉喜生长于散光的环境下，夏季还需遮荫。如兰花类、杜鹃类及秋海棠等。

（3）中性花卉：介于以上二者之间，它既喜光向阳，又耐阴，但在全光照或全阴条件下又都生长不良。一般地讲，中性花卉要使其生长健壮，也必须有充足的光照，只是在盛夏光强时才需遮荫。如南天竹、昙花、八仙花等。

2. 按光照长短分类

（1）短日照花卉：这类花卉在开花前的生长发育期中，要求有一段夜长昼短的光照时间，花才能现蕾开花，一般光照短于 12 ~ 14 h。如菊花、一品红，在长日照条件下只能生长，只有在入秋后，光照时间减少，才能进行花芽分化。

（2）长日照花卉：这类花卉必须在昼长夜短的光照条件下才能由营养生长阶段进入开花生殖阶段，一般要求每日光照时间在 13 ~ 14 h 以上。如唐菖蒲、米兰、香豌豆等都属于长日照花卉。

（3）中日照花卉：这类花卉对日照时间没有明显的反应，只要环境条件适宜，一年四季均可开花。如月季、扶桑、天竺葵等。

（三）依对水分的适应性分类

1. 旱生花卉

这类花卉形成了适应干旱气候生态环境的形态结构与生理适应性，因而能耐较长时间的缺水，它们大多根系发达，细胞液浓度大，渗透压高，叶片革质或具蜡纸层，针刺状，茸毛、膜质鳞片状，气孔少且小，栅栏组织发达，茎肉质多浆等。如仙人掌类多肉植物以及虎刺梅、半支莲等。在栽培管理上应掌握“宁干勿湿”的原则。

2. 湿生花卉

这类花卉叶大质薄，柔软多汁，根系浅，根毛少；细胞液浓度低，渗透压小，组织疏松。在干旱环境中生长不良，姿色淡薄，甚至死亡。因而，在生长期需大量的水分与很高的空气湿度。如海芋、旱伞草、鸭趾草等。在栽培在栽培管理上应掌握“宁湿勿干”的原则。

3. 水生花卉

这类花卉必须终日生活在水中或沼泽地。因而，根茎及叶内有高度发达的通气组织，使其呼吸作用得以畅通进行，若一旦失水，则叶片很快焦边枯黄，若不及时挽救，很快就会死亡。

4. 中生花卉

在水湿的条件适中的土壤上才能正常生长的花卉。其中有些花卉具有一定的耐旱力或耐湿力。中生花卉的特征是根系及疏导系统较发达；叶表面有角质层，叶片的栅栏组织和海绵组织较整齐。大多数的花卉属于这类。

（四）按土壤要求的分类

1. 酸性土花卉

酸性土花卉指那些在酸性或强酸性土壤上才能正常生长的花卉。它们要求土壤的 pH 值小于 6.5。如栀子、杜鹃、山茶等。

2. 微碱性土花卉

微碱性土花卉指那些在微碱性土壤上生长良好的花卉。它们要求土壤的 pH 值大于 7.5。如瓜叶菊、石竹、天竺葵等。

3. 中性土花卉

中性土花卉是指在中性土壤（pH 为 6.5 ~ 7.5）上生长最佳的花卉。如月季、菊花、一串红、凤仙花等大多数露地花卉。

三、其他分类方法

除了以上两种主要分类方法以外，还有下面几种常见的分类方法。

（一）按观赏部位分类

观花类：以观赏花形、花色、花香为主。如杜鹃、月季、牡丹、仙客来、菊花等。
观叶类：观赏叶形、叶色为主。如一叶兰、彩叶草。
观茎类：以观赏植物茎为主。如光棍树、虎刺梅。
观芽类：以观赏叶芽或花芽为主。如玉兰、木兰。
观果类：以观赏果实为主。如金橘、石榴、朝天椒、佛手。

（二）按开花季节分类

春花类、夏花类、秋花类、冬花类。

（三）按用途分类

室内花卉、庭园花卉、棚架花卉、切花花卉、食用花卉、药用花卉。

（四）按栽培方式分类

露地栽培、温室栽培、切花栽培、盆花栽培、促成栽培、抑制栽培、无土栽培等。

模块一 花卉应用

项目一　花坛的设计与施工

知识目标

- 掌握花坛的设计原则与方法。
- 掌握花坛的施工方法。
- 掌握花坛的配置原则。

技能目标

- 能够进行花坛的设计与花卉的配置。
- 能够合理选择花坛花卉种植材料。
- 能熟练进行花坛的施工与管理。

任务提出

- 如何进行花坛的配置？如何选择正确的花材？如何进行花坛施工？

任务分析

- 本次任务主要了解花坛的类型和设计原则；掌握花坛的配置方法；能够根据花坛的类型特点选择适合的花坛花卉。

学习内容

花坛源于西方，对花坛的定义在各个历史时期是不同的，其最初定义是在具有几何形轮廓的种植床内，种植各种不同色彩的花卉，运用花卉的群体效果来体现图案纹样，或观赏花卉盛开时绚丽景观的一种花卉应用形式。它以特定的轮廓，新颖的造型来进行造景，以鲜艳色彩的观花或者观叶植物选择搭配，突出表现植物的群体美（图 1.1.1）。

图 1.1.1　表现植物群体美的花坛

任务一 花坛的设计

花坛在环境中可做为主景，亦可作为配景。花坛样式与色彩的多样性可供设计者广泛地选择。花坛的设计首先应考虑花坛的风格、体量、形状等方面与周围环境相协调，其次才考虑其自身的特点。

例如在民族风格的建筑前设计花坛，应选择具有中国传统风格的图案纹样和形式。在现代风格的建筑物前可设计有时代感的一些抽象图案，其形式多变化，力求新颖。

一、花坛设计的原则

花坛的规划设计是植物造景的一种重要应用，它与其他植物造景的要求既有相似的特点又有区别。一般应遵循如下原则。

① 主题原则。主题是造景思想的体现，是花坛神之所在。特别是作为主景设计的花坛从各个方面都应该充分体现其主题功能和目的，即文化、保健、美化、教育等多方面功能。而作为建筑物陪衬则应与相应的主题统一、协调，不论是形状、大小、色彩等都不应喧宾夺主。

② 美学原则。美是花坛设计的关键。花坛的设计主要在于表现美。因此花坛的设计在其组成的各个部分从形式、色彩、风格等方面都要遵循美学原则。特别是花坛的色彩布置，既要有协调，又要有对比。对于花坛群的设计既要有统一，又要有变化，才能起到花坛的装饰效果，从尺度上更要重视人的感觉，充分体现花坛的功能和目的。

③ 文化性原则。植物景观本身就是一种文化体现，花坛的植物搭配也不例外，它同样可以给人以文化享受。

④ 花坛布置与环境相协调的原则。优美的植物景观与周围的环境是相辅相成的。在整个园林构图之中，花坛作为其中构图要素中的一个重要组成部分，应与整个园林植物景观，建筑格调相一致、相协调，才可能得到相得益彰的效果，主景花坛应丰富多彩，在各方面都要突出，配景花坛则应简单朴素。同时花坛的形状、大小、高低、色彩等都应与园林空间环境相协调。

⑤ 花坛植物选择与花坛类型和观赏特点相呼应的原则。盛花花坛是以色彩构图为主，宜用开花繁茂、花期一致、花期较长、花株高度一致的花卉。模纹花坛以图案为主，应选择株型低矮、分枝密、耐修剪、叶色鲜明的植物。

图 1.1.2　设置在广场中央的花坛

二、花坛位置的选择

花坛常常作为主景出现在人们的视觉中，所以常设置在广场或草坪的中央、大门内外。少数情况下作为配景出现，此时可设在喷泉周围或高大建筑物前（图 1.1.2）。

三、花坛形状和面积的确定

花坛的形状也要与周围的环境相协调。如果周围的形状是长形或方形的，则花坛的形状也要为长形或方形或其形状的演变体。

如果周围的形状是圆形的，则花坛的形状最好也是圆形的。

花坛的面积要根据具体情况而定，不能一概而论。但花坛不宜过大，过大既不易布置，也不易与周围环境协调，又不利于管理。场地过大时，可将其分为几个小型花坛，使其相互配合形成花坛群。如果在广场或草坪中布置花坛，一般为广场或草坪面积的 1/5 ~ 1/3。如果在大门内外或建筑物前面布置花坛，则花坛直径以 10m 左右较为适合。出入口处设置花坛以美观不妨碍游人路线为原则，花坛的高度应在人们的视平线以下，使人们能够看清花坛的全貌。为了使花坛层次分明、便于排水，花坛应呈四周低中心高或前低后高的斜坡形式。 花坛的外部轮廓也应与建筑物边线、相邻的路边和广场的形状协调。色彩应与所在环境有所区别，既起到醒目和装饰作用，又可与环境协调，融于环境之中，形成整体美及特色。

四、花坛花卉配置

在花坛配置时，整个布局的色彩要有主宾之分，不能一概而论，同时也不要采用过多的对比色，使所要体现的图案显得混乱无章。

1. 植株配置

花坛中各种花卉的株高、株形、叶形、花形以及花色，均应合理配置，避免株高参差不齐，颜色单一重叠或图案杂乱不清。株高配置时，花坛内侧的植物要略高于外侧，中心植物要略高于四周植物，由内而外，自然、平滑过渡。若高度相差较大，可以采用垫板或垫盆的办法来弥补，使整个花坛表面线条流畅，美观大方（图 1.1.3）。

图 1.1.3 植株配置

边缘植物的选择与配置也相当重要，配置的好与坏，直接影响整个花坛的观赏效果。边缘植物可配置一圈，也可两圈，高度应低于内侧花卉，品种选配视整个花坛的风格而定，若花坛中的花卉株型规整，色彩简洁，可采用枝条自由舒展的丛生福禄考作镶边植物，若花坛中的花卉株型较松散，花坛图案较复杂，可采用整齐的德国景天等作镶边植物，以使整个花坛显得协调、自然。总之，镶边植物不只是陪衬，搭配得好，能起到画龙点睛的作用。

2. 色彩配置

花坛内花卉的色彩是否配合得协调，直接影响观赏效果。红、黄、蓝称为三原色或基本色。三种基本色不同比例的混合，便形成丰富多样的颜色。按色彩的配合变化，排列成色环图，由两种原色混合而产生的颜色称为间色。如蓝和黄相配得到绿色，红与蓝相配得到紫色，红和黄相配得到橙色。在色环图中相对的两种颜色，称为对比色，如红色与绿色，蓝色与橙色。从色彩给予人的感觉上说，又可分为暖色（显色）和冷色（隐色）。一般认为红、橙、粉、黄为暖色（显色），而绿、蓝、紫为冷色（隐色）。白色属于中间色，给人以调和的感觉。花坛花卉在颜色配置上，一般认为暖色（显色）会给人以热情、兴奋的感觉，用暖色（显色）所配置的花坛能表现出欢快活泼积极向上的气氛，而冷色（隐色）则给人以沉静、凉爽及深远的感觉，用冷色（隐色）所配置的花坛则显得庄重肃静。多数情况下常常冷色与暖色相结合进行配置。由一两种显色和一种隐色共同配置的花坛，常常会取得明快大方的效果（图 1.1.4）。

3. 图案配置

花坛的图案要简洁明快，线条流畅，突出主题。花坛图案配置，一定要采用大色块构图，在粗线条、大色块中突现各品种的魅力。简单轻松的流线造型，有时可以收到令人意想不到的效果（图 1.1.5）。

图 1.1.4 色彩配置

图 1.1.5 图案配置

五、花坛设计图

一个好的花坛设计图是展现完美花坛的前提。因此在花坛设计施工前必须做好花坛图纸的设计与规划。花坛设计图有以下几种。

1. 环境总平面图

花坛所处的环境条件非常重要，因此应标出花坛所在环境的道路、建筑边界线、广场及绿地等，并绘出花坛平面轮廓。根据花坛面积大小不同，通常可采用 1 ∶ 100 或 1 ∶ 1000 的比例。

2. 花坛平面图

花坛平面图是花坛设计与施工的依据。应标明花坛的图案纹样及所用植物材料。如果用水彩或水粉表现，则按所设计的花色上色或用写意手法渲染。绘出花坛的图案后，用阿拉伯数字或符号在图上依纹样标注使用的花卉，从花坛内部向外部依次编号，并与图旁的植物材料表相对应，表内项目包括花卉的中文名、拉丁学名、株高、株型、花色、花期、用花量等，以便于阅图。若花坛用花随季节变化需要更换，也应在平面图及材料表中予以绘制或说明。

3. 立面效果图

立面效果图用来展示及说明花坛的效果及景观。花坛中某些局部，如造型物等细节部分必要时需绘出立面放大图，但其比例及尺寸应准确，为制作及施工提供可靠数据。

4. 设计说明书

设计说明书主要简述花坛的主题、构思，并说明设计图中难以表现的内容。文字宜简练，也可附在花坛设计图纸内。另外还包括对植物材料的要求、育苗计划、育苗方法、用苗量的计算、起苗、运苗及定植要求，以及花坛建立后的一些养护管理措施等内容。上述内容也可布置在同一图纸上。

六、 盛花花坛的设计

盛花花坛又称为花丛式花坛，主要由观花草本植物组成，表现的主题是盛花时期花卉所形成的整体景观。它的外形可根据地形呈自然式或规则式的几何形等多种形式，花卉配置可根据观赏位置不同而不同。如四面观赏的花坛一般是中央栽植稍高的种类、四周栽植较矮的种类；单面观赏的花坛则前面栽植较矮的种类，后面栽植较高的种类，使其不被遮掩。这类花坛设置和栽植较粗放，没有严格的图案要求。但是，必须注意使植株高低层次清楚、花期一致、色彩协调。一般以一二年生草花为主，适当配置一些盆花（图 1.1.6）。

图 1.1.6　盛花花坛

1. **花卉的选择**

以观花草本为主，可以是一二年生花卉，也可以是多年生球根或宿根花卉。同时可适当选用少量花灌木作为辅助材料。一二年生花卉为花坛的主要材料，其种类繁多，色彩丰富，成本较低。如矮牵牛、一串红、藿香蓟、金鱼草、雏菊、鸡冠花、矢车菊、三色堇、金盏菊、四季秋海棠、美女樱、福禄考、半支莲、孔雀草、石竹、紫罗兰、扫帚草、彩叶草、羽衣甘蓝、红叶甜菜等。球根花卉也是盛花花坛的优良材料，色彩艳丽，开花整齐，但成本较高。常用的球根花卉有：美人蕉、郁金香、风信子、葡萄风信子、喇叭水仙、番红花等。如为球根花卉，要求栽植后花期一致，花色明亮鲜艳，有丰富的色彩幅度变化，纯色搭配及组合较复色混植更为理想，更能体现色彩美。不同种花卉群体配合时，除考虑花色外，也要考虑花的质感相协调才能获得较好的效果。常用宿根花卉有小菊、荷兰菊、宿根福禄考等。

作为盛花花坛主要表现盛花期的群体景观，因此要求选用花期长、开放一致、花色艳丽、株型紧凑，在盛花期尽量达到完全覆盖枝叶，至少保持一个季节的观赏期（图 1.1.7）。

2. **色彩设计**

盛花花坛主要是表现花卉群体的色彩美（图 1.1.8）。其配色方法如下。

图 1.1.7　盛花花坛花卉的选择

图 1.1.8　盛花花坛色彩的设计

（1）对比色应用　这种配色较活泼而明快。深色调的对比较强烈，给人兴奋感，浅色调的对比配合效果较理想，对比不那么强烈，柔和而又鲜明。如紫色 + 浅黄色（紫色矮牵牛 + 黄色万寿菊、藿香蓟 + 黄早菊、假龙头 + 黄色鸡冠花），绿色 + 红色（绿色彩叶草 + 一串红）等。

（2）暖色调应用　类似色或暖色调花卉搭配，色彩不鲜明时可加白色以调剂。这种配色鲜艳，热烈而庄重，在大型花坛中常用。如红 + 黄或红 + 白 + 黄（万寿菊 + 白色矮牵牛 + 一串红或一品红、金盏菊或黄色鸡冠花 + 白雏菊或白色矮牵牛 + 红色四季秋海棠）。

（3）同色调应用　这种配色不常用，适用于小面积花坛及花坛组，起装饰作用，不作主景。

在进行配色设计时要考虑用花意图、季节、周围环境等因素。花坛用色不宜太多，一般花坛以 2 ~ 3 种颜色为好，大型花坛不超过 4 ~ 5 种。配色多而复杂难以表现群体的花色效果，显得杂乱。配色时还应注意颜色对人的视觉及心理的影响，设计色彩的宽窄、面积大小时应有充分的考虑。例如，为了达到视觉上的平衡，冷色用的比例要相对大些才能达到设计的意图。不同种类、同一种类不同品种花卉的颜色配置时应注意同一基色在明度、彩度上的不同。同样是红色，天竺葵的颜色就比一品红显得明亮艳丽，用天竺葵与黄小菊相配效果就好于一品红与黄小菊的搭配。而在一品红与黄小菊间用白色小菊相隔，效果会更好一些。

3. 图案设计

外部轮廓主要是几何图形或几何图形的组合。花坛大小要适度，在平面上过大在视觉上会引起变形。一般观赏轴线以 8 ~ 10m 为宜。现代建筑的外形过于多样化、曲线化，在外形多变的建筑物前设置花坛，可用流线或折线构成外轮，对称，拟对称或自然式均可，以求与环境协调。花坛内部图案要简洁，轮廓明显。忌在有限的面积上设计繁琐的图案，要求有大色块的效果。一个花坛即使用色很少，但图案复杂则花色分散，不易体现整体块效果。

盛花花坛可以是某一季节观赏，如春季花坛、夏季花坛等，至少保持一个季节内有较好的观赏效果。但设计时可同时提出多季观赏的实施方案，可用同一图案更换不同季节的花材，也可另设方案，一个季节花坛景观结束后立即更换下季材料，完成花坛季相交替（图 1.1.9）。

图 1.1.9　盛花花坛图案的设计

七、模纹花坛的设计

模纹花坛是利用花卉的花色或者叶色模仿某一花纹，在花坛中进行布置。多设于广场中央以及公园、机关单位入口处，其特点是应用各种不同色彩的彩叶植物或观花植物，主要表现植物群体形成的华丽纹样，要求图案纹样精美细致，有长期的稳定性，可供较长时间观赏。外形均是规则的几何图形。花坛内图案除用大量矮生性花草外，也可配置一定的草皮或建筑材料，如色砂、瓷砖等，使图案色彩更加突出。模纹花坛中心，在不妨碍视线的条件下，还可选用整形的桧柏、小叶黄杨以及苏铁、龙舌兰等。当然，也可用其他装饰材料点缀，如雕塑、建筑小品、水池和喷泉等（图 1.1.10）。

1．花卉的选择

模纹花坛所用植物的高度和形状对模纹花坛的纹样表现有密切关系，低矮、细密的植物才能形成精美的图案。所以，一定要选择生长缓慢整齐、株型矮小、分枝紧密、叶子细小、萌蘖性强、耐移植、耐修剪、易栽培、缓苗快的植物材料。如果是观花植物要选择花小而繁、观赏价值高的种类，合理搭配植株的高度与形状。具体要求如下。

① 以生长缓慢的多年生植物为主，如景天、萱草、小檗等。一二年生草花生长速度较快，而且生长速度不一，图案不易稳定，如果把它们布置成图案主体则观赏期相对较短，一般不使用。多选择生长缓慢的宿根花卉、球根花卉和低矮的花灌木。

② 以枝叶细小，株丛紧密，萌蘖性强，耐修剪的观叶植物为主。通过修剪可使图案纹样清晰，并维持较长的观赏期。枝叶粗大的材料不易形成精美的纹样，在小面积花坛上尤不适用。观花植物花期短，不耐修剪，若使用少量作点缀，也以植株低矮、花小而密者效果为佳。植株矮小或通过修剪可控制在 5 ~ 10cm 高，耐移植、易栽培、缓苗快的材料为佳。

2．色彩设计

模纹花坛的色彩设计应服从于图案，用植物色彩突出纹样，使之清晰而精美，用色块来组成不同形状。同一个模纹花坛植物的花色要协调，种类不可过多，设计图样要秀美大方，轮廓鲜明，以展示不同花卉或品种的群体效果及其相互配合所形成的绚丽色彩。如选用紫叶小檗与绿色小檗相配合能摆放出各种花纹。

(a) (b) (c) (d) (e) (f)

图 1.1.10　模纹花坛设计

3. 图案设计

模纹花坛用植物组成的图案可选择的内容很多，典型的有：文字、肖像、象征性图案、时钟或日历花坛。常见模纹花坛植物有五色草、小叶黄杨、雀舌黄杨、紫叶小檗、四季秋海棠、半支莲、女贞、绣线菊等。在进行图案设计时要注意以下几个方面。

第一，模纹花坛以突出内部纹样为主，因而植床的外轮廓以线条简洁为宜。面积不易过大，尤其是平面花坛，面积过大在视觉上易造成图案变形的弊病。

第二，内部纹样可较盛花花坛精细复杂些。但点缀及纹样不可过窄过细。以红绿草类为例，不可窄于 5cm，一般草本花卉以能栽植 2 株为限。设计纹样过窄过细则色彩不够鲜明，图案不够清晰，难以表现主题。

第三，内部图案可选择的内容丰富多彩，如仿照某些工艺品的造型、花纹等，设计成毡状花纹。用文字或文字与纹样组合构成图案，如国旗、国徽、会徽等，设计要严格符合比例，不可改动，周边可用纹样装饰，用材也要整齐，使图案精细。设计及施工均较严格，植物材料也要精选，从而真实体现图案形象。也可选用花篮、花瓶、建筑小品、各种动物、花草、乐器等图案或造型，起装饰性作用。此外还可利用一些机器构件，如电动马达等与模纹图案共同组成有实用价值的各种计时器。常见的有日晷花坛（图 1.1.11）、时钟花坛（图 1.1.12）及日历花坛等。

① 日晷花坛　设置在公园、广场有充分阳光照射的草地或广场上，用毛毡花坛组成日晷的底盘，在底盘的南方立一倾斜的指针，在晴天时指针的投影可从早 7 时至下午 5 时指出正确时间。

(a)
（图片来自 q.sohu.com）

(b)
（图片来自 www.hzshjg.com）

图 1.1.11　日晷花坛

② 时钟花坛　用植物材料组成时钟表盘，中心安置电动时钟，指针高出花坛之上，可正确指示时间，设在斜坡上观赏效果较好。

(a)
（图片来自 b2b.youboy.com）

(b)
（图片来自 www.bjzbc.com）

图 1.1.12　时钟花坛

③ 日历花坛　用植物材料组成“年”“月”“日”或“星期”等字样，中间留出空间，用其他材料制成具体的数字填于空位，每日更换。日历花坛也宜设于斜坡上。

八、立体花坛的设计

立体花坛是图案式花坛的立体发展或称立体构型，是指运用一年生或多年生小灌木或草本植物种植在二维或三维的立体构架上而形成的植物艺术造型。它不受场地制约，能充分利用空间，观赏性强，构图变化多样，符合现代城市发展的需求和效率，被誉为“城市活雕塑”又名“植物马赛克”（图 1.1.13）。

(a)

(b)

(c)

(d)

图 1.1.13　立体花坛设计

立体花坛包括二维和三维两种形式。二维立体花坛又称标牌花坛，是利用植物材料把花坛做成距地面一定高度垂直的或斜面的广告宣传牌样式，一般为单面观赏。三维立体花坛可四面观赏，从结构与组成上来说，是由固定结构、介质、介质固定材料和植物材料共同组成立体造型。依据表现形式，三维立体花坛又有造型花坛和造景花坛两种形式。

1. 立体花坛的设计原则

（1）立体花坛设计时应遵循审美原则　立体花坛设计要外在美与内在美相统一，无论是造型花坛还是造景花坛，既不能破坏原有自然景观，也不能违背当地人文景观，应该做到与当时当地环境完美结合，达到和谐美；视觉欣赏做到全方位，色彩绚丽、造型优美，声、光、电合理应用，使其达到视觉美；确定鲜明的主题、丰富的内涵，做到意蕴美；精雕细琢，少而精，达到稀缺美；造型花坛合理利用篆刻凹凸的阴阳纹样，精美细腻地刻画人物、动物及建筑三维，达到精致美；造景花坛配合瀑布、喷泉、水生植物等营建自然山水景观，达到生动美；选好花坛花卉主色调，合理搭配对比色和调和色，达到调和美观。

（2）立体花坛设计时应与周围环境条件相协调　立体花坛设计就是花卉艺术与环境巧妙结合的过程，无论是抽象的还是具体的花坛，所要表现的形式和主题思想，都要力求达到与周围环境及陪衬主体内容相符合。不同的建筑物和绿化环境，要求设计不同的立体花坛式样。同时要注意花坛高度与环境要协调一致。种植箱式可较高，台阶式不宜过高。除个别场合利用立体花坛作屏障外，一般应在人的视觉观赏范围之内；高度要与花坛面积成比例。以四面观圆形花坛为例，一般高为花坛直径的 1/6 ~ 1/4 较好；设计时各种形式的立面花坛不应露出架子及种植箱或花盆，以充分展示植物材料的色彩或组成的图案；还要考虑实施的可能性及安全性，如钢木架的承重及安全问题等。

（3）立体花坛设计时应注重可持续发展的生态理念　设计立体花坛一方面倡导选择、开发一些环保且有利于人们身心健康的植物材料，另一方面还要注意各类植物的生态学特征，使立体花坛表面的生态绿色植物覆盖率不得少于 80%。使生态理念得到“可持续发展”。立体花坛本身是生态雕塑的载体，它应在主题思想、施工技术、艺术表现、环境效益各方面均体现了现代雕塑的生态化趋势，如花坛结构、水电设备等作品构件可重复利用；微喷滴灌科技延长展示时间；选择开发环保植物品种，保护自然生态环境等。当立体植物艺术作品上升到生态化、人性化、现代化的层次展现城市风貌和城市文化时，立体花坛建设发生了质的变化，更加进一步推动城市的生态绿化和园林事业的发展。

2. 花卉的选择

合理选择立体花坛植物材料非常重要，必须根据植物的生态习性适时适地地选择使用，确保花期交替合理运用，株型高低合理搭配，最大限度将植物材料的质感、纹理与作品效果完美结合。制作立体花坛选取用于立面的花卉材料一般以小型草本为主，依据不同的设计方案也选择一些小型灌木与观赏草等。立体花坛用于立面的花卉要求为矮生、耐修剪、萌芽力强、适应性强、叶型细巧、致密、色彩丰富。

国内早期的立体花坛，使用植物种类较单一，南方以红绿草为主，北方则以五色草居多。目前可供立体花坛选取的植物材料成千上万。如四季海棠类、非洲凤仙、五色草、半枝莲、石莲、银香菊、彩叶草类、宝石花、垂盆草、金叶景天、佛甲草、金叶过路黄、嫣红蔓、红莲子草等。多种植物材料组成的立体花坛比一般的硬雕塑显得更加丰富多彩。

3. 色彩设计

由于花卉材料丰富多样，立体花坛的色彩也变得多姿多彩。有些植物随着季节的变换颜色也发生相应的变化，根据植物的这种特性来选用植物，进行立体花坛色彩设计，会使立体花坛因此显得更为生动、有趣。

4. 图案设计

立体花坛通常在其表面种植五色草而形成一种立体装饰物，它是植草与造型的结合，形同雕塑，观赏效果较好。但不同形式的花坛其图案设计有所区别。

（1）标牌花坛　通常为单面观花坛，但以东、西两向观赏效果好，因为南向光照过强，影响视觉，北向逆光，纹样暗淡，装饰效果差，因此，标牌花坛通常设在道路转角处。常有如下两种方法。

① 用五色草等观叶植物为材料，来表现字体及纹样，栽种在 1 5 cm × 40cm × 70cm 的扁平塑料箱内。完成整体的图案设计后，每箱按照设计图案进行组拼，各箱拼组在一起则构成总体图样。之后，把塑料箱依图案固定在立起（可垂直，也可斜面）的立体构架上，形成立面景观。

② 以观花草本材料为主，表现字体或色彩，多为盆栽或直接种在架子内。架子材料常用钢、砖或木板，设计完成之后，花盆严格按照图案设计摆放其上，或栽植于种植槽式阶梯架内，形成立面景观。

（2）造型花坛　造型花坛以造型物的形象为主，而造型物的形象依环境及花坛主题来设计，可为动物、花瓶、花篮、图徽及建筑小品等等，色彩应与环境的格调、气氛相吻合，比例也要与环境协调。常用的植物材料有五色草类及小菊花等。

任务二 种植花坛与施工

一、盛花花坛的种植与施工

1. 整地

花卉栽培的土壤必须疏松、肥沃、富含腐殖质。因而在种植前，一定要先整地，除去杂草、石砾及其他杂物，根据栽植花木根性的深浅进行翻耕，深根性花木，翻耕深一些，一般应深翻 30 ~ 40cm，打碎土块，耙平。如果土质较差，则应进行土壤改良，根据实际情况可以添加富含腐殖质的基质，也可以进行客土，将表层土（30cm 表土）进行更换。根据需要，施加适量腐熟的有机肥作为底肥。

花坛的形状可以随地形、位置、环境的特点自由处理成各种简单的几何形状，并带有一定的排水坡度。盛花花坛有单面观赏和多面观赏等多种形式。

2. 定点放线

如果花坛面积不大，一般根据图纸规定直接用皮尺量好实际距离，用白灰等点线做出明显的标记。如花坛面积较大，可改用方格法放线。放线时，要严格按照图纸要求进行，注意先后顺序，避免踩坏已放好的标志。

3. 边缘处理

边缘处理方法很多，主要是为了避免游人踩踏装饰花坛，有条件的还可以在花坛的边缘设边缘石及矮栏杆，但必须与周围道路与广场的铺装材料相协调，边缘石一般采用青砖、红砖、石块或水泥制作砌边，高度一般为 10 ~ 15cm，最高不超过 30cm，宽度为 10 ~ 15cm，若兼作座凳则可增至 50cm，具体视花坛大小而定。也有用草坪植物铺边的。花坛边缘的矮栏杆可有可无，主要起保护作用，但设计不宜复杂，高度不宜超过 40cm。

4. 起苗栽植

起苗栽植包括裸根栽植和带土球栽植。

（1）裸根栽植　裸根栽植时应随起随栽，且起苗时应避免伤根，尽量保持根系完整，同时去掉烂根、病根，适当修剪过长的根。如果不能及时栽种的要进行假植。

（2）带土球栽植　为保证起苗时保持根部土球完整，根系丰满，应提前 2 ~ 3 天灌浇苗圃地。盆栽花苗，栽植时，将盆退下，但应注意保证盆土不松散。

二、模纹式花坛的种植与施工

1. 整地

可参考盛花花坛，但由于模纹式花坛的平整度要求比一般花坛高，所以为了防止花坛出现下沉和地面不均匀现象，在施工时应增加 1 ～ 2 次镇压。

2. 上顶子

模纹式花坛的中心多数栽种变叶木、苏铁及其他球形盆栽植物，也有在中心地带布置高低层次不同的盆栽植物，称之为“上顶子”。

3. 定点放线

先将上顶子的盆栽植物种好，然后将其他花坛面积翻耕均匀，耙平，再按图纸的纹样精确地进行定点放线。一般先将花坛表面等分为若干份，再分块按照图纸花纹，用白色细沙，撒在所划的花纹线上。也有用铅丝、胶合板等制成纹样，再在它的地表面上打样。

4. 栽植

一般按照图案花纹先里后外，先中心后四周，先栽主要纹样，后栽其他，逐次进行。栽种时要注意选择苗的大小、株型、要做到苗齐。株行距视植株的大小而定，以五色草为例，一般白草的株行距为 3 ～ 4cm，小叶红草、绿草的株行距为 4 ～ 5cm，大叶红草的株行距为 5 ～ 6cm。平均种植密度每平方米栽草 250 ～ 280 株。最窄的纹样栽白草不少于 3 行，绿草、小叶红、黑草不少于 2 行。

三、立体花坛的种植与施工

1. 立架造型

传统制作的立体花坛一般选用木制、钢筋或砖木等结构作为造型骨架，现在较多采用钢材作为骨架的主要材料。骨架材料要求轻盈，以轻质钢材为好，它具有易弯曲、能形象地反映出图案的形状等优点。

构架的制作是立体花坛成败的关键。外形结构一般应根据设计构图，先用钢筋条搭建构架，之后用细钢筋条“编织”细节部位，形成网状结构，焊接的间距以 15 ～ 18 cm 较为合理，并在构架上安装用来提升它的吊钩，以方便组装和运输。栽植时有两种方式，一种是直接栽种植物，另一种是先在骨架上固定卡槽等栽植容器，再通过卡槽栽种植物。

2. 栽花

立体花坛栽花介质分为营养土、无机固定材料（如矿棉等）或传统的加草泥土。绑扎介质的材料主要有遮阴网、塑料或麻布，固定绑扎可用铅丝、老虎钳、剪刀等工具。喷灌设施的安装与介质同步进行。自动喷灌设施由喷雾和滴灌两部分组成，整个喷灌系统全部由电脑自动控制，随时调整喷出的水量，确保植物的新鲜。如果是通过固定在骨架上的栽植容器栽种植物，需先在栽植容器底部铺上一层稻草或棕丝，接着将培养基质均匀填充进去，然后按照设计图纸进行植物种植。植物栽植要均匀、紧凑，不留空隙，这样才能使其生长一致，色块自然均匀。如果是直接栽种植物，要考虑到植物后期的生长，植物间需预留约 5 cm 的生长空间。

立体花坛应每天喷水，一般情况下每天喷水 2 次，如天气炎热干旱则应多喷几次。每次喷水要细、防止冲刷。

立体花坛《奥运情》制作过程见图 1.1.14。

(a) 布置场地是球场，不能损坏，只好扩大地面的支撑平衡铁架

(b) 这是已制作好的祥云预制件，一般不超过 2.2 m的尺寸，共 18 件

(c) 预制件按设计一件一件往上叠并焊接，而且每件都要安装自动喷淋的软水管相互接驳

(d)5m 高的火把是用网格将插花泥摆成型后逐块拼接而成

(e) 火炬的图案，是由康乃馨切花按图案插成的

(f) 第三层很高，必须使用吊车

(g) 技术员在寻找水管接驳。脚下的网用绿被植物天冬按格铺上

(h) 火炬顶上的火焰是用灯饰制作，内置灯光，是成型的预制品

图 1.1.14

（i）火炬图案进入后期插花，其脚下配上两层铺红地毡平台

（j）祥云下壁装上矮平的牵牛花

（k）技术人员在逐一检查各个拼接口并进行最后整理

（l）围栏用截好的双色排污管有序地粘接

（m）围栏管充上白石米，起稳定和装饰作用

（n）在围栏内装填泥炭土，形成坡度且有利于调节摆放色块花的高度

（o）最后按设计摆上各种颜色的菊花组成图案

（p）立体花坛的背面

（q）立体花坛的正面

（r）立体花坛的夜景

图 1.1.14　立体花坛《奥运情》种植与施工
（以上制作过程来自 http://xycheng168.blog.163.com/blog/static/754430220085610127687/ http://xycheng168.blog.163.com/blog/static/75445302200854113029105/）

花卉奇趣

庭院名花八品

玉兰、海棠、牡丹、桂花、翠竹、芭蕉、梅花、兰花被誉为“江南庭院名花八品”其方言谐音的寓意为“玉堂富贵，祝家平安”。

项目二　花境的设计与施工

知识目标

- 掌握花境的设计原则与方法。
- 掌握花境施工方法。
- 掌握花境的配置原则。

技能目标

- 能够进行花境的设计与花卉的配置。
- 能够进行合理选择花境花卉种植材料。
- 能熟练进行花境的施工与管理。

任务提出

- 如何进行花境的配置？如何选择正确的花材？如何进行花境施工？

任务分析

- 本次任务主要了解花境的类型和设计原则；掌握花境的配置方法；能够根据花境的类型特点选择适合的花境花卉。

学习内容

花境是模拟自然界中林地边缘地带多种野生花卉交错生长的状态，运用艺术手法设计的一种自然式的带状花卉布置，以道路、树群、树丛、绿篱或建筑物作背景，由各种花卉自然配植而成，表现花卉自然散布生长而形成的错落有致的景观。花境的边缘常依周围环境的变化而变化，可以是自然曲线也可以是直线。从平面上看，整个花境的形状不是规划成某种规则的几何形状，而是沿道路等地形作长带状布置。植物材料的搭配，也不是人为地规划成规则的块状，而是像自然界中的自然错落分布，形成不规则的小片状，甚至零星分布。在园林中，不仅能增加自然景观，还有分隔空间和组织游览路线的作用。

任务一 花境的设计

一、花境类型

1. 从设计形式上分类

（1）单面观赏花境　通常整体造型前低后高，前面为低矮的边缘植物，背景为建筑物、矮墙，树丛、绿篱等，多临近道路设置，供一面观赏，是传统的花境形式（图 1.2.1）。

（2）双面观赏花境　通常是中间高两侧低，这种花境没有背景，多设置在草坪上或树丛间，供两面观赏（图 1.2.2）。

图 1.2.1　单面观赏花境

图 1.2.2　双面观赏花境

（3）对应式花境　在园路的两侧，草坪中央或建筑物周围设置相对应的两个花境，这两个花境呈左右分列式。在设计上统一考虑，作为一组景观，多采用拟对称的手法，以求节奏和变化（图 1.2.3）。

(a)　(b)

图 1.2.3　对应式花境

2. 从植物选材上分类

（1）宿根花卉花境　花境全部由可露地越冬的宿根花卉组成。

（2）混合式花境　花境种植材料以耐寒的宿根花卉为主，配置少量的花灌木、球根花卉或一年二年生花卉。这种花境季相分明，色彩丰富（图 1.2.4）。

(a)　(b)

图 1.2.4　混合式花境

（3）专类花卉花境　由同一属不同种类或同一种不同品种植物为主要种植材料的花境。做专类花境用的宿根花卉要求花期、株形、花色等有较丰富的变化，从而体现花境的特点，如芍药类花境、景天类花境、月季类花境等（图 1.2.5）。

二、花境位置的选择

花境是一种半自然式的种植方式，其位置的选择有以下几种。

1. 建筑物墙基前

形体小巧、色彩明快的建筑物前可设置花境，花境在此起到基础种植的作用，可以软化建筑的硬线条，连接周围的自然风景。以 1 ~ 3 层的低矮建筑物前装饰效果为好。围墙、栅栏、篱笆及坡地的挡土墙前也可设置花境（图 1.2.6）。

(a) (b)

图 1.2.5 专类花卉花境

2. 道路旁

园林中游步道边适合设置花境。若在道路尽头有雕塑、喷泉等园林小品，可在道路两边设置花境。在边界物设置单面观花境，既有隔离作用又有好的美化装饰效果。通常在花境前再设置园路或草坪，供人欣赏花境（图 1.2.7）。

(a) (b)

图 1.2.6 建筑物墙基前的花境

(a) (b)

图 1.2.7 道路旁的花境

3. 植篱和树墙前

图 1.2.8　植篱和树篱前的花境

在绿色较长的植篱和树墙前建花境效果最佳。绿色的背景使花境色彩充分表现，而花境又活化了单调的绿篱和绿墙（图 1.2.8）。

4. 草坪和树丛间

在宽阔的草坪和树丛间适宜设置双面观赏的花境，可丰富景观，组织游览路线。通常在花境两侧辟出游步道，以便观赏（图 1.2.9）。

5. 花园中设置

在面积较小的花园周边设置花境，是花境最常用的布置方式。依具体环境可设计成单面观赏、双面观赏或对应式花境（图 1.2.10）。

(a)　(b)　(c)

图 1.2.9　草坪和树丛间的花境

(a)　(b)

图 1.2.10　花园中设置的花境

三、花境植床设计

1. 植床边缘的设计

花境的种植床设计通常是带状的。不同类型的花境其边缘线有所不同，单面观赏花境的前边缘可为直线或自由曲线，后边缘线多采用直线。双面观赏花境的边缘线基本平行，可以是直线，也可以是流畅的自由曲线。

2. 花境朝向的设计

花境朝向不同，光照条件不同，因此在选择植物时要根据花境的具体位置进行选择。对应式花境要求长轴沿南北方向展开，以使左右两个花境光照均匀从而达到设计构想。其他花境可自由选择方向。

3. 花境大小和宽度的设计

花境大小的选择取决于环境空间的大小，通常花境的长轴长度不限，但为管理方便及体现植物布置的节奏感、韵律感，可以把过长的植床分为几段，每段长度不超过 20m 为宜。段与段之间可留 1 ～ 3m 的间歇地段，设置座椅或其他园林小品。从花境自身装饰效果及观赏者视觉要求出发，花境应有适当的宽度。过窄则不易体现群落的景观，过宽如超过视觉鉴赏范围，也给管理造成困难。通常混合花境、双面观赏花境较宿根花境及单面观花境宽些。各类花境的适宜宽度见表 1.2.1。

表 1.2.1　各类花境的适宜宽度

花境的类型	适宜宽度
单面观混合花境	4 ～ 5m
单面观宿根花境	2 ～ 3m
双面观花境	4 ～ 6 m
小花园花境	1 ～ 1.5 m，一般不超过园宽的 1/4

较宽的单面观花境的种植床与背景之间可留出 70 ～ 80cm 的小路，以便于管理，又有通风作用，并能防止做背景的树和灌木根系侵扰花卉。

4. 植床类型确定

植床有平床和高床两种，通常依环境条件而设计，并且应有 2% ～ 4% 排水坡度。一般讲，绿篱、树墙前及草坪边缘土质好、排水力强，在此设计的花境宜采用平床，床面后部稍高，前缘与道路或草坪相平。这种花境给人以整洁感。而在排水差的土质上设计花境，可采用 30 ～ 40cm 高的高床，边缘用不规则的石块镶边，使花境具有粗犷风格。

四、花境背景设计

单面观花境需要背景，背景是花境的组成部分之一，可与花境有一定距离，也可不留距离，设计时应从整体上考虑。可以用建筑物的墙基及各种栅栏作为背景，但一般以绿色或白色为宜。如果背景的颜色或质地不理想，可在背景前选种高大的绿色观叶植物或攀缘植物，形成绿色屏障后，再设置花境。较理想的背景是绿色的树墙或高篱。

五、花境边缘设计

花境边缘设计不宜复杂，要简单、大方，贴近自然。边缘的设计确定了花境的种植范围，也便于管理。不同的植床边缘设计有所区别，高床边缘可用自然的石块、砖头、碎瓦、木条等垒砌而成。平床多用低矮植物镶边，以 15 ～ 20cm 高为宜。可用同种植物，也可用不同植物，以后者更贴近自然。若花境前面为园路或草坪，边缘分明整齐，还可以在花境边缘与环境分界处挖 20cm 宽、40 ~ 50cm 深的沟，填充金属或塑料条板。防止边缘植物侵蔓路面或草坪。

六、种植设计

1. 花卉选择

（1）根据花境特点及花卉的生态习性正确选择适宜材料并设计。首先要以能够在当地露地越冬，不需特殊管理的宿根花卉为主，兼顾一些小花灌木、球根和一二年生花卉。其次，考虑花境背景形成的局部半阴环境中，适宜选用耐阴植物。

（2）根据观赏特性选择植物。因为花卉的观赏特性对形成花境的景观起着决定作用。首先要选择有较长的花期的花卉，且花期能分散于各季节。花序有差异，花色丰富多彩。其次，要有较高的观赏价值。如芳香植物、花形独特的花卉、花叶均美的材料、观叶植物、某些禾本科植物也可选用。但一般不选用斑叶植物，因它们很难与花色调和。

2. 色彩设计

花境的色彩主要由植物的花色来体现，但植物的叶色也尤其重要，事实上，有些花境全部由观叶植物组成，一方面是因为叶子的生长期比花期要长，另一方面是人们有时从观叶植物中会得到更精妙的感受。

（1）色彩的选择　在花境的色彩设计中可以巧妙地利用不同的花色来创造空间或景观效果。但要有主色、配色、基色之分，即要有对比、协调、统一。利用花色可产生冷、暖的心里感觉，花境的夏季景观应使用冷色调的蓝紫色系花，给人带来凉意；而早春或秋天用暖色的红、橙色系花组成花境，可给人暖意。

白色：植物中开白色花朵的植物占多数。白色象征平和、宁静、纯洁、高雅和无暇。白色的花境可以营造宁静、和平的环境；这种环境适合人们静坐和沉思。它完全没有现代生活的忙碌。

红色：红色花朵掺杂在其他枝叶和背景、前景之中时，对游人心理易产生比较强烈的刺激，让人想起跳动的火焰，令人兴奋不已。

黄色：经常是与春季和夏季相联系的颜色，始终与富丽堂皇紧密相连，具有庄严高贵之感。在花卉中常将黄色比作光辉、灿烂、明亮、健康、向上、华丽，可使人兴致勃勃。但黄色在暖色调的花境中一般不使用，因为它会产生相反的效果，削弱花境的暖色度。

蓝色：是一种冷色，使用起来比用热烈的红色和黄色容易得多，蓝色象征着冷静、清凉、沉着、幽怨和遥远。蓝色可以与多种颜色搭配，但蓝色不能使用过多，否则会破坏花境的整体效果。蓝色具有镇静的作用，单独使用易使人忧郁，如和白色、银色或粉色的花混植效果不错。

绿色：人们心理上对绿色的感应是和平、安逸、稳重、清新、富有活力、永久健康、丰满而有希望。绿色是花卉中永久的底色和基调。

除基本色外，粉色是暖色调，可以吸引人接近。橙色是富贵、温暖、欢乐的颜色，但是较难设置。紫色是一种高贵的颜色，通常象征雍容和华贵，它能使人们感觉舒适，并且与其他颜色搭配比较协调。

（2）色彩的配置　花境色彩设计中主要有四种基本配色方法。

① 单色系设计。单一颜色的花境设计似乎很简单，但真正做起来并不是想象中那么容易。这种配色法不常用，只为强调某一环境的某种色调或一些特殊需要时才使用。

② 类似色设计。这种配色法常用于强调季节的色彩特征时使用，如早春的鹅黄色，秋天的金黄色等，有浪漫的格调，但应注意与环境相协调。

③ 补色设计。多用于花境的局部配色，使色彩鲜明、艳丽。

④ 多色设计。这是花境中常用的方法，使花具有鲜艳、热烈的气氛。但应注意依花境大小

图 1.2.11 花境种植设计

选择花色数量，若在较小的花境上使用过多的色彩反而产生杂乱感。

花境的色彩设计时必须考虑周围的环境，要与周围环境色彩相协调，与季节相吻合。色彩设计时还应考虑花境的整体效果，避免某局部配色很好，但整个花境观赏效果差。

（3）季相设计　花境的季相变化是它的特征之一。理想的花境应四季都有景观，做到四季烂漫的理想花境。寒冷地区可做到三季有景。

花境的季相是通过种植设计实现的。利用花期、花色及各季节所具有的代表性植物来创造季相景观。如春季的郁金香、夏季的德国鸢尾、秋季的八宝景天等。植物的花期和色彩是表现季相的主要因素，花境中开花植物应接连不断，以保证各季的观赏效果（图 1.2.11）。

七、花境设计图

花境设计图可以用平面图表示，要标出花境周围环境，如建筑物、道路、植篱、树墙、草坪、树丛及花境所在位置。根据周围环境条件可选用 1 ∶ 100 ~ 1 ∶ 500 的比例绘制。绘制时有平面图和立面效果图。绘制平面图时绘出花境边缘线、背景和内部种植区域，以流畅曲线表示，避免出现死角。在种植区编号或直接注明植物，编号后需附植物材料表，包括植物名称、株高、株型、花期、花色等。可选用 1 ∶ 50 ~ 1 ∶ 100 的比例绘制。绘制立面效果图时可选用 1 ∶ 100 ~ 1 ∶ 200 的比例，可以详细地绘出各季景观，也可以通过一季景观为例绘制。

任务二　种植花境与施工

一、整地

需要进行深翻土地，拣出石砾、垃圾，并打碎大的土块，通常混合式花境土壤需深翻 60cm 左右。由于花境施工完成后可多年应用，因此需有良好的土壤，对土质差的地段要实行客土。整地同时混入腐熟的堆肥，然后整平床面，稍加振压。

二、放线

严格按照图纸用白灰或砂在植床内放线，对土壤有特殊要求的植物，可在种植区采用局部换土措施。要求排水好的植物可在种植区土壤下层添加石砾。对某些根蘖性过强，易侵扰其他花卉的植物，可在种植区边挖沟，埋入石头、瓦砾、金属条等进行隔离。

三、栽植

栽植密度以植株覆盖床为限。若栽种小苗，则可种植密些，花前再适当疏苗；若栽植成苗，则应按设计密度栽好。栽后保持土壤湿度，直到成活。

四、养护

花境种植后，随时间推移会出现局部生长过密或稀疏的现象，需及时调整，以保证其景观效果。早春或晚秋可更新植物（如分株或补栽），并把秋末盖在地面上的落叶及经腐熟的堆肥施入土壤。管理中注意灌溉和中耕除草。混合式花境中花灌木应及时修剪，花期过后及时去除残花等。

花卉奇趣

中国十大名花

1. 兰花：折茎聊可佩，入室自成芳。
2. 水 仙：借水开花自一奇，水沉为骨玉为肌。
3. 菊 花：质傲清霜色，香含秋露华。
4. 桂 花：共道幽香闻十里，绝知芳誉亘千乡。
5. 荷 花：秀色空绝世，馨香为谁传？
6. 梅 花：衔霜当路发，映雪拟寒开。
7. 山 茶：唯有山茶偏耐久，绿丛又放数枝红。
8. 月 季：花开花落无间断，春来春去不相关。
9. 牡 丹：疑是洛川神女作，千娇万态破朝霞。
10. 杜 鹃：灿烂如锦色鲜艳，殷红欲燃杜鹃花。

项目三 室内花卉的装饰与应用

知识目标

- 掌握室内花卉装饰与应用的原则与方法。
- 掌握室内花卉配置方法。
- 掌握各类室内环境花卉配置的方法。

技能目标

- 能够进行室内花卉装饰与应用的植物配置。
- 能够依据不同室内环境要求选择适当的植物进行装饰。
- 能够熟练进行各类室内环境的植物配置。

任务提出

- 室内装饰花卉应用的原则和方法是什么？如何选择正确的花材？如何进行各类室内环境的

室内花卉装饰？

任务分析

● 本次任务主要了解室内花卉装饰与应用重要意义；掌握室内花卉装饰与应用的原则与方法；掌握室内花卉配置方法；能够依据不同室内环境要求选择适当的植物进行装饰。

学习内容

一般来说，室内植物装饰是指在人为控制的室内空间环境中，科学地、艺术地将自然界中的植物、山水等有关素材引入室内，创造出充满自然风情和美感的、满足人们生理和心理需要的空间环境。一方面，室内植物装饰可以满足人们在享受现代物质文明的同时，实现以植物为伴，满足崇尚自然、追求返朴归真的心理需求；另一方面，室内植物装饰根据室内环境特点，利用植物为主要观赏材料，结合人们的生活需要，对室内的场所进行美化装饰，使室内外融于一体，达到人、室内环境与大自然的和谐统一。

任务一 居室环境盆栽花卉的装饰与应用

凡是适用于室内栽培和应用的绿色植物，统称为室内植物。耐阴性强的观叶植物适合于在室内环境中栽培。如吊兰、一叶兰、肾蕨、竹芋、万年青、龟背竹、常春藤、巴西木等，适合于在室内环境中栽培还包括一些仙人掌科及多肉多浆植物类，如仙人球、芦荟、山影拳等。近年来随着消费者欣赏水平的提高和消费习惯的改变，越来越多的观花植物走进了室内环境中，如杜鹃、仙客来、蟹爪兰、红掌、热带兰花等。这些美艳动人的植物以其独特的美丽装饰着人们的室内环境。能更好地发挥室内植物的装饰效果（图 1.3.1）。

(a) (b) (c) (d)

图 1.3.1 室内植物为室内环境带来生机和活力

一、室内植物的选择

室内相对来说是一个较封闭的空间，其生态条件具有特殊性，选择什么样的植物既能发挥一定的装饰效果，又能在在其中生长良好是盆栽花卉装饰与应用的重点。在进行室内植物选择往往要依据以下三项原则。

1. 生态原则

室内植物的选择是双向的。一方面对室内来说，是选择什么样的植物较为合适；另一方面对植物来说，应该选择什么样的室内环境适合生长。

一般来说，室内环境光照较室外弱，且多为散射光和人工照明光，缺乏直射光；温度较稳定，较室外温差变化小，而且可能有冷暖空调调节；空气相对干燥，尤其在北方，冬天取暖导致室内空气相当干燥；二氧化碳浓度较室外略高，通风透气性差。

就植物本身对环境条件的要求来看，大部分的室内植物适应于温暖湿润的半阴或荫蔽的环境，多数植物抗寒和耐高温的能力较差，除了原产于沙漠地带的仙人掌类植物，具有极强的抗旱性。大部分植物要求较低的光照，一般为 215 ~ 750 lx，大多数为 750 ~ 2150 lx。一般来说，观花植物比观叶植物需要更多的光照。室内植物对空气湿度要求较高，尤其是气生性的附生植物和蕨类植物等，可采用向植物叶片上喷水雾的办法来增加湿度，也可将花盆放在铺满鹅卵石并盛满水的盘中，但注意盆底不要接触到水。在植物生长期和高温季节，应经常浇水，但避免水分过多。

2. 目的原则

目的原则指的是从植物的审美特性出发，根据室内植物装饰的目的，选择适合的植物进行装饰。

① 不同的植物可以营造不同的气氛，如庄重、潇洒、华丽、淡泊等。植物的选择应和室内装饰的气氛相一致。

② 根据空间的大小和色彩选择大小合适、色彩适当的植物，使其与室内空间和色彩取得协调。色调过多容易使室内显得凌乱。

③ 根据与室外的联系来选择植物，如果是面向室外花园的开敞空间，选择的植物应与室外的植物取得协调。植物的容器、室内地面材料也应与室外取得一致，使室内空间有扩大感和整体感。

④ 注意少数人对某种植物过敏的问题。

⑤ 植物的养护问题，包括对植物的修剪、绑扎、浇水和施肥等。

⑥ 有效利用室内空地，即在不占室内地面面积之处进行绿化。如墙体的壁龛、窗台、角隅、台面及楼梯背部等和采用悬挂、悬吊方式。

⑦ 根据主人料理植物所能付出的时间。对于公务繁忙的主人，可选择生命力强的植物，如虎尾兰、常春藤、万年青等。还要考虑主人的喜好。

3. 审美原则

室内植物具有各自独特的形式美，只有与室内装饰及整个建筑环境在形式上达到协调，才能发挥良好的装饰效果。如利用各种观叶植物在进行室内装饰时，只有在特定的室内建筑环境下，才能使其具有清新洒脱的艺术韵味，达到既保留传统的自然风格，有具备现代艺术的抽象美和图案美。当需要用某种植物作为某一室内装饰的主题时，最佳的、最简单的方法就是使用反映主题的植物，从而使某种审美内容具有更强的艺术感染力。

二、室内植物的配置方法

选择好植物后，如何摆放也是很有讲究的。摆放的位置要使人看了舒服，还不能影响人们的生活、阻挡视线等。由于室内空间特点及花木的种类、姿态及香色的不同，植物有着不同的配置方式。依照植物数量的多少，有以下几种配置方法。

1. 孤植

孤植是被采用较多且最为灵活的形式。一般选用观赏性较强的植物，或姿态、叶形独特，或色彩艳丽，或芳香浓郁，适宜于室内近距离观赏。单株孤植最常用的是盆栽，用于室内点缀，放在茶几或案头，也可置于室内一隅，软化硬角。在布景方面，常布置于空间的过渡变换处，起配景或对景作用。布置时应注意其与背景的色彩与质感的关系，并有充足的光线来体现和烘托（如图 1.3.2）。

(a)

(b)

图 1.3.2　孤植

2. 列植

列植主要指两株或两株以上按一定间距整齐排列的种植方式。它们形成整体，失去任何一株都将破坏整体效果。列植包括两株对植、线性行植和多株阵列种植。

两株对植在门厅或出入口用得最多，常用两株有独特形态的观叶或花叶兼备的木本植物形成对称种植，起到标志性和引导作用 [如图 1.3.3(a)]。线性种植是用花槽或盆栽，使多株植物成行配置的种植方式，有一行的，也有两行形成均衡对称的。植物一般为同种植物，且大小、体态相同 [如图 1.3.3(b)]。线性种植可形成通道组织交通，引导人流，也可用于空间划分和空间限定。多株阵列种植是一种面的种植，亦可看成是多条线性种植的集合。阵列种植常采用高大的木本植物，用得最多的是棕榈科单生型的植物、桑科榕属植物，如椰子、蒲葵、垂叶榕等，形成顶界空间，特别适合于室内公共空间，如购物中心、宾馆、餐厅等的中庭 [如图 1.3.3(c)]。

(a) 两株对植

(b) 线性行植

(c) 多株阵列种植

图 1.3.3　列植

3. 群植

群植指两株植物以上按一定美学原理组合起来的配置方式。一种是同种花木组合的群植，形成有观赏价值的植物丛，可以充分突出某种花木的自然特性，突出园景的特点；另一种是多种花木混合群植，配合山水石景，模仿大自然形态。配置要求疏密相间，错落有致，丰富景色层次，增加园林式的自然美（图 1.3.4）。群植时一般高的植物在中央，矮植物在边缘，常绿植物在中央，落叶、花木植物在边缘，形成立体观赏面，植物互不遮掩也有利于成活。

图 1.3.4　群植

4. 附植

附植就是把植物附着于其他构件上而形成的植物配置方式，包括攀缘和悬垂两种形式。攀缘是用水泥、木、竹等材料制成柱、架或棚，把藤本植物附着于其上，形成绿柱、绿架或绿棚 [如图 1.3.5(a)]。由于藤本植物是不规则的，其形态随着附着的构件形态决定，因此给室内设计师更大的想象和创造的机会。悬垂是把藤蔓植物或气生性植物植在高于地面的容器而形成的特殊配置形式，包括下垂 [如图 1.3.5(b)] 和吊挂 [图 1.3.5(c)] 两种。下垂式是利用缠绕性和蔓生性植物植于离地的固定或移动的容器中，植物从容器向下悬垂生长。吊挂式与下垂式不同，植物更多的是利用气生或附生植物，且容器或固着物是悬吊于室顶的。

(a) 攀缘　(b) 下垂　(c) 吊挂

图 1.3.5　附植

三、室内植物的应用

1. 玄关的植物装饰

玄关是联系室内外空间的过渡空间，也是家庭访客进到室内后产生第一印象的地区，其绿化要营造一种欢快、热烈的气氛，使人一进门就能感受到家的温暖和舒适。因此，玄关绿化要求色彩明亮、艳丽，造型活泼生动，富有情趣。然而就绿化陈设来说，玄关一般面积较小，且大部分为狭长形，可供绿化陈设的空间有限；几乎没有自然光，要靠人工照明；由于接近室外，通常气温比相邻空间的要低，加上门的经常开关，气温和气流波动大，不利于植物的养护。如果玄关比较宽敞，可摆放一株型比较紧凑的中型观叶植物，如巴西木、柱状绿萝等，若是玄关面积比较小，且已摆放了鞋柜或其他小型家具，不妨在家具的台面上摆放一两盆小巧玲珑的观叶植物，或在玄关拐角处悬挂一盆垂吊植物，让人一进门就能感觉得到清新与活力（图 1.3.6）。

(a)　(b)　(c)

图 1.3.6　玄关的植物装饰应用

玄关的绿化设计要注意以下主要问题：

① 要选择健壮、生命力强的植物，且形体不能过大，数量也不宜过多。

② 注意选用小型的盆栽植物或插花，陈设于地面或柜体家具上，或悬挂于墙上，悬吊于空中。

③ 植物要尽量避免正对着门，以免受冷空气吹袭而影响生长。

④ 最好隔一定时间更换玄关植物，使玄关植物总是呈现出生机勃勃的气象。

推荐植物：垂叶榕、铁树、发财树、绿萝、虎尾兰、皱纹椒草、粗肋草、网纹草、常春藤等。

2. 客厅的植物装饰

图 1.3.7 室内植物的大小、颜色与客厅相协调

客厅是家庭成员接待宾客、团聚、休闲、娱乐的场所，既是家庭的活动中心，又是家庭公共的空间。该区域有活动时间长、人流量大、使用频率高的特点，同时还具备功能多的特点。客厅的绿化设计应抓住重点，本着庄重、大方、温馨、活泼、趣味的特点进行，力求简洁明朗、朴素大方、和谐统一。一方面要反映家庭成员的审美品位、艺术素养及情趣爱好，另一方面在形式上可处理得多姿多彩 、品位高雅。

客厅的绿化设计要注意以下几方面问题：

① 根据客厅的大小、朝向、光线来选择植物。客厅较大时宜选择一些体量较大、 枝叶茂盛、色彩浓郁的盆栽植物，如棕榈、橡皮树、龟背竹等，布置于沙发旁、墙角处或落地窗前，应先确定室内空间的设计主调，再考虑局部点缀。若房间面积较小，则宜选择娇小玲珑，姿态优美的绿化植物或插花、盆景等，或置于案头，或摆放窗前，这样布置，既不拥挤又不空虚，与房间大小和谐协调，充分显示出室内绿化设计的艺术魅力（图 1.3.7）。

② 注意植物摆放的位置。一般来说，客厅中至少得有一盆大型或中型的形态优美的“焦点植物”，摆放在视觉效果最佳的位置，如进入客厅时或坐在沙发上目光所及的地方。大型植株要摆放在不影响行走流向的地方，如墙、柱的角隅、交通的尽端 沙发的拐角处等（图 1.3.8）。摆放于几案、台上的植物在大小、高低方面不能影响人的正常视线。在主人与客人之间， 最好不放仙人掌、山影拳等，因有刺，要远离人们活动之处。在沙发茶几上摆放株型秀雅的观叶植物，如春羽、金雪万年青、花叶芋之类，则增添了些许南国风光。桌、柜上也可置瓶插花或竹插花，可起到“万绿丛中一点红”的效果。在厅的墙角、空间还可配以高架花架，上摆棕竹、龙舌兰等中型观叶植物，散发着浓烈的文化气息。此外，也可配以悬挂植物，如常春藤、鸭跖草等，可以起到隔离空间或点缀角落的作用。悬挂植物柔软的枝条下垂，与向上生长的形体产生了一个相反方向的动感，组成了一个变化多样、丰富多彩的立体空间，使客人感到美满和惬意（图 1.3.9）。

③ 客厅绿化设计尽管可丰富多彩，但一定要注意有重点，而且要适度，忌过多过杂。

④ 由于客厅是一个家庭对外的窗口，反映一个家庭的精神面貌。植物的选择一定要株型干净清新、美观耐看、充满生机，盆器也尽量要精致，以显示家庭生活美满幸福、和睦温馨、充满活力。

推荐植物：散尾葵、榕树、龟背竹、绿萝、喜林芋、鹅掌柴、马拉巴栗、巴西木、龙血树、富贵竹、美丽珍葵、袖珍椰子、象脚丝兰、麟麟掌、罗汉松、肾蕨、凤梨、金橘、蝴蝶兰、红掌等。

图 1.3.8　在客厅一角摆放植物

图 1.3.9　客厅一角高架上摆设悬垂植物

3. 餐厅的植物装饰

对大多数工薪层的家庭而言，家庭中的餐厅往往是从客厅分割出的一块区域，只需放上餐桌、椅子就成为一个简单的餐厅了。正是因为它的简单，用室内植物稍加布置，就可成为区别于客厅的一道独特的风景。餐厅是家人围坐相聚、进餐交流的场所，创造温馨、柔和的环境气氛，有利于增进食欲是餐厅绿化设计的基本要求。餐厅要求卫生、安静、舒适，所以在装饰布置时宜以简练随和为主格，让植物来承担分隔的任务是个不错的主意。在客厅与餐厅间放置一有菱形格子或方形格子的木架，让能攀缘生长的植物，如常春藤、绿萝、文竹等爬满其上，便形成一道绿色的屏障（图 1.3.10）。

餐厅的布置可分为餐桌上的布置和餐桌外围的布置。餐桌花宜放在餐桌中间，一般花的高度以不超过 25 cm 为佳（图 1.3.11）。餐桌外围的布置也应根据环境条件来进行。

图 1.3.10　用植物将客厅和餐厅象征性分隔

图 1.3.11　大小适宜的餐桌花

餐厅的绿化设计要注意以下几方面问题：

① 餐厅绿化的植株不能有病、虫害，叶片要洁净，盛放的盆器也要精致讲究，以显示就餐环境的干净卫生。如用盆栽花卉，可用套盆。插花作品要及时换水。

② 植物、鲜花等都可作为餐厅绿化的陈设品，宜用暖色调，或色彩比较鲜艳的插花作品。忌用浓郁香味或异味的花卉，特别是餐桌上的花卉。一些色彩鲜嫩艳丽的瓜果，如西红柿、柑橘、西瓜、苹果、梨子等，已成为人们餐桌上的常用摆设品。

③ 为了更有效地体现绿化的价值，在布置中以多数就餐者能欣赏到的位置为最佳。较大型

图 1.3.12　操作台上的蔬菜实用又美化

观叶植物宜放在墙角、尽端等远视线处，以利于就餐人欣赏植物的全貌；小型观花植物可放置于餐柜或餐桌上。色彩艳丽的各式鲜花可陈设于餐柜或餐桌上；鲜花或插入水晶玻璃瓶中，或插入矮而平的花器、花篮中，但餐桌上的鲜花要注意不能遮挡就餐者的视线，以便于餐桌上的相互沟通。

推荐植物：橡皮树、绿巨人、龙血树、花叶芋、喜林芋类、富贵竹、星点木、秋海棠、大岩桐、非洲紫罗兰、蝴蝶兰、红掌等。

4. 厨房的植物装饰

厨房是烹制美味佳肴的场所，用绿色植物加以适当点缀可改变厨房单调乏味的形象，令人疲劳减轻，以轻松的心情去烹饪菜肴。厨房是操作频繁、物品零碎的工作间，烟气和温度都较大，因此，在植物的选择上要以较耐阴、不易沾污、生命力强、有净化空气能力的植物种类为主，如蕨类、常春藤、吊兰等。也可以种植一些欣赏性和实用性兼具的水培蔬菜、瓜果和盆栽香料植物，如五彩椒、彩叶莴苣、盆栽番茄、微型茄子、人参果、袖珍南瓜等，既可观赏又可食用，会给厨房增色不少（图 1.3.12）。

在食品柜、酒柜、碗柜、冰箱上可摆放常春藤、蕨类、吊兰等。在远离煤气、灶台的临窗区域，可选择一些对环境要求不高的多肉植物，如仙人掌、蟹爪兰、令箭荷花等。可以利用窗边或角柜的空间，来装饰一些观叶植物，既方便也容易。也可以在壁上或窗口用吊篮栽培植物（图 1.3.13）。在门楣上吊挂绿萝是个不错的主意，一处绿荫两面享受。洗涤槽边的空间可以摆放植物，这里湿度较大，浇水也方便，刷碗、洗菜时随时可看到生机勃勃的植物，干活也不觉得枯燥了（图 1.3.14）。

图 1.3.13　悬垂植物既净化空气又不占空间

图 1.3.14　摆放在洗涤槽边窗台上的小盆栽

厨房的绿化设计要注意以下几方面问题：

① 以小型盆栽，吊挂盆栽或长期生长的植物较为合适。注意选择卫生、安全、无毒的植物。

② 蔬菜瓜果也可用于厨房的绿化设计，如青椒、红辣椒、黄瓜、番茄、大葱等，置于菜碟或珍珠盘中，将其置于厨房的窗台上，别具一格。

③ 摆放位置以不妨碍厨房操作行动为先决条件，最好选择在离窗较近的台、架上，或摆放于洗菜盆周边，厨房面积大时，也可陈放于地面上。

④ 注意经常更换，以确保植物健康生长。

推荐植物：绿萝（水培）、冷水花、吊兰、鸭跖草、蕨类植物、观赏番茄、观赏辣椒、三色堇、芦荟、旱伞草、仙人球、薄荷、香芹等。

5. 卧室的植物装饰

卧室是供人们休息睡眠的空间，应具有安宁祥和、舒适温馨的气氛，以利于人的休息。卧室除了放床，余下的面积往往有限，因此卧室的绿化应本着简单、淳朴的原则，不宜过多，同时还要体现房间的层次感和舒适感。应以小盆栽、吊盆植物为主，或者摆放主人喜欢的插花。卧室一般应有雅洁、宁静、舒适的气氛。不宜选用十分刺激的色彩，可选用淡雅、矮小、形态优美的观叶植物，摆放文竹、赛马花、羊齿类植物，叶片纤细，具有柔软感，且散发香气，能使人精神松弛。如果要求质朴文雅，可选用苍松、翠柏。如室内家具色彩单调，显得呆板、阴冷，可选用色泽鲜艳、花朵大的郁金香或月季花做切花，室内既显得华贵又热情奔放。如果卧室比较宽敞，可将一盆中型植物摆放在衣柜边或墙角（图 1.3.15），低柜或梳妆台上配以小型的盆栽（图 1.3.16），如果再在屋角窗帘杆边悬挂上一盆垂吊植物，便可尽显飘逸之美。卧室面积小，只需在窗台上或床边放一盆枝叶纤细、株型小巧的盆栽，即可增添一份温馨（图 1.3.17）。

图 1.3.15　摆放在卧室墙角处的中型盆栽

图 1.3.16　床头摆设的插花

图 1.3.17　窗台上小巧的盆栽

卧室的绿化设计要注意以下几方面问题：

① 应以观叶植物为主，植株不宜过大，忌用巨型叶片和植株细乱、叶片细碎的植物。因为在夜间，这些植物有的形状或影子能使人产生某些联想，使情绪兴奋、紧张或恐惧惊慌，影响睡眠。

② 无论是盆栽花卉或插花，都应采用无香味或淡香型的。浓香型的花香使人兴奋，影响人的休息和入睡。

③ 卧室绿化植物的色彩应以清丽淡雅为宜，不能过于浓艳。新婚夫妻的卧室可摆色彩艳丽的花卉，以增加喜庆的气氛，但也要注意最好用一种颜色，能给人宁静的感觉。

④ 卧室绿化植物的陈设位置要视植株而定。中等大小的植株可放置在靠墙、柱或柜子的角落里，小型植株可置于橱柜顶、搁板上或悬吊空中（图 1.3.18）。卧室的插花陈设可陈放于书桌、梳妆台及床头柜等处。

图 1.3.18　摆设在衣柜顶部的绿萝悬垂而下，飘逸动人

⑤ 卧室的绿化陈设选用还要视卧室使用者的年龄而定。

老年人的卧室宜选用一些清新淡雅、管理方便、富象征意义的植物，如小型苏铁、仙人掌、兰花、龟背竹等，象征老人长寿、平安，同时可以改善睡眠环境。老人房不宜放置垂吊植物，以确保老人安全。另外，如果老人喜爱欣赏素雅的花朵可选择偏冷的白色、蓝色或紫色的花卉，如瓜叶菊、八仙花等。

年轻人的卧室宜选用株型健壮、造型活泼生动的植物，如性格活泼的年轻人卧室，床头柜上可选用色彩鲜艳的花卉，如秋海棠、报春花、仙客来、天竺葵等；也可将观叶植物，如万年青、鹅掌柴等放置在梳妆台上，二者相呼应。夫妇卧室的植物可选择玫瑰、扶郎、蝴蝶兰、茉莉等带有香味的植物；窗台上可摆设些喜阳的植物，如米兰、杜鹃等；角落处可摆设绿萝、彩叶芋、巴西木等；在茶几和梳妆台上最适宜摆放插花。

儿童房则宜选用儿童喜爱的、具有鲜明色彩的和特殊形状的、小型有童趣的植物。如彩叶草、三色堇、生石花、蝴蝶花、孔雀竹芋、花烛、西瓜皮椒草等，以培养儿童热爱大自然的情趣。为了安全，儿童房不宜摆放虎刺梅、月季、一品红、水仙、石蒜、马蹄莲等多刺、或汁液有毒的花卉。儿童房内植物不要放置太高，也不要用悬吊装饰。另外，不宜使用儿童喜欢触摸的含羞草，因其体内含有的含羞草碱，能引起人的毛发脱落、眉毛稀疏等过敏反应。

推荐植物：袖珍椰子、孔雀木、水竹草、白鹤芋、水仙花、椒草、鸭草、吊兰、一叶兰、富贵竹、芦荟、长寿花、仙人掌类、蟹爪兰、虎尾兰、黛粉叶等。

6. 卫浴间的植物装饰

卫生间和浴室的面积一般不大，有浴缸、淋浴器、洗脸池、便器等，相对而言光线较暗、空气相对湿度较大，还有异味，往往给人湿、冷之感，需保持开窗通风或排风换气才能使空气清新自然。而用植物适当加以装饰，则可为卫浴空间营造整洁、安静、轻松的氛围，使空间产生柔和亲切感。

卫浴间的绿化陈设宜选用一些耐阴湿和闷热的植物，如水仙、马蹄莲、绿萝、常春藤及蕨类等植物；也可点缀一盆与环境相协调，并散发着清香的艺术插花，或配置干花。洗漱台上可摆放小型盆栽或插花（图 1.3.19），还可在窗户或墙上悬吊植物，以营造立体绿化空间，还可在墙面和镜子上方作悬挂装饰，或在镜面前加以点缀郁金香或鲜黄色的小朵菊花，可显得特别清新宜人。由于沐浴时难免会有水气溢出，从而影响花的观赏时间，故应选择花期较长、生命力较强的观赏植物。也可考虑用绢花等人造花作艺术装饰，以假乱真，或真假交融，达到绿饰、美化效果。另外，卫浴间种植的器皿以水晶玻璃为最好。除了要选择特别耐阴的植物外，还应定期更换，以利植物生长良好。

(a)

(b)

图 1.3.19　洗漱台上小巧的盆栽和插花

卫生间内，四周的墙壁大多是纯净洁白的瓷砖或带有浅绿或蛋清色的瓷面砖，显得比较单调，因而在水箱上或梳妆台上放置一个盆体较小的瓜叶菊、仙客来、天竺葵等有着浓烈色彩鲜花的植物，是能令人兴奋和带来愉快感受的。若能在白瓷砖的墙壁上设置 1 ~ 2 盆壁挂式的鹅黄色郁金香或鲜黄色的小朵菊花，可显得特别华贵典雅、绮丽宜人。如果是比较宽敞的卫生间，还可在离窗 30 ~ 40 cm 处挂一盆吊兰，做悬挂式布置，可使整个卫生间更富有蓬勃生机（图 1.3.20）。

图 1.3.20　充满生气的卫生间

推荐植物：龟背竹、蕨类植物、水仙、常春藤、菖蒲、天门冬、冷水花、富贵竹、网纹草等。

7. 书房的植物装饰

书房是最应有绿色植物装饰的地方。读书、写作之余，欣赏周围充满活力的植物，不仅能消除眼睛的疲劳，而且还能激发工作和学习的热情。家庭的书房最能反映出主人的爱好和文化修养。不同职业、不同文化层次和不同年龄人的爱好不同，追求的品位就不同。因此。书房的绿化一定要根据不同人的不同需求来进行，形式可多样。

书房在布置时需要营造一种优雅舒适、安静清幽的环境氛围，以适合主人聚精会神地阅读。因此选择体态轻盈、姿态潇洒、文雅娴静、花语清素、气味芬芳的植物，如文竹、兰花、君子兰、吊竹梅、常春藤、棕竹、吊兰、米兰、茉莉、含笑、南天竹等摆放，以点缀墙角、书桌、书架、博古架，配合书籍、古玩等，形成浓郁的文雅氛围。书房的花卉不宜色彩太艳，品种数量不宜太多，要有利于环境的清静，选择花卉既要考虑适合环境，又要突出个人爱好（图 1.3.21）。

(a)

(b)

(c)

图 1.3.21　配合书架来摆设绿色植物

书房的绿化设计要注意以下几个问题：

① 绿化植物应尽量少而精，忌过多过杂。植物数量和品种太多，会使空间显得零乱无序，影响学习氛围。

② 植物的选配宜选用中小型的株型干净清爽、色彩清香淡雅的植物，特别是一些喜阴的植物，如龟背竹、文竹、水竹、君子兰等。这些植物有助于衬托出环境的清幽。

③ 书房的绿化陈设最好集中在一个角落或视线所及的地方。但植株以小巧者为佳，如各种小型盆景或盆栽。

图 1.3.22　用植物精心布置的阳台

④ 书桌、书柜上可陈设小型素雅的各式插花、盆景或盆栽，如各种插瓶时令鲜花、水仙、兰花等盆栽。但不可过于热闹，否则会分散注意力，干扰学习气氛。书桌上摆置的植物宜小巧雅致，一般靠墙壁摆放，也可架设矮架放置，既不影响案头工作，又可调节书房气氛。

推荐植物：文竹、万年青、兰花、椒草、朱蕉、绿萝、竹芋、吊兰、鸟巢蕨、合果芋、含羞草、君子兰等。

8. 阳台的植物装饰

阳台是连接室内和室外的空间，可为居室主人提供多方面的功能，如贮放物品，晾晒衣服，眺望室外风景，甚至可兼作洗衣房、露天餐室等。阳台的绿化既可以美化住宅环境，又可遮阳蔽日、隔热降温，起到调节居室小气候的作用。

阳台面积有大有小，小的阳台可适量摆放一些中小型盆栽植物，大的阳台可封闭做成温室，精选搭配一些植物，营造出绿洲的形象（图 1.3.22）。阳台绿化装饰还应结合阳台的朝向来选择植物种类。南向和东向阳台宜选择喜光、耐旱、喜温暖的观花、观果类植物；北向较阴的阳台宜选择喜阴的观花、观叶类植物；西向阳台因夏季西晒较为严重，可选择耐高温的植物。

阳台绿化不拘形式，可悬可挂，可垂可吊，可攀可附，还可占天占地，充分利用空间（图 1.3.23）。植物种类也可多样，观花观叶观果植物、藤蔓植物、水生植物都可引入阳台，甚至可种植一些菜蔬瓜果，既绿化了阳台，又能获得美味佳肴。阳台绿化装饰要充分利用空间，可以垂吊或组合花架的形式加以布置，布置上要形成高低有序、层次分明的格局（图 1.3.24）。

图 1.3.23　悬挂式布置阳台

图 1.3.24　阳台上的组合花架

阳台绿饰应注意以下几点：

① 注意调节阳台空气湿度。阳台因楼高风大，光照强烈，空气湿度长期处于偏低状态，花卉植物在长期缺水的环境中生长不良。因此阳台养花要注意增加空气湿度。向花木上多喷叶面水、向阳台上多洒水是养好阳台盆花的关键。也可在阳台一角建水池，既可养观赏鱼，又可增加空气湿度。阳台置盛水水盆，或铺湿沙，都是增加阳台环境空气湿度的办法。

② 注意充分利用阳台空间。阳台空间是有限的，应设法充分利用其空间，使其有“小中见大”之感，是阳台绿饰成功之所在。窗台是阳台的组成部分之一，若与阳台美化结合布置，相映成趣，浑然一体，将会美不胜收。

③ 注意花卉合理布局。要根据主人喜爱选择花卉品种，选择的种类不宜过多，以免过于杂乱无序。要根据花卉习性、随季节不同而调换植物摆放位置，随时剪除残花枯枝，每 10 ~ 15 天转换花盆朝向，尤其对龟背竹、君子兰等趋光性强的花卉特别需要经常转盆。

④ 注意卫生安全。浇水、施肥时要小心谨慎，不要因水、肥溢出而溅污下层邻居的衣物。不要使用人粪肥和刺激性气味较大的肥料，最好使用方便、卫生的复合颗粒花肥，以免污染阳台空气。花盆摆放、吊挂要稳固，避免滑落或大风吹落而伤人。

任务二　公共场所盆栽花卉的装饰与应用

一、酒店、宾馆盆栽花卉的装饰与应用

酒店和宾馆是供客人休息、休闲的场所，其优雅而亲切自然的气氛，让客人有宾至如归的感觉。一般来讲，酒店和宾馆的植物装饰重点主要包括大堂、客房和餐厅的绿化。

1. 大堂的植物装饰

大堂是迎送旅客的地方，是宾馆的门面，还是通往其他空间的交通要道，布置应十分讲究。通常在大堂的入口处陈设绿化植物，与商业空间入口处相似，或以高大盆栽植物对称地陈设于大门两边（图 1.3.25）；或将盆栽植物按高低错落的次序组景陈设于大门两边，或沿踏步台阶呈线型对称布置盆栽植物，可以起到吸引和引导游客进入内部空间的作用（图 1.3.26）。

图 1.3.25　两株高大的棕榈树引导人们进入酒店

图 1.3.26　沿阶布置的盆栽群标志着酒店入口处

大堂内部空间的主要绿化通常配合照明，在大堂中心位置、面对入口陈设大型插花（图 1.3.27），或利用主要楼梯周围和底部空间组织绿化景观，成为大堂的视觉焦点。大堂内往往设有服务台和休息座椅，在服务台周围及台面端头可陈设绿化，起到美化和提示作用（图 1.3.28）；休息座椅周围可以绿化植物来虚拟地分隔空间，既有私密空间感，又营造了休息放松需要的宁静感（图 1.3.29）。

此外，在大堂经理台和一些娱乐设施旁也可适当地陈设绿化，起到提示和点缀的作用。大堂空间内通常还有一些厅柱，为改变厅柱高大僵硬的空间感和引起行人的注意，在这些厅柱旁常以高大单株盆栽植物陈设，或以中小型盆栽围绕厅柱陈设（图 1.3.30）。

大堂的绿化设计要注意以下几方面问题：

① 注意营造清幽怀旧的空间氛围，使旅客获得一种全新的感官享受。

图 1.3.27　大堂中央的大型插花

图 1.3.28　大堂服务台一端用中型的盆栽起提示作用

图 1.3.29　一组盆栽将大堂分隔出几个休息区

图 1.3.30　围绕厅柱布置的植物弱化了厅柱的坚硬感

② 满足功能分区明确和交通线路清晰的要求，有助于空间组织和再创造，很好地起到提示和指向的作用。

③ 注意与建筑风格的特征相结合，注意室内外空间的延续和表现民族特色、地方传统。

2. 客房的植物装饰

图 1.3.31　高大的散尾葵布置在客房会客区的墙角

客房是供旅客休息睡眠之用的场所。客房的绿化设计应营造温馨宁静的环境气氛，以利于消除旅客的疲劳，恢复体力，产生安宁、愉快之感。面积较大的客房可选择株型较大的植物陈设于靠墙处，如会客区、电视柜、床铺的墙角处（图 1.3.31）。在局部布置小型绿化，如茶几上或写字台上可摆放一些时令插瓶鲜花，或艺术插花，使旅客感到既温馨又有生机。当客房面积较小时，则只能在一些台面上陈设小型绿化，如床头柜、梳妆台、写字台、茶几等（图 1.3.32）。

客房的绿化设计要注意以下几方面问题：

① 选择色彩宁静淡雅、株型清爽的植物陈设，

在局部点缀色彩艳丽的花卉植物。

② 根据客房的空间面积大小选择布置绿化，不能因绿化设计而妨碍其他功能的正常实施。

③ 上等客房的花卉装饰主要用鲜花布置。插花时色彩、造型均以亲切自然为主，最好再配以清爽淡雅的香花，可以让客人们养神怡情。

(a)　(b)　(c)　(d)

图 1.3.32　在客房内的几架、桌面、床头等处，用小型盆栽或插花进行装饰

3. 餐厅的植物装饰

餐厅不仅仅是为旅客提供饮食的空间，它还兼具人际交往、感情交流、亲朋团聚和个人享受的功能。因此，餐厅应有相应的和谐、温馨气氛和优雅宜人的环境。餐厅空间一般面积都较大，加上桌椅的布置，容易使人产生错乱的感觉，绿化设计在餐饮空间中要起到明确提示或限定的空间作用，使空间大而有序、隔而不断，使空间布局有序，保持各种就餐活动的畅通无阻。一般在餐厅的入口处配合台面装饰绿化，起加强提示的作用（图 1.3.33）。进入门厅后，以各种各样的绿化引导顾客到达餐桌，如靠墙、柱规则地陈设较大型盆栽植物，或连续性排列陈设盆栽植物，或设花池、植物围栏限定行走路线等（图 1.3.34）。在就餐区域，可根据餐桌布局的

图 1.3.33　落地摆放的大型植物配合台面布置的插花提示餐厅入口

图 1.3.34　连续摆放的植物限定了客人的行动路线

图 1.3.35　盆栽和悬垂植物将空间虚拟隔离

需要，按一定间距陈设绿化植物，既增加空间的宜人情调，又便于顾客确认所在的位置。也可用盆栽植物或悬挂绿篱的形式虚拟地分隔空间，使限定的空间既有私密感，又保持了通透性，便于人们的就餐交流（图 1.3.35）。餐桌上还可陈设一些干净卫生、安全无毒的美丽鲜花，使就餐气氛更加雅致有趣（图 1.3.36）。

餐厅的绿化设计要注意以下几方面问题：

① 餐厅的绿化设计要与餐厅的装饰风格相一致，保持整体的协调性和统一性。

② 绿化设计要有利于就餐活动的顺利进行。

③ 餐厅的绿化设计应洁净整齐、清爽宜人，以创造良好的餐饮环境，使人处于从容不迫、舒适宁静的状态和欢快的心境之中，以增进食欲。

④ 餐厅绿化设计要注意选择卫生、安全、无毒的植物，确保就餐的安全。

(a)　(b)　(c)

图 1.3.36　酒店餐桌中央的插花令人食欲大振

推荐植物：散尾葵、鱼尾葵、龙血树、绿巨人、朱蕉、竹芋、巴西木、非洲茉莉、肉桂、米兰、榕树、金边富贵竹、变叶木、万年青、凤梨、金枝玉叶、红掌、一品红、杜鹃花、蝴蝶兰等。

二、办公室、各种会场盆栽花卉的装饰与应用

1. 办公室的植物装饰

在办公室布置一些简洁、漂亮、生机勃勃的植物，会使办公室人员感到舒畅、轻松、振奋，还可以在潜移默化中起到提高工作效率的作用（图 1.3.37）。

办公室一般需要有宁静、典雅、大方气氛，色彩搭配不宜过于华丽跳跃，宜根据办公室的性质和办公人员的喜好，选择植物材料和摆放的位置。对于办公室面积较小的，可充分利用窗台、墙角以及办公用具等点缀少量植物，如在墙角摆放小型散尾葵或龙血树（图 1.3.38）；在窗台摆放一两盆花叶芋、变叶木、白纹合果芋、金边虎尾兰等；也可在几乎无人走动的窗前垂吊一两盆绿萝、吊兰、迷你龟背竹等；在办公桌上点缀小型的非洲紫罗兰、豆瓣绿等；在公文柜及墙壁空白处靠挂观叶植物等（图 1.3.39）。对于大空间的现代化办公室，可用植物进行空间划分，将它分隔成不同大小的房间来利用。在一些宾馆、大商场、公司、大企业的总经理、董事长、厂长的办公室里，一般家具陈设简单，现代感强，办公室往往兼做社交、经济活动的场所，如

果在茶几上放置小瓶插花，则能点缀环境和烘托气氛，既显得庄重典雅，又能体现温馨和办公风度（图 1.3.40）。

图 1.3.37　绿色植物给办公室增添了无限活力

图 1.3.38　摆放在办公室一角的散尾葵

(a)　(b)

图 1.3.39　办公桌旁的小盆栽

办公室的绿化设计要注意以下几方面问题：

① 选择易于管理并且维持时间较长的植物材料，如各种观叶植物及干花。

② 特别注意植物要摆设在不易被过往行人碰到的地方，而且要避免遮挡视线。

③ 植物不能摆放太多，避免臃肿繁乱。

推荐植物：喜林芋、绿萝、龙血树、橡皮树、变叶木、袖珍娜子、常春藤、龟背竹、棕竹、散尾葵等木本观叶植物及文竹、秋海棠、竹芋、豆瓣绿、万年青、凤梨、藻类植物等草本观叶植物。

2. 各种会议场所的植物装饰

会议室是集体决策、业务研究与谈判以及员工开会的场所，气氛在严肃、正规中又要稍具活泼，以激发活跃参会人员的思维和情绪。会议室的面积取决于使用需要，有大有小，在会议室靠墙或角落配置较高的观叶植物，如棕竹，以缓和生硬的死角，也可利用几架布置观花、观果、芳香或垂吊植物如一品红、米兰、悬崖菊等。窗台上也可少量点缀小型盆栽（图 1.3.41）。

中小型会议室，一般作为办公、会议之用。会议桌多在室内正中排列，呈长椭圆形或呈长方形布置，桌子中间相应地成为椭圆形或长方形的凹池，一般用观叶类盆栽植物来装饰，如南洋杉、棕竹、苏铁、蒲葵、小叶鹅掌柴等较大型的植株，呈对称式布置，高度不高于桌面 10 cm，以免遮挡坐者视线；也可在中心位置随节令布置一盆应时花卉，如映山红、马蹄莲、蟹爪兰、桂花、立菊等；若为平面桌，可在桌面上配置矮小盆栽或插花若干盆，高矮以不挡住视线为好（图 1.3.42）。主席或中央发言人位置前的盆花或插花应适当讲究，以暗示发言人职位的不同。

图 1.3.40　君子兰和绿萝的点缀显示出办公室的庄重和典雅

图 1.3.41　墙角和窗边的绿色植物增加了会议室生机

(a)　(b)　(c)

图 1.3.42　会议桌的植物装饰

大型会议中主席台和会议席往往分开排列，绿化布置的重点是主席台，特别是成立大会、表彰大会或庆典，应当布置得花团锦簇，并以绿色植物作背景或边饰，渲染会场气氛（图 1.3.43）。一般以较高大的观叶植物如棕榈、南洋杉、龙柏、大叶黄柏等，以规则的方式排列。密度不宜过大，应使墙壁或帷幕稍露为宜。如帷幕颜色极深时，选择叶色较浅或观花植物，如海桐、扶桑、白兰、米兰等。不论采用哪种盆花，其高度均应高于台上站立的人，使花与人融为一体。

(a)　(b)

图 1.3.43　主席台前植物渲染出大型会议热烈、庄重的气氛

主席台上宜用下垂型的插花做点缀，色彩要丰富艳丽、造型端庄活泼，高度不超过 20 cm（图 1.3.44）。主席台的后排摆放高大整齐的观叶植物做背景。在主席台一边的独立讲台上，可用弯月型或下垂型插花做装饰（图 1.3.45）。有的特大会场规格较高，可在主席台后排用鲜花做大型花艺布置，并在主席台的两侧摆放高大的观叶植物和大型组合插花做对称的布置。同时还要考虑会场四周和会场背景的植物布置，使之整体相呼应，以显示会议气氛的隆重、壮观和热烈。台下若设有嘉宾席，可根据情况设计小型的水平型插花。

图 1.3.44　主席台的插花布置

图 1.3.45　独立讲台的插花布置

推荐植物：南洋杉、棕竹、苏铁、蒲葵、鹅掌柴等大中型观叶植物，映山红、马蹄莲、蟹爪兰、桂花、立菊、月季、绣球、旱金莲、海桐、扶桑、白兰、米兰等观花植物。

花卉奇趣

牡丹花谚

七芍药，八牡丹。
牡丹不冻花不开。
牡丹最怕胎里穷。
荷花爱洗澡，牡丹怕湿脚。
牡丹舍命不舍花。
春发枝、夏打盹、秋生根、冬休眠。
牡丹爱搬家，越搬越开花。

项目四 庭院花卉设计与应用

知识目标

● 掌握庭院花卉设计与应用的原则。
● 掌握庭院花卉设计与应用的方法。
● 掌握各类庭院花卉配置的方法。

技能目标

● 能够进行庭院花卉的植物配置。
● 能够依据不同庭院要求选择适当的植物进行装饰。

任务提出

● 庭院花卉设计与应用的原则和方法是什么？如何选择正确的庭院花卉？如何进行各类庭院进行花卉装饰？

任务分析

● 本次任务主要了解庭院花卉设计与应用的重要意义；掌握庭院花卉设计与应用的原则与方法；掌握庭院花卉配置方法；能够依据不同庭院要求选择适当的植物进行装饰。

学习内容

目前我国独居的花园虽然尚未普及，但现有的家居建筑都会有一些附属的延伸，包括别墅的花园、住宅小区底层带有一定面积的院子、复式建筑屋顶的屋顶花园等，均可视为小庭院的范畴。庭院花卉景观是指应用于建筑周边绿地、屋顶和墙面上，依据人们的使用功能和审美需求，采用花坛、花境、花丛、地被和花墙等形式，将园林花卉进行合理搭配而形成的花卉造景。

庭院花卉景观可以改善居住和办公空间的小气候，净化空气，局部改善城市热岛效应。在结束繁杂的工作之余，流连在美丽的庭院，有利于调节情绪，减轻人们的精神负担，使生活充满情趣。普通居住区一般人口集中、绿地缺乏、环境条件不佳，因此在庭院绿化时，要遵循庭院设计的原则，选择恰当的植物进行合理的配置。

任务一 庭院花卉的设计

一、庭院的风格

庭院是房屋主人按自己的个性和风格布置起来的，就好像每个人的衣着和家具一样，应体现自己的个性，符合本身的审美观点和经济条件。一般有下列几种主要风格：

1. 自然式

在中小型花园中，可以培植自然式树丛、草坪或盆栽花卉，使生硬的道路、建筑轮廓变得柔和。尤其是低矮、平整的草坪能供人活动，更具亲切感，还会使园子显得比实际更大一些。中国式庭院内的植物配置常以自然式树丛为主，重视宅前屋后植物，竹、菊、松、桂花、牡丹、玉兰、海棠等庭院花木，来烘托气氛，情景交融。欧美式风格的庭院，着重与将树丛、草地、花卉组成自然的风景园林，讲究野趣和自然（图 1.4.1）。日本式庭院吸取中国庭院后自成一个体系，对自然高度概括和提炼，成为写意的“枯山水”，园中特别强调置石、白沙、石灯笼和石钵的应用（图 1.4.2）。

2. **规则式**

如果主人有足够的时间和兴趣，可以定期和细致的养护庭园中的植物，则可以选择较为规则的布局方法，将一些耐修剪的黄杨、石楠、栀子等植物修剪成整齐的树篱或球类，既体现主人高超的技艺，又能使环境更华丽和精致（图 1.4.3）。尤其在欧美式建筑的庭园中，应用规则式的整形树木是更好的一种选择，无论大庭园或小局部都可以根据实际情况，因地制宜地采用这一风格。

(a)

(b)

图 1.4.1 中式庭院

(a)

(b)

图 1.4.2 日式庭院

(a)

(b)

图 1.4.3 规则式庭院

3. **花丛式**

在庭园的角偶和边缘，在道路的两侧或尽头栽植各种多年生花丛，使高矮错落有致，色彩艳丽，对比强烈，形成花径、花丛，景观效果好。留下的空间可铺设地坪，放置摇椅、桌凳、阳伞等，供人休息、小憩。花丛式的布置植株低矮可让人感到空间比实际面积大，有较好的活动和观赏效果（图 1.4.4）。

(a) (b)

图 1.4.4 花丛式庭院

设计花园时，自然式、规则式、花丛式等各种风格均可选择。在一个院子中可选定一种风格，如在大的庭园中，也可根据主人的喜好，在同一园子的不同地段作不同的选择。这就更需要对全园作出规划，合理安排，使人不感杂乱。

二、庭院花卉设计的原则

花卉具有组景、赏景、改善局部气候质量的作用，将各种不同颜色、不同习性、不同花期的花卉依庭院空间特点进行合理布局组合，满足庭院的常规功能，给人观赏休闲并具景观美，使小小庭院景中有景，画中有画，合乎自然，达到虽由人作、宛若天成的境界，使人能从庭院中领略到花草树木的自然美。庭院花卉设计时需遵循以下原则。

1. **服从整体**

庭院花卉一般以其姿态、色彩、气味等供人欣赏，人们通过视觉、嗅觉、触觉等获得花草美的享受。庭院花卉要在形体、数量、体量位置上给予变化，达到丰富景观、增强艺术感染力的目的（图 1.4.5）。因花木配置并不是庭院布局的全部，所以它必须服从于整体布局形式，把房、屋、山、石、花、木融为一体，模拟自然景观，达到“崇尚自然，师法自然”的目的。

图 1.4.5 庭院花卉与建筑物、小桥、流水浑然一体

图 1.4.6 庭院中树木、山石的比例适当，宛如微缩的大自然

2. 比例协调

庭院绿化中应注重比例关系大到整体与局部的比例，小到一花一木与环境的关系。要考虑空间的大小、景物的大小，不能盲目地栽植花草。庭院面积较小时，应充分发挥花木的个体美、姿态美，使人感到庭院虽小，但丰富雅致，体现出花香不在多的意趣，若达到以小见大、使人联想则更理想（图 1.4.6）。若庭院面积较大，视野开阔则要展示花木的群体美、色彩美，做到高低有致、错落多变，形似自然，达到咫尺山林的艺术效果，给人一种放松、舒适、如置身于大自然的感觉。

3. 配置均衡

庭院花卉个体繁多，但在总体布局上应遵从均衡的原则。自然式庭院布局一般采用不对称均衡（图 1.4.7），花卉不对称均衡配置形式自然灵活，如大门一侧靠墙角放一盆体积较大的散尾葵，在另一侧悬挂长势茂盛的悬崖式下垂飘散的常春藤，虽然不是对称，却给人一种自然轻松富有生气的协调感。

4. 主次分明

庭院绿化应做到主次分明，即有主景和配景。主景是庭院装饰的核心，自然式庭院绿化多以花卉作为景观的主要表现方面，在庭院的观赏视线的焦点上或主要方向上配置主要观赏花卉，其余位置则配置配景花卉。主景花卉要具有较强的艺术感染力：形态奇特、姿势优美、色彩绚丽或体型较大等，配景花卉的体量高低、大小位置、花色外形不能超越主景花卉，以免喧宾夺主，并与主景花卉相互呼应，这样才能起到衬托主景的作用，达到主次分明互有照应（图 1.4.8）。如在庭院的一角栽种几丛佛肚竹和沿阶草、鸢尾，并点缀几块圆润的石头，则佛肚竹为主景，沿阶草、鸢尾、石头为配景，体现庭院的幽静高雅。

图 1.4.7　园中两侧分为枇杷、竹，二者姿态上的差异形成了一种不对称的美感

图 1.4.8　庭院中盛开的桃花为主景，吸引着人们的视线，而墙边的树篱则作为陪衬，使得桃花显得愈发娇艳

5. 色彩和谐

色彩是庭院配植的主要表达方式，要考虑整个庭院色彩的协调，而不是单单局部或个体花卉的色彩，最重要的是要做到主景花卉色浓色众多而有变，陪衬花卉色用淡色，花色简单。庭院植物配植色调宜清新雅致，力求环境宁静，达到清闲淡雅的意境，或选用温馨浪漫祥和的粉色系列搭配，通过花卉丰富的色彩变化对比，来烘托热烈欢快的氛围。如夏季选用色彩素雅的种类，让人在炎热的夏季感到丝丝清凉；冬季用红、橙、黄等色彩热烈的花木，使人在严寒冬季感到温暖，从而形成不同色调的庭院。小庭院里通常只用一种基本颜色，然后再配以 2 ～ 3

种相关的色调。比如说，在一块黄色和橙色相间的小园地旁边，可以种植一片从橙红色到紫色之间不同色度的花坛；在花坛附近，或者隔着一道低矮的绿篱，让紫色和蓝色与绿色的灌木丛融合在一起（图 1.4.9）。

图 1.4.9 不同深浅紫色的花朵和周围绿色的草坪和绿篱色彩协调

三、庭院花卉配置的原则

园林植物有木本、藤本、水生等多种类型，其相互配置应遵循如下原则。

1. 要满足庭院功能的要求

庭院是供人进行聊天、晒太阳、听音乐等日常休闲活动的场所，所以花卉配植应崇尚简洁，多用常绿花草，创造一个充满阳光雨露、空气清新的庭院，使人在庭院中能享受到阳光的照射、清新的空气、花草的芳香，感到舒适和放松。

2. 园林植物造景要与园林绿地总体布局相一致，与环境相协调

在自然式的庭院园林绿地中，则多运用植物的自然姿态进行自然式造景。如在大门、主干道、整形广场、大型建筑物附近，多用规则式植物造景；在规则式庭院中，多用对植、行列植景观；在自然山水园的草坪、水池边缘，多采用自然式的造景。在平面上应注意配置的疏密和轮廓线；在竖向上要注意树冠轮廓线；在树林中要注意透视线，总之，要有植物景观的总体大小、远近、高低层次效果。优美的园林植物景观之间是相辅相成的。园林艺术构图要有乔木、灌木、草本植物缓慢过渡，相互间又要形成对比，以利观赏。

3. 根据园林植物的生态环境条件不同，因地制宜选择适当植物种类

满足花卉的生态要求，不同花卉在生长发育过程中对光照、温度、水分、土壤等环境因子的要求不同，只有满足这些生态要求，才能使花卉生长良好。庭院所处的位置不同环境条件也不同，绿化时要因地制宜选用合适的花草树木，使所种花卉的生态习性和栽植地的生态条件基本协调，这就要求做到在配植时要了解每一种花卉的生态习性，在保证花卉正常生长发育的前提下，再按其特性进行搭配。庭院绿化要选择易活、耐修剪、抗烟尘、干高、枝叶茂密、生长快的特性，山地绿化要选择耐旱植物，并有利于山景的衬托；水边绿化要选择耐水湿的植物，要与水景协调。

4. 要有合理的密度

植物的密度大小直接影响绿化景观和绿地功能的发挥。树木造景设计应以成年树冠大小作为株行距的最佳设计，但也要注意近期效果和远期效果相结合。采用速生树与慢长树、常绿树与落叶树、乔木与灌木、观叶树与观花树相互搭配，在满足植物生态条件下创造复层绿化。

5. 全面考虑园林植物的季相变化和色、香、形的统一对比

植物造景要综合考虑时间、环境、植物种类及其生态条件的不同，使丰富的植物色彩随着季节的变化交替出现，使园林绿地的各个分区地段突出一个季节的植物景观。花卉配植时要充分利用花卉的物候变化，综合考虑季节、环境、种类及生态条件的不同，合理搭配形成富有四季特色的庭院景观——春花、夏荫、秋色、冬姿，给人不同的感受，体会时令的变化，但要主次分明，从功能出发，充分展现花木的姿态色彩风韵美，突出某一个方面，以免产生杂乱感。植物景观组合的色彩、芳香、个体、叶、花的形态变化也是多种多样的，如果希望庭院中鲜花不断，则需要定植花期相互错开的花卉或全年多次更换草花，或用叶色各异的观叶花卉和观果类花卉来配植，更能显出观叶和观果花卉的魅力，给寂寞的冬季庭院增添色彩。

6. 养护管理简单

庭院花卉配植应简洁，做到因地制宜，营造经济美观的庭园环境，应突出地方特色，结合当地自然资源，选择粗生易管的种类，特别是乡土种类，甚至可配植一些当地的野生植物，尽可能选择能够自然循环的植物。

北方庭院绿化设计选择还需从有以下几个方面考虑。

① 重视庭院植物不同季节的视觉效果。如北方冬天比较单调，可以选择枝干比较漂亮的植物，如悬铃木、白皮松等。

② 满足庭院功能的要求。如分隔不同的功能空间，就需要选择黄杨、藤本月季等绿篱植物。

③ 选择抗寒抗旱强、抗病虫害强、可以粗放管理的植物，如金娃娃、猥实、鞑靼忍冬等。

④ 考虑家庭成员组成。如果家里有小孩的话，尽量不要选择贴梗海棠、紫叶小檗等带刺的植物，以免刺伤孩子。

四、庭院花卉配置的方法

庭院花卉配植方式多种多样，应结合庭院内的空间变化、道路走向、建筑门窗来选择配植方式。庭院常见配置方式有孤植、丛植、对植、花境、花丛等，多用乔、灌、花、草地被进行多层次配置。

（一）树木组景

常见的树木的株数组合式样有以下几种。

1. 孤植

单一栽植的孤立木，可作为园林绿地空间的主景、遮阴树、目标树，表现出单株树形体美。孤植树应选树形婆娑多姿、小巧玲珑、开花茂盛或叶色亮丽或暗香浮动的树种，以显示树木个体美且与周围景观环境相协调。孤植树应和周围各种景物配合，以形成一个统一的整体。首先，应该选择那些体形高大、枝叶茂密、树冠展开、姿态优美的树种，如银杏、槐、榕、樟、悬铃木、柠檬桉、朴、白桦、无患子、枫杨、柳、青冈栎、七叶树、麻栎等。另外，还要注意选择观赏价值较高的树种，如轮廓端正而清晰的雪松、云杉、桧柏、南洋杉、苏铁等；具有优美的姿态的罗汉松、黄山松、柏木等；具有光滑可赏树干的白皮松、白桦等；具有红叶变化的枫香、元宝枫、鸡爪槭、乌桕等；具有缤纷的花色或可爱果实的凤凰木、樱花、紫薇、梅、广玉兰、柿、柑橘等（图 1.4.10）。

2. 对植

如用两株或两丛树分别按一定的轴线左右对称的栽植称为对植。两株树对植或相接栽植，用在建筑物的前面，大门前左右对称栽植或点缀绿地。对植多采用非对称式，即与主体景物中

轴支点上取得左右均衡，左侧一株较大的花木，右侧一株树姿不同体积较小的同种花木，或两边是相似而不同的花木或树丛。作为对植的树种，只要外形整齐、美观，均可采用（图 1.4.11）。

图 1.4.10　孤植，色彩亮丽的紫叶李显示着优美的姿态与色彩

图 1.4.11　对植，在道路的两侧类似的树丛形成了不对称的均衡

3. 丛植

丛植主要表现花木的群体类，必须选在庇荫、姿态、色彩、芳香等方面有特殊观赏价值的花木，且个体之间在形态色彩上要协调一致。包括三株植和聚栽。三株树成丛栽植。在严肃地块中用同种同形等距或同种异形等距，在自然地块中用同种同形不等距或同种异形不等距的样式。聚栽是用五株以上的树木进行各种组合。另外，按一定的构图方式把一定数量的观赏乔、灌木自然地组合在一起，统称为丛植。其中树木大小姿态各有特色，又统一在造型优美的综合体中（图 1.4.12）。

构成树丛的树木株数从 3 ~ 10 株不等，对于树木的大小、姿态、色彩等都要认真选配。既要考虑植株将来的生长形状，树丛内部的株距以郁闭为宜，又不影响植株彼此间的生长发育。因树种的不同，可分为同种树树丛和多种树树丛两种。同种树树丛，是同一种树组成，但在体形和姿态方面应有所差异。在总体上既要有主有从，又要相互呼应。用同种常绿树可创造背景树丛，能使被衬托的花丛或建筑小品轮廓清秀，对比鲜明。多种树树丛常用高大的针叶树与阔叶乔木相结合，四周配以花灌木，它们在形状和色调上形成对比。

(a)

(b)

图 1.4.12　丛植，多株体态相近的树木组成了优美的群体景观

（二）水景

水生植物以水为生境，在水中展叶、开花、结实，创造水上景观（图 1.4.13）。要做好水生植物的造景设计，应掌握水生植物在水中生长生态特性和景观的需要进行选择。荷花、睡莲、

玉蝉花等浮叶水生植物，它们的根茎都着生在水池的泥土中，而叶浮在水面上。因此，要参考水体的水面大小比例来进行设计。

为了保证水面植物景观疏密相间，不影响水体岸边其他景物倒景的观赏，不宜作满池绿化和环水体一周的设计。一般以保证三分之一到二分之一水面绿化即可。必须在水体中设置种植台、池、缸。种植池高度要低于水面，其深度根据植物种类不同而定。如荷花叶柄生长较高，其种植池离水面高度可设计 60 ～ 120cm；睡莲的叶柄较短，其种植池可离水面 30 ～ 60cm；玉蝉花叶柄更短，其种植池可离水面 5 ～ 15cm。满江红、浮萍、槐叶萍、凤眼莲等由于具有繁殖快、全株都漂浮在水面之上的特点，所以这类水生植物造景不受水的深度影响。可根据景观需要在水面上制作各种造型的浮圈，将其圈入其中创造水面景观，点缀水面，改变水体形状大小，可使水体曲折有序。另外，水草等沉水植物，它的根着生于水池的泥土中，其茎叶全可浸在水中生长。这类植物置于清澈见底的小水池中，点缀几缸或几盆，再养几只观赏红鱼，更加生动活泼，别有情趣。这种水生动植物齐全的水景，令人心旷神怡。利用芦苇、荸荠、慈姑、鸢尾、水葱等沼生草本植物，可以创造水边低矮的植被景观。

图 1.4.13　水景

总之，在水中可利用浮叶水生植物疏密相间、断续、进退、有节奏地创造富有季相变化的连续构图。在水面上可利用漂浮水生植物，集中成片，创造水上绿岛。也可用落羽松、水松、柳树、水杉、水曲柳、桑树、栀子花、柽柳等耐水湿的树木在水体或岸边创造闭锁空间，以丰富水面的层次感、深远感，为游人划船等水上活动增加游点，创造遮阴条件。

（三）花池、花坛、花境、花台等

在庭院绿化中，常用各种草本花卉创造形形色色的花池、花坛、花境、花台、花箱等，起着装饰美化的作用。

1. 花池

由草皮、花卉等组成的具有一定图案画面的地块称为花池。因内部组成不同又可分为草坪花池、花卉花池、综合花池等（图 1.4.14）。

图 1.4.14　花池

草坪花池是指一块修剪整齐而均匀的草地，边缘稍加整理或布置成行的瓶饰、雕像、装饰花栏等，适合布置在楼房、建筑平台前沿以形成开阔的前景，具有布置简单、色彩素雅的特点。花卉花池是在花池中既种草又种花，并可利用它们组成各种花纹或动物造型称为花卉花池。综合花池则是在花池中既有毛毡图案，又在中央部分种植单色调低矮的一年生、二年生花卉。如把花色鲜艳的紫罗兰或福禄考等种在花池毛毡图案中央，鲜花盛开时就可以充分显示其特色；也可在中央适当点缀花木或花丛，都很有趣。

2. 花坛

详见前文花坛的设计与应用。

3. 花境

详见前文花境的设计与应用。

4. 花台

在 40 ~ 100cm 高的空心台座中填土，栽植观赏植物称为花台。它是以观赏植物的体形、花色、芳香及花台造型等综合美为主的。花台的形状各种各样，有几何形体，也有自然形体。一般在上面种植小巧玲珑、造型别致的松、竹、梅、丁香、天竺、铺地柏、枸骨、芍药、牡丹、月季等等。还可与假山、坐凳、墙基相结合作为大门旁、窗前、墙基、角隅的装饰，但在花台下面必须设有盲沟以利排水（图 1.4.15）。

图 1.4.15　花台

花池、花坛、花境、花台的设计造型应与周围的地形、地势、建筑相协调。平面要讲究简洁，边缘装饰要朴实，不能喧宾夺主。其中花卉植物的体形、色彩、开花期等在生长过程中都有很大变化，设计时要周密考虑，科学安排。如用同一花色，不要混有其他杂色花，注意突出单色调的主体。如果需要其他色彩，也应注意色相的调和，如红、黄、橙是暖色，有温暖、热情、活泼之感；蓝、绿、紫为冷色，有平静、凉爽、深远之感；红和绿、黄和紫、橙与蓝等对比色同时用时，要有主有从，形成主体色调；用白色或浅色可以调和对比矛盾。植物体形的高矮、大小都应搭配合理，最高者宜布置在中心，较矮者布置在外围或边缘；如靠近建筑物时，可把较高植株配在后面，自后向前逐渐降低，以形成高低层次的变化。采用不同的播种期、扦插期和摘心、修剪等方法达到以上目的。

（四）草坪

草坪是选用多年生宿根性、单一的草种均匀密植，成片生长的绿地。草坪可以防止灰尘再起，减少细菌危害；草坪具有冬暖夏凉之效；草坪覆盖地面，可以防止水土冲刷，维护缓坡绿色景观，冬季可以防止地温下降或地表泥泞；绿色草坪还可以吸收强光中对视力有害的紫外线，保护人们的视力健康。有些草种对毒气反应很敏感，如紫花苜蓿、三叶草对二氧化硫敏感，金钱草对氟化氢反应敏感，万寿菊对氯气反应敏感等，因此，可以利用它们监测

图 1.4.16　庭院中宽大、平整的草坪

环境污染。草坪可以烘托假山、建筑和花木，借以形成优美宽畅的庭园景观。

一般草坪设计坡度在5°～10°，以保证排水。规则式草坪坡度可设计5°；自然式草坪坡度可设计5°～15°，一般为了避免水土流失，最大坡度不能超过土壤的自然安息角（30°左右）（图1.4.16）。

五、庭院花卉的选择

（一）庭院花卉的类型

1. 按其目的分类

（1）经济实用型　这类植物可供食用或药用。乔木、花灌木主要有杏、梨、枣树、苹果、石榴、山楂等；藤蔓类有如葡萄、金银花、枸杞、猕猴桃等。

（2）观赏型　这类植物以观花或观果为主。乔木、花灌木主要有海棠、玉兰、木槿、丁香等。

（3）绿化型　这类植物以绿化美化为目的。乔木、花灌木有梧桐、泡桐、雪松、五角枫等。藤蔓类有爬山虎、常春藤、络石、扶芳藤、薜荔；草花地被类春季有雏菊、金盏菊、石竹、旱金莲等；夏季有凤仙花、黑心菊、百日草、万寿菊、金鱼草等。秋季有雁来红、地肤、大花牵牛、一串红、五色草等。冬季有羽衣甘蓝、红叶甜菜。

2. 按其观赏季节分类

（1）春季花卉　植株体型稍大的有碧挑、紫荆、樱花等；体型中等的有高雪伦、桂竹香、天竺葵等；植株矮小的有雏菊、三色堇、瓜叶菊、金橘、迎春花等。

（2）夏季花卉　植株体型稍大的有木槿、栀子；体型中等的有美人蕉、矢车菊、金鱼草、郁金香、万寿菊等；植株矮小的有唐菖蒲、凤仙花、鸡冠花、半支莲等。

（3）秋季花卉　植株体型稍大的有桂花、夹竹桃、扶桑等；体型中等的有月季、大丽花、一串红、百日草、翠菊等；植株矮小的有千日红、葱兰、菊花、五色苋等。

（4）冬季花卉　有素心腊梅、红梅、绿梅。

3. 按其栽培的方式分类

庭院花卉种类的选择，应依据庭院的立地条件（土壤、光照、水分、通风等）而定，因地制宜，适地适树。

（1）地栽花卉种类　地栽花木类依据庭院光照条件进行选择。如果庭院前方空旷开阔、光照通风条件较好的，或者楼房间距大于30m，且土壤经过了一定程度改良的，则可栽植一些比较喜光且对生长环境要求较高的花卉种类，如白玉兰、银杏、桂花、紫玉兰、含笑、二乔玉兰、木瓜、贴梗海棠、垂丝海棠、西府海棠、琼花、雪球、柿子、木芙蓉、马褂木、梅花、月季、无花果、山茶、紫薇、牡丹、石榴、紫藤、樱花、葡萄、碧桃、天竹、红枫、紫荆、木槿、加拿利海枣等。如果庭院比较阴湿，则应选择一些与阴湿条件相适应的花木种类，如棕榈、石楠、桃叶珊瑚、法国冬青、女贞、阔叶十大功劳、广玉兰、香樟、龙柏、杜英、罗汉松、八角金盘、蜀桧、雪松、蜡梅、芭蕉、聚生竹等。

适于地栽的草花和地被植物种类较多。向阳、喜光的有石竹、金鱼草、羽衣甘蓝、三色堇、一串红、鸡冠花、千日红、步步高、万寿菊、蜀葵、凤仙花、羽扇豆、雏菊、金盏菊、虞美人、葱兰、大丽花等。比较耐阴的草花和地被植物种类则有麦冬、大叶麦冬、吉祥草、玉簪、紫萼、石蒜、万年青、紫背万年青、一叶兰、鸢尾、菖蒲、虎耳草等。

无论庭院内光线如何，干湿怎样，选择地栽花木都应注意以下几点：一是花木所能忍受的最低气温应不低于当地最低气温，避免发生冻害；二是与当地土壤、水分条件相适应，避免水土不服；三是病虫害较少、花果期较长、有芳香味，且花名吉祥；四是花木数量不宜过多，小的庭院有 1 ~ 2 株即可，大的庭院可多栽几株；五是成年大树的高度不宜超过二楼的窗户和阳台，以免妨碍楼上住户的采光，影响邻居关系；六是避免栽种会引起人体过敏或会有有毒物质成分的花木种类；七是应选择生长较慢但已基本成型的大规格植株，可及早取得绿化美化的效果，如银杏、日本冷杉、桂花、梅花、罗汉松等高度不应低于 2m；八是要留有一些空闲地用于栽种草花和摆放盆栽观赏植物。

（2）盆栽花卉种类　适于居家庭院内盆栽的花卉种类较多，条件较好的情况下，可选栽一些管理要求比较精细的花卉种类，如梅花、米兰、山茶、一品红、蜡梅、比利时杜鹃、南洋杉、巴西铁、发财树、国王椰子、白兰、珠兰、茉莉、富贵籽、凤梨类、金钱树（龙凤木）、非洲茉莉、肉桂（俗称平安树）、马蹄莲、报春花、大花蕙兰、红掌、建兰、蝴蝶兰、报岁兰、仙客来、文心兰、万代兰、丽格海棠、球根海棠、鹤望兰、扶桑、君子兰、绿萝、网纹草、变叶木、小天使、合果芋、佛手、玳玳、柠檬、郁金香、风信子、荷包花、鱼尾葵、散尾葵、酒瓶椰子等。条件相对较差的庭院，则可种养一些管理要求比较粗放的种类，如南天竹、铁树、棕竹、菊花、春兰、蕙兰、朱顶红、迎春、金钟、金雀、六月雪、贴梗海棠、四季桂、仙人掌类、文竹、橡皮树、昙花、令箭荷花、龟背竹、春羽、鹅掌柴、冷水花、红背桂、叶子花、大棘、茶花、茶梅、毛鹃、榕树等。

（二）庭院花卉种类的选择

庭院美化选用的树木花草的品种，因地区而异，宜求精而忌繁杂。在植物选择时需注意以下几个问题。

① 根据栽培的目的和生长习性，尽量做到乔、灌、地被相结合，要突出“草铺底、乔遮阴、花藤灌木巧点缀”的公园式绿化特点。如需夏日遮荫的，宜选择树干高大，树冠扩展，叶形美丽、花艳清香的树种，如梧桐、泡桐、国槐、栾树、楸树，并配植花灌木紫荆、丁香、紫薇、木槿，使高低层次分明，形成绿荫花香的屏障。大门影壁前植常绿的大叶黄杨，并配植草花万寿菊、金盏菊等，金黄色的小花一片。大门启开，满眼绿影花艳；步入小院更是花艳果丰，信步前庭顿觉景新气爽。如在白色影壁前种一株白皮松、黑松或赤松，点缀一块太湖石，会产生国画效果，富有“迎宾”之情。

② 选用花灌木应注意自然树形及开花季节，如西府海棠，茎干直立，树形细瘦，早春满树粉花，如少女亭亭玉立；垂丝海棠树形如伞，春花时，一簇簇红花花丝下垂，脉脉含情。夏花树种如紫薇、木槿、珍珠梅等，花期较长，尤其是紫薇，花期可长达 100 天。锦带花的花期正值春花凋零、夏花不多之际，可以适当点缀，使庭院中繁花似锦。

③ 注意选用攀缘植物，如爬山虎、凌霄、常春藤、野蔷薇等可附墙而上；紫藤、葡萄、金银花、猕猴桃可作观赏棚架，架下可休息乘凉。许多草本爬蔓植物如茑萝、牵牛、香豌豆、小葫芦等攀上竹篱或花墙，为庭院美化增添几多自然情趣。

④ 庭院绿化要做到春花、夏茂、秋实、冬枝。春天开花的植物较多，花灌木类有玉兰、海棠、迎春、连翘、榆叶梅、珍珠梅、黄刺玫、樱花、锦带花等；草本花卉类有月季、芍药、牡丹、鸢尾、马蔺等。夏茂主要指植物长得怎样，只要植物长得高大，茂盛，形态自然就好。秋实指秋季观赏果实，如石榴、柿子、苹果、梨、海棠果等。冬枝指冬季落叶后观赏枝条，如龙爪槐、金丝柳、红瑞木、棣棠等。

另外，还可选用一些特殊的植物种类来布置庭院。如常用的彩叶植物有紫叶李、红枫、鸡爪槭、紫叶矮樱、紫叶碧桃、紫叶稠李等；各类果树，如杏树、海棠果、枣树、柿子树、石榴、葡萄，这几种果树通常不需要过多打理，就能结出很多果实；蔬菜类，建议多种些叶菜类、易生长的蔬菜，如白菜、香葱、樱桃萝卜、小油菜、空心菜、生菜、韭菜、茴香等。

任务二 庭院花卉的应用

庭院是体现主人个性和品位的途径，不同主人赋予庭院独特的魅力，或清新、或雅致，可以是现代简洁的，也可以是丰富生动的。一般来说庭院的面积都较小，每个局部绿化都关系到庭院的全局，因此，庭院中的每个局部绿化都需要认真对待。现就庭院的园门、园墙、园路、水景、叠石、草坪、花坛、花境、花台、树木组景、垂直绿化、阳台、凉台绿化、屋顶花园等各方面分别叙述如下。

一、园门的绿化

图 1.4.17　庭院园门的绿化

园门，即庭院的出入口。每个庭院都有大小不同的园门，园门对庭院空间的组合、分隔、渗透、造景等都有重要作用。由于园门是进出之处，位置显露，因此，园门的绿化最引人注目。由于主人生活习惯、性格不同，园门的绿化布置形式也有所不同（图 1.4.17）。一般而言，性格开朗的主人习惯用显形布置，可以让外面行人观赏到庭院内部景观；性格内向的主人习惯用隐形布置，不希望外面行人一目了然于内景。园门的绿化在保证出入方便的原则下，注意内外景色的不同，采用收或放的手法，以增加风景层次深度，扩大空间；还要注意对景、框景的创造。

园门绿化常与绿篱、绿墙相结合，其形式很多。

① 直接用分枝低的龙柏等为主体，其内部用木材或钢材做骨架，再将常绿树的干、枝绑在骨架上，加以造型修剪，即可创造生动活泼的绿色门景，它具有一年四季常青的效果，并富有生命力。

② 与园门建筑相结合，将有生命的花木材料与建筑材料相结合创造景观，如将绿色植物栽到装土的空心门柱上，或者让其下垂，或者在上三面创造观花、观叶门景。要注意门柱的高度，最好使毛细管水可以达到植物的根部，否则就要注意浇水或直接选择耐旱的植物品种；也可以用盆栽的形式直接放在门柱之上或门的两侧；也可以在门柱基部设立花台把花木栽在花台之中。

③ 垂直绿化的形式，用钢铁、竹、木、水泥等作出门架，在其两旁种植攀缘植物。绿化南向的门前，可以均衡配置草本花卉及花灌木；北向的门前比较阴冷，通风差，绿化时应种植乔木，以利通风和夏季遮荫；边门、侧门或后门东向、西向的园门都可在门前场地上栽植落叶乔木或建立垂直绿化的屏障。

总之，园门的绿化要简洁、朴素、自然，要有明显的季节感，花与门的色彩对比要强烈。选择的花木，花期要长，花型要小。

二、园墙绿化

为了创造安静、卫生、美化的生活空间，或者由于安全的需要而在外围设立各种式样的园墙，借以创造层次丰富、小中见大的庭院景观，既可独立成景又可与其他要素结合创造各种景观。园墙的形式很多，如砖墙、石墙、树墙、花墙、挡土墙等，其中以树墙、花墙为佳。

1. 树墙

在庭园的外围或建筑物周围常用生动的女贞、黄杨等木本植物绿化并形成墙的效果称为树墙。树墙和砖、石、水泥墙一样具有分隔空间、防尘、隔音、防火、防风、防寒、遮挡视线等效果，而且管理方便，经久耐用，可创造生动活泼的造型，具有独特的山林景观效果（图 1.4.18）。根据庭院的功能性质的不同，可选用各种不同的树种。为了防风、防火、防尘等可用较高的或自然的不透式树墙形式；为了观赏庭院内部的景观，可用较矮的树墙，即绿篱，或者用半透式的树墙：为了加强防卫等特殊功能的需要，可用香圆、藤本月季、云实、木香等具有刺的树木作绿墙。作为树墙的树种应具有生长健壮、容易管理、抗病虫害强的特点，如香园、三角枫、女贞等；在遮阴处可选择石楠等较耐阴的树种；在迎风口应选择深根性、抗风、抗寒能力强的柏树等树种；整形的树墙要选用耐修剪的树种，如龙柏、火棘、女贞、水蜡、山茶、石楠、木樨等。

2. 花墙

很多庭院的园墙用水泥、砖石、铁栅栏等建筑材料做成各种花墙，尽管花墙建有各种花格、花窗和各种不同的造型，但是它毕竟还是无生命的建筑物，不能起到净化空气和改善环境的作用。要想弥补这些缺点，最好在墙旁用紫藤、凌霄、常春藤、木香等藤本植物进行绿化，使墙面披以绿色外衣，生气倍增（图 1.4.19）。美丽的花木翻越墙头，也美化了园外环境。如果是粗糙的水泥拉毛墙面，可在墙下土地上种植带有吸盘的藤本植物，如爬墙虎、五叶地锦、常春藤、扶桑、薜荔、凌霄、络石等，使之爬在墙上成为自然的墙罩，不仅美化墙面，还可防止风雨侵蚀、日光曝晒的作用。在光滑的墙面上，如果创造绿色的花纹，则可用竹、木条或者铁丝花架装在墙面上，再引种葡萄等藤本植物攀缘而上，不仅形成绿色花纹图案和绿色的墙罩，而且富有季相的变化。向阳的墙面可选用爬山虎、凌霄等；背阳的墙面可选用常春藤、薜荔、扶芳藤等。如果墙面高大可选用爬山虎、五叶地锦、青龙藤，如果墙面矮小可选用扶芳藤、薜荔、常春藤、络石、凌霄等。

图 1.4.18　树墙

图 1.4.19　花墙

3. 挡土墙

为了防止雨水的冲刷，在高低相差比较大的土坡处，可以用水泥、砖、石等材料适当设置挡土墙。在其上方土坡可种爬山虎、迎春、素馨等以覆盖表土及岩石；在挡土墙（护土坡）的下方种根系发达、枝叶茂盛的薜荔、络石、金银花等，用下挂、上爬的形式进行绿化；也可分

图 1.4.20　绿色植物将挡土墙完美地装饰

为不同的高低层次，创造半面立体花台的形式，在每一个层次花台上，配置相类似的花灌木，借以表现群体的特色。不论是花墙还是挡土墙，用藤本植物绿化时，将藤本植物种在墙基附近 15 ~ 100cm，每株相距 1.5m 左右。土壤深度约 50cm 左右。种植时使梢头向墙面伸展，以利藤本植物的生长及平时管理（图 1.4.20）。

三、通道和园路

为了行走方便，庭院中都有不同宽度级别的道路，它联系着前后门及院内各房舍。园路应是庭院中景观的一部分，通过平面布置，通过高低起伏、材质、色彩、绿化的配置来体现庭院的艺术水平，所以园路不仅有交通功能，还有散步赏景的作用。从房门到大门口的主干道叫通道，庭院内的散步小路称园路，另外还有上下坡的台阶、坡路或平台等。

1. 通道

通道既是街道景观，也是联系街道和房门的桥梁。绿化通道要保证行走方便，又要使行人产生舒畅的感觉。目前由于建筑面积较小，所以通道也较狭窄。北向的通道光线较差，其旁可种植阴性低矮的花木，使光线不良的通道具有明亮感；向南的通道光线明亮，要使院子显得生气勃勃，可在通道两旁或一边栽植各种阳性花木及带状的花境。并选用红、黄色的花，给人以温暖、热情和欢迎之感（图 1.4.21）。

2. 园路

庭院中的园路具有很强的实用性，绿化后还有观赏性，还能引人散步。两旁的绿化可用草坪、花境、树丛的形式布置，例如草坪上的飞石路面，其飞石块按 60cm 间距排列，每块飞石之间留有 10 ~ 20cm 的缝隙，有小草自然生长（图 1.4.22）。

图 1.4.21　庭院中的通道

图 1.4.22　庭院中的园路

四、垂直绿化和屋顶花园

用垂直绿化和布置屋顶花园的形式可以进一步增加城市的绿化面积和发挥绿化在城市环境中的作用。特别是我国某些较老城市，建筑占用的面积较多，可供绿化的面积相对较少，更需要应用垂直绿化和发展屋顶花园。

1. 垂直绿化

垂直绿化就是使用攀缘植物在墙面、阳台、花棚架、庭廊、石坡、岩壁等处进行绿化。由于攀缘植物依附建筑物或构筑物生长，所以占地面积少而绿化效果却很大。许多攀缘植物对土壤、气候的要求并不苛刻，而且生长迅速，可以当年见效，因此，垂直绿化又具有省工、见效快的特点。

攀缘植物有其不同的生态习性和观赏价值，所以在绿化设计时要根据不同的环境特点、设计意图科学地选择植物种类并进行合理的布置。如大门花墙、亭、廊、花架、栅栏、竹篱等处，可以选择蔷薇、凌霄、紫藤、薜荔、扶芳藤等，既美观又可遮荫纳凉。在白粉墙及砖墙上，可以选择爬山虎、络石等，它们生长快、效果好，可形成生动的画面，秋季还可观赏叶色的变化（图1.4.23）。

(a) (b) (c)

图 1.4.23 庭院中的垂直绿化

垂直绿化的藤本植物可根据食用、观赏的形式不同，适当选择。

① 根据食用选择：以食用兼观赏为主的花棚架、绿廊、花门的垂直绿化，可选用葡萄、猕猴桃等。

② 根据观赏花期选择：春季可选用多花蔷薇、血藤、常绿黎豆藤；夏季可选用凌霄、枸杞、茉莉；秋季可选用朝日藤、莺爪花、龙须藤、常春藤；冬季可选用常绿藤本植物。

③ 根据观赏花色选择：红色的有长春花、蔷薇；黄色的有素馨、蔷薇、莺爪花、龙须藤；紫色的有蔓长春、常绿黎豆藤；绿色的有血藤；白色的有茉莉。

2. 屋顶花园

在屋顶上营造的花园称为屋顶花园。随着城市建设密度加大，将建筑与绿化结合的屋顶花园应用更加普遍。屋顶花园不仅可以美化环境、净化空气，还可以作为人们休闲游憩的场所。在科学发达的今天，世界各国都在高层建筑的屋顶或阳台上建造了各式各样的空中花园，布有各种花门楼、花棚架、花木、草坪、花台、水池、喷泉、坐凳和幽静的散步小道、休息场地等（图1.4.24）。

(a) (b)

图 1.4.24 屋顶花园

建造屋顶花园关键是通过造园家的科学艺术手法，合理设计布置花草、树木和小品建筑等。在工程方面首先要正确计算花园在屋顶上的承重量，合理建造花池和排水系统。屋顶花园的建立，最好和建筑工程同时进行，统一施工，这样比较合理、安全和经济。

土壤要有 30 ～ 40cm 深，根据树木大小，局部可设计 60 ～ 100cm 深，草坪处 20cm 即可。植物种类的选择一般是选择那些姿态优美、绿期长，生长较密集，矮小、浅根、能牢固覆盖在基质（土壤）表面，具有耐旱、耐湿和抗风力强的花灌木和球根花卉及竹类，如佛甲草、垂盆草、萱草、德国鸢尾、瓜叶菊、结缕草等。

小　结

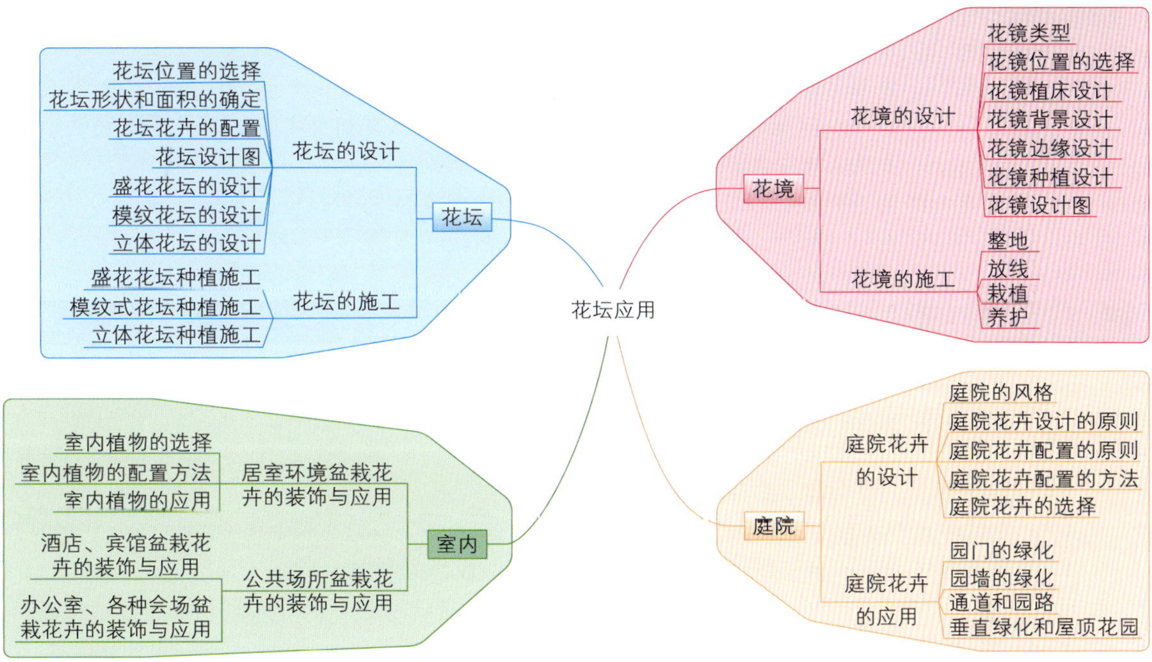

花卉奇趣

十三种庭院绿化吉祥植物

人们对庭院绿化一般的要求是春花、夏茂、秋实、冬枝，这可以显示出四季分明的景色。在庭院绿化中以下十三种植物可以多加考虑，在民间各有其吉祥寓意。

1. 棕榈，又名棕树。既有观赏价值，树干又可作为亭柱等，棕毛可入药，功能为收涩止血，主治吐血、崩漏诸症，在民间具有生财护财的寓意。

2. 橘树。“橘”与“吉”谐音，象征吉祥，果实呈红、黄色，充满喜庆，盆栽柑橘是人们新春时节家庭的重要摆设，而桔叶更有疏肝解郁功能，能够为家中带来欢乐。

3. 竹。苏东坡云：“宁可食无肉，不可居无竹。”竹是高雅脱俗的象征，无惧东南西北风，更可以成为家居的吉祥防护林。

4. 椿树。《庄子逍遥游》云：“上古有大椿者，以八千岁为秋。”因此椿树是长寿的象征，文学中又以之为父亲的代称，在民间有护宅及祈寿寓意。

5. 槐树。槐树木质坚硬，可为绿化树、行道树等，在民间被认为代表“禄”，古代朝廷种三槐九棘，公卿大夫坐于其下，面对三槐者为三公，因此槐树在众树之中地位最高，镇宅有权威性。

6. 桂树。相传月中有桂树，桂花又即木樨，桂枝可入药，功能为祛风邪、调和作用。宋之问词云：“桂子月中落，天香云外飘。”桂花象征着高洁，夏季桂花芳香四溢，是天然的空气清新剂。

7. 灵芝。灵芝性温味甘、益精气、强筋骨，有观赏作用，是长寿的象征，自古被视为祥物，鹿口或鹤嘴衔灵芝祝寿，是吉祥图的常见题材。

8. 梅。梅树对土壤的适应性强，花开五瓣，清高富贵，其五片花瓣有“梅开五福”之意，民间认为可以提升家居的福气。

9. 榕树。含“有容乃大，无欲则刚”之意，居者以此自勉有助于提高涵养。

10. 枣树 。在庭院中植枣树，喻早得贵子，凡事快人一步。

11. 石榴。含有多子多福的寓意，很有富贵气息。

12. 葡萄。葡萄藤缠藤，象征亲密，自古有葡萄架下七夕相会之说，而夏季在葡萄荫下纳凉消暑，亦是人生一大快事。

13. 海棠。花开鲜艳，令富贵满堂，而棠棣之华，象征兄弟和睦，其乐融融。

技能考核与评价

技能考核 1-1 平面花坛设计与种植

（1）本题分值：30 分。
（2）考核时间：30 分钟。
（3）考核形式：实操。
（4）具体考核要求：根据现场给出的场地进行花坛设计并种植。

考核与评价

序号	考核内容	考核要点	配分	评分标准	扣分	得分
1	平面花坛设计	依据地形在规定时间内设计图纸	10	每超过 1 分钟扣 1 分，扣完为止		
2	定点放线	在规定时间内确定种植点的位置和种植槽的范围	5	每超过 1 分钟扣 1 分，扣完为止		
3	种植（脱盆、栽植深度、土坨的处理、覆土镇压）	在规定时间内完成种植过程	15	每超过 1 分钟扣 1 分，扣完为止		
合计			30			
综合评价（专业成绩+职业素质）						

技能考核 1-2 绘制小广场绿化配置平面图

（1）本题分值：40 分。
（2）考核时间：40 分钟。
（3）考核形式：实操。
（4）具体考核要求：根据现场给出的场地进行小广场设计。

考核与评价

序号	考核内容	考核要点	配分	评分标准	扣分	得分
1	植物选择	所选用植物在6种以上，能掌握这些植物的观赏特点	15	每选用不当一种植物扣1分，扣完为止		
2	植物配置	在规定时间内植物配置合理，形式多样，有孤植、对植、三株树配置及灌木丛配置等形式	10	配置不当扣1分，扣完为止		
3	绘图技法	在规定时间内绘图技法娴熟，方法正确	15	每超过1分钟扣1分，扣完为止		
合计			40			
综合评价(专业成绩+职业素质)						

技能考核1-3　国庆平面花坛的示意图及配置方案设计

（1）本题分值：50分。

（2）考核时间：40分钟。

（3）考核形式：笔答。

（4）具体考核要求：考生安静进入考场指定位置；针对国庆要求进行设计，在答题纸上画出简图，并制定配置方案。

考核与评价

序号	考核内容	考核要点	配分	评分标准	扣分	得分
1	构思创意	花坛（绿地）的设计构思	10	（1）能根据花坛或绿地的周边环境和时间恰当确定主题;（5分） （2）构思独特，意境深邃（5分）		
2	绘图表达	画图能力	10	（1）图面干净，线条清晰，标注明确（5分） （2）图案或造型优美，主题突出（5分）		
3	花卉配置	花卉的种类、习性、色彩、形态特征	30	（1）花卉的花期选择正确(6分) （2）高矮应用恰当（6分） （3）色彩搭配协调（6分） （4）花卉的种类适量（6分） （5）两套方案中花卉的配置不同（6分）	少一套方案扣15分，每错一种花卉扣2分	
合计			50			
综合评价（专业成绩+职业素质）						

技能考核1-4　用小平板仪进行平面花坛种植定点放线

（1）本题分值：5分。

（2）考核时间：10分钟。

（3）考核形式：实操。

（4）具体考核要求：根据考场给出的施工图定点放线。

考核与评价

序号	考核内容	考核要点	配分	评分标准	扣分	得分
1	计算放线所需的参量	依据设计图纸在规定时间内（2分钟）计算出放线所需的参量	1	每超过1分钟扣1分，扣完为止		
2	安放仪器	在规定时间内（3分钟）正确安放仪器	2	每超过1分钟扣1分，扣完为止		
3	放线	在规定时间内（5分钟）确定种植点的位置和树穴（种植槽）的范围	2	每超过1分钟扣1分，扣完为止		
合计			5			
综合评价（专业成绩+职业素质）						

模块二　花卉生产

项目一　花坛花卉生产

知识目标

- 掌握花坛花卉的种类。
- 掌握花坛花卉的繁殖方法。
- 掌握花坛的栽培养护方法。

技能目标

- 能够识别常见的花坛花卉。
- 能够熟练进行花坛花卉的繁殖。
- 能进行花坛花卉的栽培与养护管理。

任务提出

- 如何养护管理花坛花卉？如何进行扩繁？

任务分析

- 本次任务主要了解花坛花卉的种类并能够正确识别；掌握花坛花卉的繁殖方法；能够进行花坛花卉的栽培及后期的合理养护。

学习内容

花坛花卉通常以一年生、二年生草本花卉为主。

任务一　花坛花卉识别

一、一串红

见图 2.1.1

别　名		爆仗红
科　属		唇形科鼠尾草属
识别要点	枝干及茎	茎直立，光滑，有四棱
	叶	叶对生，卵形
	花	总状花序顶生，遍被红色柔毛。小花 2 ~ 6 朵，轮生，红色，花萼钟状，与花瓣同色，花冠唇形
	果实种子	小坚果卵形，有 3 棱，平滑
同属变种及优良品种		常见变种有：一串白；一串紫。常见品种有萨尔萨（Salsa）系列；赛兹勒（Sizzler）系列；绝代佳人（Cleopatra）系列。另外，还有红景（Red Vista）、红箭（Red Arrow）和长生鸟（Phoenix）等矮生品种 同属观赏种有红花鼠尾草（*S. coccinea*）；粉萼鼠尾草（*S. farinacea*）

图 2.1.1　一串红

二、矮牵牛

见图 2.1.2

别　名		碧冬茄
科　属		茄科碧冬茄属
识别要点	枝干及茎	茎直立或匍匐
	叶	叶卵形全缘，互生或对生
	花	花朵硕大，色彩丰富，花型变化颇多。花单生，漏斗状，花瓣边缘变化大，有平瓣、波状、锯齿状瓣，花色有白、粉、红、紫、蓝、黄等，另外有双色、星状和脉纹等
	果实种子	矮牵牛的果实为蒴果，成熟后极易开裂，种子散落在地上，若收获不及时会造成种子大量损失。种子极小
同属变种及优良品种		常见品种有大花重瓣的小瀑布（Cascade）系列；派克斯（Park's）系列；急转（Pirouette）系列；云（Cloud）系列；康特唐（Count Down）系列；盲珠（Daddy）系列；梦幻（Dreams）系列；魅力（Magic）系列；花边香石竹（Picotee）系列；呼啦裙（Hulahoop）系列；风暴（Storm）系列；超级（Ultra）系列；好哇（Hurrah）系列

图 2.1.2　矮牵牛

三、鸡冠花

见图 2.1.3

别　名		头状鸡冠
科　属		苋科青葙属
识别要点	枝干及茎	茎直立粗壮
	叶	叶卵状披针形，先端渐尖，基部渐狭、全缘
	花	花序顶生，扁平鸡冠形，花色有白、淡黄、金黄、淡红、紫红、橙红等
	果实种子	胞果卵形，种子黑色有光泽
同属变种及优良品种		常见品种有宝石盆（Jewel Box）、奥林匹克（Olympia）、珍宝箱（Treasure Chest）、威望（Prestige）、火球（Fire Ball）。 同属观赏种有羽状鸡冠（*C. plumosa*）；青葙（*C. argentea*）

图 2.1.3　鸡冠花

四、翠菊

见图 2.1.4

别　名		江西腊、八月菊
科　属		菊科翠菊属
识别要点	枝干及茎	茎直立，全株疏生短毛
	叶	叶互生，长椭圆形
	花	头状花序单生枝顶。舌状花花色丰富，有红、蓝、紫、白、黄等深浅各色
	果实种子	种子直径大约 1mm，圆锥形，浅棕色，有柔毛
同属变种及优良品种		栽培品种繁多，有重瓣、半重瓣，花型有彗星型、驼羽型、管瓣型、松针型、菊花型等。常见品种有小行星（Asteroid）系列；矮皇后（Dwarf Queen）系列；迷你小姐（Mini Lady）系列；波特·佩蒂奥（Pot N'Patio）系列；矮沃尔德西（Dwarf Waldersee）；地毯球（Carpet Ball）；彗星（Cornet）系列；莫拉凯塔（Moraketa）；普鲁霍尼塞（Pruhonicer）

(a)

(b)

图 2.1.4　翠菊

五、金盏菊

见图 2.1.5

别　名		金盏花
科　属		菊科金盏菊属
识别要点	枝干及茎	全株被毛
	叶	叶互生，长圆形
	花	头状花序单生，花径 5cm 左右，有黄、橙、橙红、白等色，也有重瓣、卷瓣和绿心、深紫色花心等
	果实种子	瘦果，种子寿命 3 ~ 4 年
同属变种及优良品种		常见品种有邦 · 邦（Bon Bon）；吉坦纳节日（Fiesta Gitana）；卡布劳纳（Kablouna）系列；米柠檬卡布劳纳（Kablouna Lemon Cream）；红顶（Touch of Red）；宝石（Gem）系列；圣日吉他；柠檬皇后（Lemon Queen）和橙王（Orange King）等

图 2.1.5　金盏菊

六、蒲包花

见图 2.1.6

别　名		荷包花
科　属		玄参科蒲包花属
识别要点	枝干及茎	茎叶被细茸毛
	叶	叶对生，卵形，有皱纹，常呈黄绿色
	花	花具二唇，下唇发达，形似荷包，花色丰富，有淡黄、深黄、淡红、鲜红、橙红等色，常嵌有褐色或红色斑点
	果实种子	蒴果，种子细小多粒
同属变种及优良品种		常见品种有全天候（Anytime）系列；黄金热（Gold Fever）系列；矮丽（Dwarf Dainty）系列；比基尼（Bikini）系列 同属观赏种有智利蒲包花（*C. biflora*）；皱叶蒲包花（*C. integrifolia*）；帕冯蒲包花（*C. pavonii*）；墨西哥蒲包花（*C. mescicana*）

图 2.1.6　蒲包花

七、四季秋海棠

见图 2.1.7

(a)　(b)

图 2.1.7　四季秋海棠

别名		四季海棠
科属		秋海棠科秋海棠属
识别要点	枝干及茎	茎直立，多分枝，肉质
	叶	叶互生，有光泽，卵形，边缘有锯齿，绿色或带淡红色
	花	花淡红色，腋生，数朵成簇
	果实种子	硕果有红翅 3 枚，种子细微，褐色
同属变种及优良品种		常见品种有绿叶系的大使（Ambassador）；洛托（Lotto）；胜利（Victory）；琳达（Linda）。另外有大花、绿叶的翡翠和大花绿叶、耐热、耐雨的前奏曲。铜叶系的鸡尾酒（Cocktail）系列

八、三色堇

见图 2.1.8

(a) (b) (c)

图 2.1.8 三色堇

别名		蝴蝶花、鬼脸花
科属		为堇菜科堇菜属
识别要点	枝干及茎	分枝较多
	叶	叶互生，基部叶有长柄、叶片、近心形，茎生叶矩圆状卵形
	花	花单生于叶腋，花梗长，花瓣 5 枚，花色有紫、红、蓝、粉、黄、白和双色等
	果实种子	蒴果椭圆形三瓣裂，种子卵圆形，成熟时褐色
同属变种及优良品种		常见品种有大花的巨像（Colossal）；笑脸（Happy Face）；帝国（Imperial）；瑞士大花（Swiss Giant）、壮丽大花（Majestic Giant）。中大花的有和弦（Accord）、王冠（Crown）、水晶碗（CrystalBowl）、三角洲（Delta）、法马（Fama）、洛可可（Rococo）、谚语（Maxim）、国王（Regal）、宇宙（Universal）。小花的有黑魔（Black Devil）、帕德帕拉德杰（Padparadja）；露西娅姑娘（Baby Lucia）；乔克无情之脸（Joker Pokerface）

九、万寿菊

见图 2.1.9

图 2.1.9 万寿菊

别　名		臭芙蓉
科　属		菊科万寿菊属
识别要点	枝干及茎	茎粗壮
	叶	叶对生或互生，羽状全裂，裂片披针形，叶缘背面具油腺点，有强臭味
	花	头状花序单生，花黄色或橘黄色，舌状花有长爪、边缘皱曲
	果实种子	瘦果黑色
同属变种及优良品种		常见品种有印加（Inca）；皱瓣（Crush）、发现（Discovery）、大奖章（Medallion）、江博（Jumbo）、树篱型的丰盛（Galore）、第一夫人（First Lady）等 常见的同属观赏种孔雀草（*T. patula*），品种有曙光（Aurora）；富源（Bonanza）；赠品（Bounty）；迪斯科（Disco）；金门（GoldenGate）；英雄（Herm）；索菲娅（Sophia）。小花的杰米（Janie）、大花矮生的小英雄（Little Hero）、矮生的少年（Boy）和早花种远征（Safari）、抒情诗人（Troubadour） 细叶万寿菊（*T. tenuifolia*）、香叶万寿菊（*T. lucida*）也是万寿菊的同属观赏种

十、羽衣甘蓝

见图 2.1.10

(a)

(b)

图 2.1.10　羽衣甘蓝

别　名		叶牡丹、花包菜
科　属		十字花科甘蓝属
识别要点	枝干及茎	株高 30 ~ 40cm，茎基部木质化
	叶	叶宽大，矩圆倒卵形，叶重叠生于短茎上，被白霜，无分支，中间密集，呈球形，周围分散，其形态及色质多变化，形态上有皱叶、不皱叶、及深裂叶等，从色质上看，叶缘有翠绿、黄绿等，中心部有纯白、蛋黄色、肉红、紫红等。叶柄有翼
	花	总状花序，具小花 20 ~ 40 朵，异花授粉。十字形花冠，花小，淡紫色，无观赏价值。花期 4 月份
	果实种子	角果扁圆柱状。果熟期 5 ~ 6 月份
同属变种及优良品种		园艺品种有：红叶系统，顶生叶紫红，淡紫红或雪青色，茎紫红色；白叶系统，顶生叶乳白、淡黄或黄色、茎绿色

十一、雏菊

见图 2.1.11

别名		延命菊、春菊
科属		菊科雏菊属
识别要点	枝干及茎	多年生矮小草本，簇生。高 15 ~ 20cm，自基部簇生
	叶	长匙形或倒卵形，边缘具齿牙
	花	早春开花，头状花序单生于花茎顶端，舌状花多轮，花色有白色、粉红色、红色或紫色，管状花黄色
	果实种子	种子细小，灰白色
同属变种及优良品种		绣球系列：红绣球——浓红色；桃绣球——桃红色；白绣球——纯白色；绣球——混合色

(a) (b)

图 2.1.11 雏菊

十二、百日菊

见图 2.1.12

别名		百日草、步步高、火球花、五色梅、对叶菊、秋罗、步登高
科属		菊科百日菊属
识别要点	枝干及茎	植株高度 30 ~ 100cm，有刚毛。直立性强，茎被短毛
	叶	叶对生，有短刺毛，卵圆形至椭圆形，叶基抱茎，全缘，长 4 ~ 10cm，宽 2.5 ~ 5cm
	花	头状花序顶生，直径 5 ~ 15cm，具长花梗。舌状花倒卵形，顶端稍向后翻卷，有黄、红、白、紫等色；管状花顶端 5 裂，黄色或橙黄色，花柱二裂或有斑纹，或瓣基有色斑。花期 6 ~ 10 月份
	果实种子	舌状花所结瘦果广卵形至瓶形，顶端尖，中部微凹；管状花所结果椭圆形，较扁平，形较小，种子千粒重 5.9g，寿命 3 年
同属变种及优良品种		栽培品种可分为大轮型、中轮型和小轮型三类。品种类型很多，常见的园艺栽培种主要有：大花重瓣型，花径达 12cm 以上，极重瓣。纽扣型，花径仅 2 ~ 3cm，极重瓣性，全花呈圆球形。低矮型，株高仅 15 ~ 40cm

(a) (b)

图 2.1.12 百日菊

十三、凤仙花

见图 2.1.13

别　名		指甲草、小桃红、急性子
科　属		凤仙花科凤仙花属
识别要点	枝干及茎	茎肉质光滑，直立粗壮，节部膨大，多为青绿色或深褐色，高 30 ~ 60cm
	叶	狭长互生，披针形，翠绿色，边缘有锯齿，叶柄两侧有腺体
	花	花腋生，花冠蝶形，花色有粉红、白、紫和红白相嵌的。萼片 3 枚，两侧小，后面的大。花瓣 5 枚。花期 6 ~ 10 月份
	果实种子	蒴果，成熟时黄色，可自动裂开散出种子，种子寿命 5 ~ 8 年
同属变种及优良品种		常见栽培的品种有：龙爪凤仙、洒金花、雪青凤仙、黄玉球等

图 2.1.13　凤仙花

十四、千日红

见图 2.1.14

别　名		火球花、红火球、千年红
科　属		苋科千日红属
识别要点	枝干及茎	茎直立有多数小枝，茎被粗毛
	叶	叶被粗毛，叶片对生，具短柄，长椭圆形或倒卵形，先端微凸，基部渐狭，两面均有白色毛茸
	花	头状花序生于枝端，花冠筒状不显著，其苞片膜质有光泽
	果实种子	胞果近球形，种子为萼片包裹，萼片线状披针形，背面密布绒毛
同属变种及优良品种		千日白、千日粉、还有近淡黄、近红色的变种

图 2.1.14　千日红
此图片来自徐晔春
http://www.fpcn.net

十五、麦秆菊

见图 2.1.15

别　名		蜡菊、贝细工
科　属		菊科蜡菊属
识别要点	枝干及茎	较粗壮，全株具微毛。茎直立，似麦秆
	叶	叶互生，长椭圆状披针形，全缘，近无毛
	花	头状花序单生枝顶，花瓣干燥，好像蜡纸做的假花一样。花有红、白、橙黄等色。花期长，从夏初到秋季连续开花。花于晴天开放，雨天及夜间闭合
	果实种子	果熟期 9 ~ 10 月份
同属变种及优良品种		栽培品种有“帝王贝细工”，分高型、中型、矮型品种。有大花型、小花型之分。同属植物 500 余种

图 2.1.15　麦秆菊

十六、美女樱

见图 2.1.16

别　名		美人樱、铺地锦、草五色梅
科　属		马鞭草科马鞭草属
识别要点	枝干及茎	茎多横展，丛生而匍匐地面。茎四棱，全株被灰色绒毛，高 20 ~ 50cm
	叶	叶对生，长圆形或披针状三角形，边缘有阔而不齐之圆齿或基部有裂片
	花	穗状花序，顶生于枝端，花小而密集，开花部分成伞房状。花有白、红、紫红等色。花冠细筒形
	果实种子	蒴果，短棒状，包藏于宿萼内，9 ~ 10 月份成熟。种子细小
同属变种及优良品种		细叶美女樱、直立美女樱等

图 2.1.16　美女樱

任务二　花坛花卉的繁殖

花坛花卉主要为一年生、二年生草本花卉，其繁殖方法以种子繁殖为主。

一、花坛花卉种子繁殖

用种子进行繁殖的过程称为种子繁殖，也称为有性繁殖。

（一）花卉种子分类

花卉种类及品种繁多，其种子的外部形态千变万化。

1. 按粒径大小分类

大粒种子：粒径在 5mm 以上，如芍药、牡丹、紫茉莉等。

中粒种子：粒径在 2 ~ 5mm 之间，如一串红、金盏菊、矢车菊等。

小粒种子：粒径在 1 ~ 2mm 之间，如三色堇、紫花地丁等。

微粒种子：粒径在 0.9mm 以下，如矮牵牛、金鱼草、半枝莲等。

2. 按种子的形状及颜色分类

花卉种子的形状千奇百怪，如球形的紫茉莉种子、肾形的鸡冠花种子、披针形的波斯菊种子、船形的百日草种子等；颜色多种多样，如黑色光亮的鸡冠花种子、褐色的凤仙花种子、黄白色的旱金莲种子等；还有些种子具有毛、刺、钩、翅等附属物，如带翅的万寿菊种子，具冠毛的矢车菊种子等。

（二）花卉种子的采收与储藏

1. 种子的采收

首先，种子的采收要掌握好种子的成熟期和熟度。即使是同一株花卉，种子成熟时间也不一致，应随熟随采，以免种壳开裂而飞落，或遇阴雨天而霉烂。其次，采收方法也因花卉的种类不同而异。有的可将整个花朵摘下，风干后收集种子，如鸡冠花、一串红等；有的采集浆果，可将果实揉搓，放在水盆里，洗去果肉，清出种子，再把种子晾干，如金银茄、珊瑚豆等；有些花卉的果实成熟后，会因果皮崩裂而造成种子散失，应在果实由绿转黄褐色时及时采收，如三色堇、凤仙花等。

2. 种子的储藏

种子收获后至播种前的保存过程至关重要，要防止发热、霉变和虫蛀，要求保持种子的生命力、纯度和净度。依据花卉的种类不同，其构造、化学成分、含水量不同，其储藏方法也不同。常见的花卉种子储藏方法有干藏法、湿藏法和水藏法。

（1）干藏法　种子的干藏法包括干燥储藏法和干燥密闭法。干燥储藏法是将干燥的种子储藏于干燥的环境中。凡种子含水量低的均可采用此法储藏，一年生、二年生草花种子，在充分干燥后，放进纸袋或纸箱中保存。干燥密闭法是将充分干燥的种子，装入罐或瓶一类容器中，加盖后用石蜡或火漆封口，置于储藏室内，容器内可放些吸水剂如 $CaCl_2$、生石灰、木炭等，可延长种子寿命，如结合低温效果更好。

（2）湿藏法　湿藏法又称层积储藏法，凡是种子标准含水量较高或干藏效果不好的种子，都可采用此法。具体作法：将纯净种子与湿沙（以手握成团但又不滴水，一触即散为宜）按1：（3～10）混合或分层埋入60～90cm的种子储藏坑中，储藏坑可在室外选择适当的地点，挖掘的位置在地下水位以上，冻土层以下。温度最好保持2～7℃。层积期间应经常检查温度、湿度。春暖时需进行翻拌，以防下层种子发芽或霉烂。

（3）水藏法　主要适用于水生花卉的种子。睡莲、王莲等贮藏于水中能更好地保持其发芽力。

（三）播种方法

花坛花卉播种繁殖常采用畦播和穴盘播种。畦播节省土地，单位面积内出苗量大，但是要注意小苗的密度，防止幼苗徒长倒伏，适时上钵。穴盘播种每穴1粒种子，有独立的生长空间，幼苗根系发育完整，生长健壮，移植无缓苗期，成苗率高，而且可以缩短生产周期。目前，花坛花卉生产上普遍采用穴盘播种育苗。

1. 畦播

（1）选地　选择阳光充足，空气流通、排水良好的地方。土壤应选富含腐殖质的、轻松肥沃的沙质壤土。

（2）整地作畦　用旋耕机或人力深翻土地，约30cm深。大土块打碎，人工作畦。

花卉种子播种一般采用低畦，畦宽1～1.2m，长度根据需求可长可短（图2.1.17）。畦面要求是细致平坦、上暄下实，上暄有利于幼苗出土，减少上层土壤水分的蒸发，下实可保证下层土壤湿润，满足种子萌发时对水分的需要。

图2.1.17　作畦

（3）播种　播种前用细孔喷壶浇透底水，可以较长时间保持土壤湿润状态，便于种子萌发。

根据花卉种类、种子的大小不同选择合适的播种方式，如撒播、条播、点播等。

大粒种子一般采用点播，即按一定株行距开穴播种，每穴 1 ~ 3 粒种子，便于后期的移栽，如紫茉莉、牡丹、芍药、君子兰等。

中粒种子一般采用撒播或条播，撒播即将种子均匀撒在床面上；条播即将种子成条状播于床面沟内。如一串红、百日草的畦播。

小粒种子和微粒种子一般掺细沙撒播，苗期要注意间苗和蹲苗，如金鱼草、鸡冠花、三色堇等。

（4）覆土及覆盖　大粒种子覆土厚度是种子直径的 2 ~ 3 倍，中粒及小粒种子以不见种子为度。覆盖用土最好用 0.3cm 孔径的筛子筛过或者直接用蛭石覆土。

覆土完毕，用塑料薄膜覆盖保湿，待种子出苗后及时去除。

（5）播后管理　保持苗床湿润，适当遮阴，幼苗出土及时去除覆盖物。当幼苗出现真叶后，要根据幼苗的疏密情况及时间苗，去弱留壮，同时注意蹲苗。间苗后要立即浇水，防止幼苗因根部松动失水而死亡。

2. 穴盘播种

（1）播种期确定　生产上根据花卉品种的生物学特性和需花日期，确定播种期。例如一串红“火焰”要“五一”供花，其生育期约为 90 天，需要在 1 月上旬播种；而国庆节供花的，需要在 6 月中旬播种。另外，依据不同花卉生物学特性及育苗环境的不同，同一种花卉育苗时间有差异。例如冬季温室育苗生育期就要比夏季育苗时间长，同样冬季温室育苗，如果温度高生育期就相对短。

（2）育苗基质选择　用于播种的基质要求质轻、疏松、卫生、理化性状稳，生产上可选用泥炭土、蛭石和珍珠岩（图 2.1.18）等。最理想的基质是进口播种专用泥炭。如要求不高，也可使用国产泥炭，或优质腐叶土与珍珠岩混合物。进口泥炭虽然价格高，但是出苗率高，出苗效果好。播种后覆土基质通常选用蛭石。

(a) 泥炭土　(b) 珍珠岩　(c) 蛭石

图 2.1.18　育苗基质

（3）选穴盘　穴盘大小要根据种子的大小确定。目前市场销售的穴盘规格有 50 穴、72 穴、105 穴、128 穴、200 穴、288 穴等（图 2.1.19）。大粒种子如紫茉莉可选用 50 穴或 72 穴；中粒种子如一串红、万寿菊、百日草播种可选用 72 穴或 105 穴；小粒种子如三色堇可选用 105 穴或 128 穴；而微粒种子如矮牵牛、半枝莲可选用 200 穴或 288 穴。对于使用过的穴盘再次使用，必须要进行清洗、消毒，并经干燥后才可继续使用。

（4）装穴盘　将配制好的基质填装穴盘，可机械操作也可人工填装。

注意使每个穴盘孔填装均匀，并轻轻镇压，基质不可装得过满，应略低于穴盘孔，留好覆土的空间。播种前一天将装填的穴盘浇透水，即穴孔底部有水渗出。淋湿的方法可以采用自动间歇喷水或手工多遍喷水的方式，让水分缓慢渗透基质。

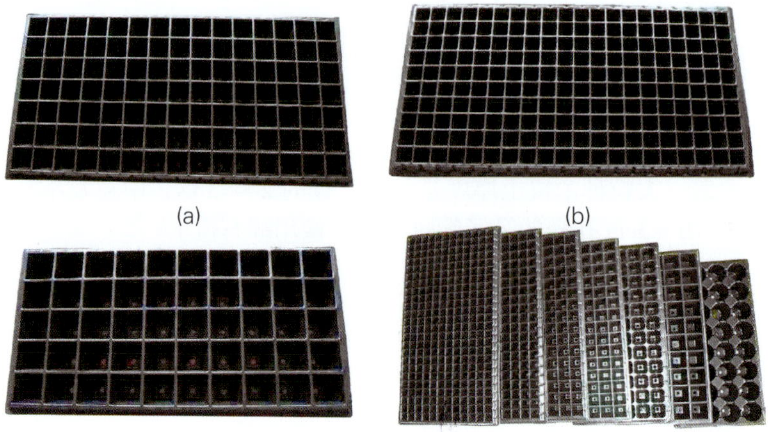

(a) (b) (c) (d)

图 2.1.19 不同规格的穴盘

（5）播种及覆土 播种可以采用机械播种或人工播种。要求种子播于穴孔中央，且每穴1粒。播种后立即用蛭石覆盖，覆盖厚度以完全覆盖种子为宜，微粒种子（比如矮牵牛）一般不覆土。种子覆土完毕，再用地膜覆盖，以便于保湿。

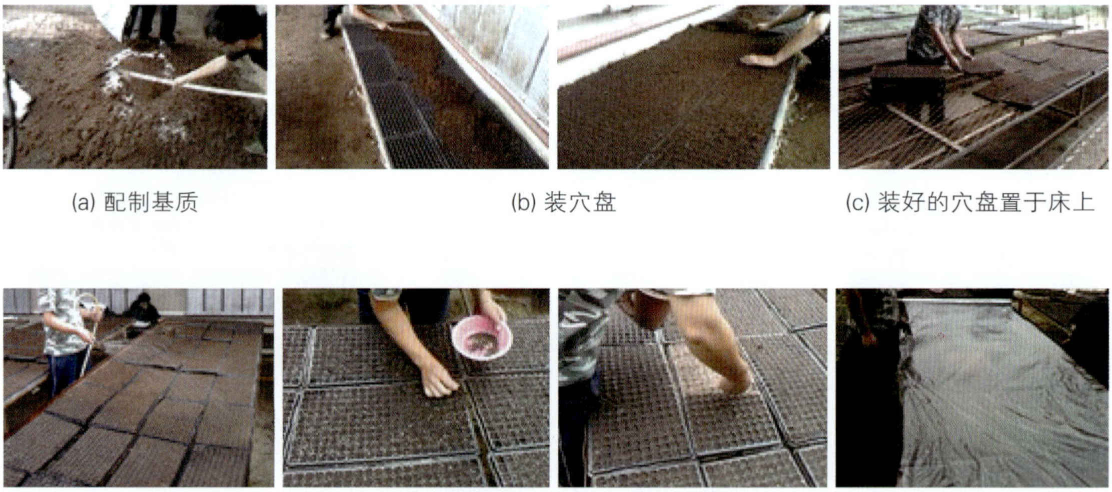

(a) 配制基质 (b) 装穴盘 (c) 装好的穴盘置于床上

(d) 穴盘浇透水 (e) 一串红点播 (f) 蛭石覆土 (g) 覆地膜保湿

图 2.1.20 一串红穴盘播种过程

穴盘播种过程见图 2.1.20。

（6）日常管理

① 光照管理 对于具有大型、智能化的温室来说，功能分区明确，有专门的催芽室和育苗室，借助各种仪器设备控制环境条件，达到良好的光照、湿度、温度条件，促进种子的萌发和生长。如果没有专门的育苗室，播后穴盘可平放在床架上，有利于通风及操作管理。种子发芽

后，立即揭开薄膜，适当遮荫，2 ~ 3 天后可以逐渐正常光照。苗期不同的花卉对光照要求不同，维持在 15000 ~ 20000Lx 对一般花卉来说都是适应的。夏季育苗，可采用遮荫网，防止强光对幼苗产生危害。冬季连续阴天，可采用人工补光的方法增加光照。

② 浇水　幼苗出土，其根系分布较浅，抗旱能力弱，浇水要采用细雾喷水，少量多次，随干随浇，不可多浇，注意控制空气湿度，加强通风，防止徒长和病害发生。从真叶长出到成苗，浇水需要见干见湿。

③ 施肥　子叶展平后，应当追肥。苗期肥料用量不大，但是要求比较高，生产上建议用“花多多”、“花娇俏”等花肥，比较安全有效。当真叶长成后，营养液应加入适量的微量元素，根据不同花卉种类生长发育需求添加，如三色堇易缺硼和铁，鸡冠花易缺钙和铁。

二、花坛花卉的扦插繁殖

花坛花卉的扦插繁殖主要采用嫩枝扦插，繁殖量大，繁殖容易，有时候可结合摘心进行，降低育苗成本。

（一）扦插成活的原理

扦插成活的原理主要基于植物器官的再生能力，可发生不定芽和不定根，从而形成新的植株。

（二）扦插生根的环境条件

1. 温度

多数花卉的扦插宜在 20 ~ 25℃之间进行；热带植物可在 25 ~ 30℃以上；耐寒性花卉可稍低；多数树种的生根最适温度为 15 ~ 25 ℃。

基质温度（底温）需稍高于气温 3 ~ 5℃，因底温高于气温时，可促使根的发生；气温低则有抑制枝叶生长的作用。因而特制的扦插床及扦插箱均有增高底温的设备。

2. 湿度

为了保持插穗体内的水分平衡，扦插基质要求较高的湿度，通常以 50% ~ 60% 的土壤含水量为适度，水分过多常导致插穗腐烂。为避免插穗枝叶中水分的过分蒸腾，空气湿度通常以 80% ~ 90% 的相对湿度为宜。

3. 光照

充足的光照可提高土壤温度，促进生根。对带叶片的嫩枝扦插及常绿树种的扦插，在日光下可进行光合作用，从而产生生长素并促进生根。但强烈的日光也对插穗成活不利，因此在扦插初期应给予适度遮荫，即“见天不见日”。

4. 氧气

当愈合组织及新根发生时，呼吸作用增强，要求扦插基质具有充足的氧气供应。因此，扦插基质应具有较强的通气性，同时扦插不宜过深，愈深则氧气愈少。

不同植物对于氧气的需求量也不同。如杨、柳等对氧气需要少，扦插深度达 60cm 仍能生根，而蔷薇、常春藤等则要求氧气较多，扦插过深影响生根或不生根。

5. 生根激素

花卉扦插繁殖中合理使用生根激素能有效促进插穗生根。常用的有萘乙酸（NAA）、吲哚乙酸（IAA）、吲哚丁酸（IBA）等。

生根剂的浓度要控制好，一般情况生根较难的木本花卉浓度可高些，草本花卉要低些。木本花卉浸沾的时间要长些，草本花卉浸沾的时间要短些。

（三）扦插基质

扦插基质的种类很多，作为扦插的基质应具备保温、保湿、疏松、通气、洁净、酸碱度适中、成本低、便于运输等特点。

1. 河沙

河沙指河床中的冲积沙。河沙优点是通气好，排水佳，易吸热，不含病菌，材料易得；缺点是含水力太弱，必须多次灌水，故常可与蛭石、草炭土等混合使用。

2. 珍珠岩

珍珠岩由石灰质火山粉碎高温处理而成，白色颗粒状，优点是疏松透气，质地轻，保温保水性好。缺点是仅可使用一次，长时间使用易滋生病菌，颗粒变小，透气性差。适宜于木本花卉的扦插。

3. 蛭石

蛭石是云母矿物质高温膨化而成，呈黄褐色，片状，薄片状，具韧性，酸度不大。吸水力强，通气良好，保温能力高，是目前一种较好的扦插基质。适宜木本、草本花卉的扦插。

4. 砻糠灰

砻糠灰由稻壳炭化而成，疏松透气，保湿性好，吸热性好。适宜草本花卉的扦插繁殖。

5. 草炭土

草炭土是古代的植物体受地形变动被压入地下经多年腐化而形成的。优点是质地轻松，有团粒结构，保水力强，呈微酸性反应。缺点是含水量太高，通气、吸热力也不如沙，故常与沙混合使用，可综合二者优点。

（四）扦插技术

以彩叶草为例。

彩叶草花色鲜艳，品种丰富，园林应用广泛。彩叶草扦插繁殖不受季节限制，繁殖容易，操作简单，成活率高且植株健壮，大大缩短了育苗周期，生产上被广泛应用。

1. 整理插床

普通扦插床的宽通常为 1m 左右，长度根据扦插量或使用区域大小而定，可大可小。四壁用砖砌成，床底做 20cm 高的排水层，铺以炉渣或碎砖块等物，上面加 15cm 高的蛭石、珍珠岩或河沙等扦插基质。

插前将床面平整，不要有坡度，再用细孔喷壶浇透水，待水全部下沉即可扦插。

2. 插穗的选取与剪切

在彩叶草发育健壮的嫩枝上剪取枝条，这样的插条内源生长素含量最高，细胞分生能力最强。枝条剪成 5 ~ 7cm 长的小段，上剪口在节上 1cm 处平剪，下剪口在节下 0.5cm 处斜剪，保证插穗带两个腋芽，叶子剪去一半，剪好后浸入清水中，保持湿润待用（图 2.1.21）。

(a) (b) (c) (d) (e) (f)

图 2.1.21 彩叶草插穗选取与剪切

3. 扦插

插前用竹签打孔，扦插密度以叶片互不遮挡，不影响光合作用为宜，扦插深度为 2cm，不要过深，以免影响生根，插后用手压实基质表面，也可以再喷水，使基质与插穗紧密接触。插床顶部用竹片做一弓形支架，覆盖塑料薄膜保湿，必要时也可加遮荫网遮荫（见图 2.1.22）。

4. 插后管理

扦插后要保持基质湿润和较高的空气湿度。可采用喷雾保湿的方法，根据天气情况调整喷雾时间和次数，晴天每隔 2 小时向基质表面喷水，阴天或雨天可以少喷或不喷，使空气温度保持在 90%左右，同时，基质不能出现积水。

扦插后 10 天左右长出新根，逐渐减少喷雾次数，半个月后移植或定植，进入正常管理。

(a) (b) (c)

图 2.1.22 彩叶草扦插

任务三 花坛花卉的栽培与养护

一、一串红

生态习性				栽培要点	三大效益		
温度	光照	水分	土肥		生态效益	社会效益	经济效益
喜温暖湿润，忌干热气候，生长最适温度为 20 ~ 25℃，高于 30 ℃叶、花均小，时间长了逐渐枯死，低于 12℃生长受限	喜阳光充足但也能耐半荫	忌积水，较耐旱	喜肥沃、疏松、排水良好的土壤。生长期喜肥，除施足基肥外，还应用磷酸二氢钾 1000 ~ 1500 倍液做根外追肥	栽培前应施基肥，生长期应施 1 ~ 2 次追肥，花前增施磷、钾肥。生长期不喜水量过大。空气湿度应适当，如过干则易造成落花、落叶；过湿则枝叶又易腐烂。一串红从小苗 3 ~ 4 对真叶时即应开始摘心。如欲使其 10 月初开花，应于 9 月 5 日前将顶端花蕾全部摘除，以后新生的花蕾可正值节日盛开。由于种子成熟易脱落所以要及时采收	对 SO_2、Cl_2 等有害气体有较强吸附能力，但抗性较差，可用作监测植物	用于绿化环境，效果突出。点缀节日，可最大限度烘托出喜气洋洋的节日气氛	茎、叶、花均可入药，有凉血、消肿的功效。作为一般观赏植物经营，销售量很大

二、矮牵牛

生态习性				栽培要点	三大效益		
温度	光照	水分	土肥		生态效益	社会效益	经济效益
喜温暖，耐热，不耐寒，生育适温为 10 ~ 30℃。越冬最低温为 1℃	喜阳光充足的长日照环境	耐干燥，忌雨涝	喜肥沃、疏松、排水良好的微酸性沙壤土	幼苗具 5 ~ 6 片真叶时可定植于 12cm 盆或 12 ~ 15cm 的吊盆中。需摘心的品种，在苗高 10cm 时进行，在摘心后 10 ~ 15 天用 0.25% ~ 0.5% 比久喷洒叶面 3 ~ 4 次，来控制植株高度，促进分枝，效果十分显著。生长期可使用“卉友”20 — 20 — 20 通用肥或 15 — 15 — 18 无土栽培用肥。传统栽培，每半月施肥 1 次，以腐熟饼肥水为主。花期增施 2 ~ 3 次过磷酸钙。矮牵牛在无土栽培时，施用硝酸钾和硝酸铵，对矮牵牛生长发育最为有利。矮牵牛不宜施肥过多，过量施肥会使其植株徒长、倒伏而着花量减少。因此，应注意适量施肥。生长季节应每 15 ~ 20 天施 1 次稀薄的饼肥水。开花期间需多施含磷钾的液肥，使之开花不断	对 SO_2、Cl_2 等有害气体有较强抗性，对 HF 有抗性和吸收能力，可于工厂附近栽植	绿化美化环境的效果非常好	种子可药用，有杀虫泄气之效。花可食用，做菜配料、做汤均可，是国际商品花卉之一，国内多有出售

三、鸡冠花

生态习性				栽培要点	三大效益		
温度	光照	水分	土肥		生态效益	社会效益	经济效益
性喜高温，不耐寒。适宜生长温度18～28℃。温度低时生长慢，入冬后植株死亡	需阳光充足的环境。生长期要有充足的光照，每天至少要保证有4小时光照	需空气干燥的条件	对土壤要求不高，但以肥沃沙质壤土生长最好	真叶4～5枚时移植，移植要小心，不可折断直根。栽培土质以排水良好的培养土为宜。花坛株距15cm。苗期、生育期均需施用营养肥料，如有机肥、复合肥等皆宜。上盆时要稍栽深一些，以将叶子接近盆土面为好。移栽时不要散坨，栽后要浇透水，7天后开始施肥，每隔半月施一次液肥。花序形成前，盆土要保持一定的干燥，以利孕育花序。花蕾形成后，可7～10天施一次液肥，适当浇水。如果想使鸡冠花植株粗壮，花冠肥大、厚实，色彩艳丽，可在花序形成后换大盆养育，但要注意移植时不能散坨，因为它的根部较弱，否则不易成活	对SO_2、Cl_2和HCl等有害气体有一定的抗性，可净化空气，衰减噪声	美化环境	种子含脂肪、蛋白质，可提炼油脂。花、种子可入药，是高级养料。绿化市场前景好

四、翠菊

生态习性				栽培要点	三大效益		
温度	光照	水分	土肥		生态效益	社会效益	经济效益
种子发芽最适温度21℃左右，秧苗白天最适生长温度20～23℃，夜间14～17℃。喜凉爽气候，但不耐寒，怕霜冻，也忌高温	喜光	喜湿润、不耐涝，干燥季节注意水分供给	不择土壤，但具有喜肥性，在肥沃沙质土壤中生长较佳	翠菊幼苗期间移植2～3次，可使茎秆粗实，株形丰满，须根繁密，抗旱、抗涝、抗倒伏。春播幼苗长高至5～10cm，播后一个月左右时可移苗，播后两个月左右定植。育苗期间灌水2～3次，松土一次。定植后灌水2～3次，然后松土、雨后松土。一般定植后和开花前进行追肥灌水。要注重中耕保墒，以免浇水过多或雨水过多而土壤过湿，植株徒长、倒伏或发生病害。当枝端现蕾后应少浇水，以抑制主枝伸长，促进侧枝生长，待侧枝长至2～3cm时，再略增加水分，使株型丰满。追肥以磷、钾肥为主。不要连作，也不宜在种过其他菊科植物的地块播种或栽苗，以保证其健壮生长。翠菊易遭受多种病菌为害，其中以枯萎病和黄化病发生较普遍。可通过用1000～3000倍升汞泡30分钟等方法进行种子消毒。翠菊留种必须隔离	对SO_2、HF、Cl_2等有害气体敏感，可作监测植物	花香可使人神清气爽，精神振奋	花、叶均可入药，具清热凉血之效。花梗长，可做切花，插花时间持久，很受消费者欢迎

五、金盏菊

生态习性			栽培要点	三大效益		
温度	光照	土肥		生态效益	社会效益	经济效益
金盏菊性较耐寒，种子发芽最适温度21～22℃，小苗能耐-9℃低温，大苗易遭冻害，忌酷热，炎热非常不适金盏菊生长	喜光	对土壤及环境要求不严。但以疏松肥沃的土壤为宜，适宜pH6.5～7.5	幼苗3片真叶时移苗一次，待苗5～6片真叶时定植于10～12cm盆。定植后7～10天，摘心促使分枝或用0.4%比久溶液喷洒叶面1～2次来控制植株高度。生长期每半月施肥1次，或用"卉友"20—20—20通用肥。肥料充足，金盏菊开花多而大。相反，肥料不足，花朵明显变小。花期不留种，将凋谢花朵剪除，有利花枝萌发，多开花，延长观花期。留种要选择花大色艳、品种纯正的植株，应在晴天采种，防止脱落	抗SO_2能力强，对HF及H_2S也有一定抗性	花香可使人精神振奋，绿化、美化环境，效果良好，可营造一个金光灿烂的景象	国外用鲜花和干花作为食品香料添加剂和染色剂，或作汤料调味品。作为盆花和切花，在花卉市场销量较大

六、蒲包花

生态习性				栽培要点	三大效益		
温度	光照	水分	土肥		生态效益	社会效益	经济效益
蒲包花喜冷凉、怕高温，幼苗期白天温度20℃，晚间温度10℃。盆栽苗冬季温度7～10℃，春季温度为10～13℃。冬季温度不低于3℃。温度超过20℃对蒲包花的生长和开花不利。花期最佳温度为10℃，可延长观赏期	蒲包花属长日照花卉，对光照的反应比较敏感。幼苗期需明亮光照，叶片发育健壮，抗病性强，但强光时应适当遮荫保护。如需提前开花，以14小时的日照可促进形成花芽，缩短生长期，提早开花	盆栽蒲包花对水分比较敏感，盆土必须保持湿润，特别茎叶生长期若盆土稍干，叶片很快萎蔫。但盆土过湿再遇室温过低，根系容易腐烂。浇水切忌洒在叶片上，否则极易造成烂叶。抽出花枝后，盆土可稍干燥，但不能脱水，有助于防止茎叶徒长	土壤以肥沃、疏松和排水良好的沙质壤土为好。常用培养土、腐叶土和细沙组成的混合基质，pH在6.0～6.5	播种出苗后20天、苗高2.5cm时带土移苗一次。移苗后30天，苗高5cm时定植在10～15cm盆。室温以10～12℃为好。如促成栽培，每天补充光照6～8小时，可提早开花。生长期注意通风和遮荫，防止虫害发生和灼伤叶片。每半月施肥1次。氮肥不能过量，否则易引起茎叶徒长和严重皱缩。当抽出花枝时，增施1～2次磷钾肥。同时，对叶腋间的侧芽应及时摘除，否则侧生花枝过多，不仅影响主花枝的发育，还造成株形不正，缺乏商品价值。盛花期，严格控制浇水，室温维持在8～10℃，并进行人工授粉，可提高结实率。结实期气温渐高，采取通风、遮荫等降温措施，使果实充分成熟，否则高温多湿，未等果实成熟，植株已枯萎死亡。在高温多湿条件下，易引起蒲包花根叶腐烂等生理性病害，生长期必须注意通风和遮荫。虫害有蚜虫和红蜘蛛危害花枝和叶片，可用40%乐果乳油1500倍液喷杀防治	可净化空气	美化环境，用于装饰室内外，新奇、别致、热烈	在花卉市场很受消费者欢迎，尤其对幼儿园和小学的小朋友，更可以满足他们的好奇心

七、四季秋海棠

生态习性				栽培要点	三大效益		
温度	光照	水分	土肥		生态效益	社会效益	经济效益
喜温暖，生长适温18～20℃。冬季温度不低于5℃，否则生长缓慢，易受冻害。夏季温度超过32℃，茎叶生长较差	四季秋海棠对光照的适应性较强。它既能在半阴环境下生长，又能在全光照条件下生长，开花整齐、花色鲜艳。绿叶类在强光下生长，叶片边缘易发红，叶片紧缩；铜叶类则叶色加浓，具有光泽	四季秋海棠的枝叶柔嫩多汁，含水量较高，生长期对水分的要求较高，除浇水外，通过叶片喷水增加空气湿度是十分必要的。但盆内积水或空气过于干燥，同样对四季秋海棠的生长发育极为不利。特别在苗期阶段，易招致幼苗腐烂和病虫为害	盆栽四季秋海棠宜用肥沃、疏松和排水良好的腐叶土或泥炭土，pH5.5～6.5的微酸性土壤	四季秋海棠根系发达，生长快，每年春季需换盆，加入肥沃疏松的腐叶土。生长期保持盆土湿润，每半月施肥1次。花芽形成期，增施1～2次磷钾肥，或使用20-20-20通用肥，无土栽培时长期使用15-15-18无土栽培肥。幼苗期或开花期如从弱光地区转移到强光地区需要一个适应过程，否则叶片易卷缩，出现焦斑。相反情况，光线不足，花色显得暗淡，缺乏光彩，茎叶易徒长、柔弱 四季秋海棠常用10cm盆。苗高10cm时应打顶摘心，压低株型，促使萌发新枝。同时，摘心后10～15天，喷0.05%～0.1% B_9约2～3次，可控制植株高度在10～15cm。一般四季秋海棠作二年生栽培。两年后需进行更新	净化空气中有毒气体	布置室外，组成景点，花繁似锦，惹人触目。若加工成立体花柱、花伞及吊盆悬挂，七彩斑斓，异常新奇	在使用的数量和质量上发展很快

八、三色堇

生态习性				栽培要点	三大效益		
温度	光照	水分	土肥		生态效益	社会效益	经济效益
喜凉爽的气候，较耐寒，而怕炎热，夏季常生长不佳，开花小。冬季能耐－5℃的低温，在南方可在室外越冬，在北方冬季应入室，并置于阳光充足的地方	喜通风良好而阳光充足的环境，亦耐半阴。苗期宜置于直射光充足处，花期盆植者如能避开中午前后的强光直射，而上午或下午3点以后多见阳光，则可延长花期	喜湿润，怕旱，忌涝，因此适时适量浇水很重要。见盆土稍干时即浇水，保持盆土常稍偏湿润而不渍水为好，并常向其茎叶喷水，增加空气湿度利其生长	喜肥不耐贫瘠，除上盆时宜在培养土中加些腐熟的有机肥或氮磷钾复合肥作基肥外，生长期要薄肥勤施，7～10天施一次，除苗期可适当施用氮肥外，蕾期、花期都要使用腐熟的有机液肥或氮磷钾复合肥，此时如单用氮肥，易徒长，茎软，叶多花少。如缺肥不仅花开不好，而且品种会退化	盆栽三色堇，一般在幼苗长出3～4片叶时，进行移栽上盆。移植时须带土球，否则不易成活。幼苗上盆后，先要放背阴处缓苗一星期，再移置向阳处。生长期正常浇水，勤施稀薄肥，并进行松土、摘心，一般早春即可开花。开花时不晒太阳，可延长花期。三色堇的果实为卵形，嫩时弯曲向地，长老时向上直起，种子由青白色变成赤褐色，须及时采收。三色堇生长期间，有时会发生蚜虫危害，可喷洒1∶2000倍的乐果水溶液或1∶800倍的敌敌畏水溶液杀灭	净化空气	美化环境，多用于较大面积栽培，整体效果十分明显	花卉市场销量很大，是实现绿化不可缺少的园林植物

九、万寿菊

生态习性				栽培要点	三大效益		
温度	光照	水分	土肥		生态效益	社会效益	经济效益
性喜温暖，也耐凉爽。生长期适宜温度为20℃左右	喜阳光充足但耐半阴	喜湿润但适应性强，较耐旱	对土壤要求不严，但在富含腐殖质、肥厚、排水良好的沙质壤土上生长较佳	万寿菊栽培简单，移植易成活，生长迅速。对早播者应于花前设立支架，以防倒伏。由于植株较大，定植时株行距最少应在30cm以上。为增加分枝，可在生长期间进行摘心	可以抗污染，净化空气，它花期长达5个月，可吸收空气中SO_2、Cl_2、HF及家电、塑料制品等散发的有害气体	花大色美，花期长，可用来布置花坛、花境，也可盆栽，美化环境	近些年来才引进来的经济类作物，是提取纯天然黄色素的理想原料。园林绿化用量很大，是绿化不可缺少的园林植物之一

十、羽衣甘蓝

生态习性				栽培要点	三大效益		
温度	光照	水分	土肥		生态效益	社会效益	经济效益
喜凉爽，耐寒力较强。当温度低于15℃时中心叶片开始变色，高温和高氮肥影响变色的速度和程度，生育温度为5～25℃，最适生长温度为17～20℃，旬平均气温4℃左右可缓慢生长，但冬季在室外基本停止生长	喜充足阳光	较耐干旱	极好肥，要求疏松而肥沃的土壤	当苗2～3片叶时分苗，分苗按10cm见方进行。于10月上旬定植，定植前要施足基肥，基肥应选用优质腐熟有机肥，每亩用2500kg，并施有机复合肥30kg，定植株行距为30～50cm，每亩密度为4500株。羽衣甘蓝可裸根移栽，栽植时拨去外层老叶，这样可以突出新心叶的色彩，又可以减少水分的消耗，维持根系受损后上下水分代谢的平衡，使植株尽快恢复，但移栽于街道花池中时最好带土坨或扣盆栽植，这样可减少缓苗时间。株距25～30cm，在定植后7～8天浇一次缓苗水，到生长旺期的前期和中期重点追肥，结合浇水每亩用氮磷钾复合肥25kg左右，同时注意中耕除草，顺便摘掉下部老叶、黄叶，只保持5～6片功能叶即可。保持白天温度15～20℃，夜间温度5～10℃	可净化空气、吸尘、滞尘	绿化环境	叶片可做蔬菜食用。既可作为蔬菜又可作为观赏植物投入市场

十一、雏菊

生态习性				栽培要点	三大效益		
温度	光照	水分	土肥		生态效益	社会效益	经济效益
性强健，具有一定的耐寒力，可耐-3～4℃的低温。喜冷凉的气候条件，通常情况下可露地覆盖越冬。忌炎热	喜光稍耐半阴	喜水	喜肥沃、湿润且排水良好的土壤	雏菊对栽培管理要求不严。雏菊耐移植，移植可以促使萌发新根。播种苗有2～3枚真叶时开始移植，4～5枚真叶时定植。雏菊喜水，喜肥，生长期间要保证水分的供应充足；追肥要薄肥勤施，一般每两周追一次肥。夏季开花后，可以将老株分开栽植，加强管理，保证水肥的供应，当年秋季仍可以开花。雏菊的种子比较小，且其成熟期又不一致，因此采种要及时	可有效地除去三氟乙烯的污染	雏菊可以布置花坛、花境边缘，亦可盆栽观赏，美化、绿化环境	花卉市场用量较大，是元旦和春节重要的园林植物之一

十二、百日菊

生态习性				栽培要点	三大效益		
温度	光照	水分	土肥		生态效益	社会效益	经济效益
喜温暖，不耐寒。生长适温为20～25℃，忌酷暑。当气温高于35℃时，长势明显减弱，且开花稀少，花朵也较小	喜阳光，为短日照植物，在长日照条件下舌状花增加	耐干旱，怕湿热	耐贫瘠，忌连作，地栽在肥沃和土层深厚的地段生长良好。盆栽以含腐殖质、疏松肥沃、排水良好的沙质培养土为佳	春播于3～4月份进行，4～5片叶时移植，株距10cm。6月初定植，株行距30×30cm。生长期间每10天施一次10倍人粪尿液。7月至霜降开花。百日菊秧苗在生长后期非常容易徒长，为防止徒长，一是适当降低温度，加大通风量；二是保证有足够的营养面积，加大株行距；三是摘心，促进腋芽生长。一般在株高10cm左右时进行，留下2～4对真叶摘心。要想使植株低矮而开花，常在摘心后腋芽长至3cm左右时喷矮化剂。不徒长的苗露地栽培，如果为了限制高度也要摘心。定植前5～7天放大风炼苗以适应露地环境条件。百日草可采取调控日照长度的方法调控花期。因它是相对的短日照植物，日照长于14小时，开花推迟，播种到开花需70天，且舌状花多；日照短于12小时，则开花提前，播种到开花只需60天，但以管状花较多。另外，也可通过调整播种期和摘心时间来控制开花期	绿化环境	花大色艳，开花早，花期长，株型美观，是常见的花坛、花境材料。美化环境	清热利尿。园林绿化，花卉市场用花量较大

十三、凤仙花

生态习性				栽培要点	三大效益		
温度	光照	水分	土肥		生态效益	社会效益	经济效益
凤仙花喜温暖、耐炎热、怕寒冷。生长适温20～35℃	喜阳光充足的环境	喜湿润，忌渍怕旱	对土壤要求不严，一般土壤均可种植。但要注意选择地势高、排水好的田块	生长前期要勤浇水，勤拔草，苗高30cm左右时摘去基部脚叶，加强通风，摘去茎尖，促进多分枝。去茎尖的同时，可进行行间开沟施肥，每公顷施入饼肥600～700kg，施后覆土，但忌施化工肥料。结合中耕除草进行培土，防止倒伏	可净化空气，花香可驱除蚊、蝇	用于绿化、美化环境，自然而又和谐	花、种子、茎均可入药。可盆栽供应市场

十四、千日红

生态习性				栽培要点	三大效益		
温度	光照	水分	土肥		生态效益	社会效益	经济效益
喜温热，生育适温品种间有异，15～30℃或20～28℃。耐高温，不耐寒霜	喜阳光充足的环境	喜干燥，较耐旱，不耐水湿，忌涝渍	宜肥沃、疏松、排水良好的微酸性至中性沙壤土，但对土壤选择不严	千日红分枝着生于叶腋，为了促使植株低矮分枝及花朵增多，在幼年期间应进行数次“掐顶”整枝，生长期间要适时灌水及中耕，以保持土壤湿润。雨季及时排涝。在花朵盛开时，应追施富含磷钾肥一次，对开花结果效果更好	对SO_2、HF及N_2的抗性强，能吸入有害气体	适于花坛、花境、盆栽、美化环境，亦可作鲜切花和干花	花卉市场用量较大

十五、麦秆菊

生态习性				栽培要点	三大效益		
温度	光照	水分	土肥		生态效益	社会效益	经济效益
麦秆菊性喜温暖，不耐寒又怕炎热。最佳的生长及开花温度为15 ~ 35℃，在7 ~ 38℃均可正常生长，低于5℃以下或高于38℃以上生长滞缓。北方地区秋后温度长期低于3℃以下即枯萎	喜阳光充足的环境	长期水涝对其生长不利	喜肥沃、湿润而排水良好的土壤。肥料不宜过多，否则花虽繁多但花色不艳	性喜高燥的沙质土，阳光要充足，过湿地不宜浅种。苗高4 ~ 6cm时进行移栽，株行距20cm×30cm。肥料用稀薄的人粪尿或豆饼水，每20 ~ 30天施1次。麦秆菊株高75 ~ 120 cm，要在株间插杆，设立支架，以防倒伏。麦秆菊根系浅，抗旱能力差，注意浇水防旱。在施足底肥基础上，为了提高结实率，促进种子早熟，在现蕾期间，增施1次磷肥。及时打药，注意防治蚜虫、卷叶虫和地下害虫	吸收有害气体，净化空气	麦秆菊可布置花坛或在林缘自然丛植，可作干花材料，色彩干后不退色。美化环境	花可泡茶喝，是饮料茗品。花色艳丽。花期长，盆栽、地栽均可，很受人们欢迎。市场前景好

十六、美女樱

生态习性				栽培要点	三大效益		
温度	光照	水分	土肥		生态效益	社会效益	经济效益
喜温凉气候，生育适温10 ~ 25℃（裂叶美女樱则为22 ~ 30℃）。不耐寒	喜阳光充足，不耐阴	不耐干旱，亦忌积水	喜肥沃、疏松、湿润且排水良好的微碱沙壤土	美女樱小苗侧根不多，移植后要及时浇水。移植应在小苗有4 ~ 6片叶时进行。在生长初期要多次摘心，促使多生分枝，且着花也多。土壤最好选用排水良好的沙质壤土。美女樱花期较长，应适时灌水，同时施入腐熟的人粪尿液肥，使其生长旺盛	滞尘，吸收有害气体，净化空气	绿化美化环境，作为地被植物，可以掩盖地面给人视觉上的遗憾，创造一个美丽的景观	全草可入药，可盆栽供应市场

花卉奇趣

草本花卉栽培谚语

草花土壤要细平，底层沙质最常用。表层覆盖配方土，浇水保墒第一宗。大棚草花赶早市，一般草花露天种。

草花育苗很关键，精耕细作莫等闲。播前先浇透地水，再将种子播畦间。均匀撒播匀覆土，保温保湿出苗齐。

小苗破土要精管，适时移栽不拖延。根据草势增肥量，花盆受光很关键。蓓蕾初绽应上市，花蕾尽开上市晚。

项目二　花境花卉生产

知识目标

- 掌握花境花卉的种类。
- 掌握花境花卉的繁殖方法。
- 掌握花境的栽培养护方法。

技能目标

- 能够识别常见的花境花卉。
- 能够熟练进行花境花卉的繁殖。
- 能进行花境花卉的栽培与养护管理

任务提出

- 如何养护管理花境花卉？如何进行扩繁？

任务分析

- 本次任务主要了解花境花卉的种类并能够正确识别；掌握花境花卉的繁殖方法；能够进行花境花卉的栽培及后期的合理养护。

学习内容

花境花卉通常以宿根花卉和球根花卉为主。

任务一　花境花卉识别

一、芍药

见图 2.2.1。

(a)　(b)

图 2.2.1　芍药

别　　名		没骨花、婪尾春、将离、殿春花
科　　属		毛茛科芍药属
识别要点	枝干及茎	具肉质根，茎丛生，高 50 ~ 100cm
	叶	叶互生，二回三出羽状复叶，无托叶。小叶通常 3 裂，长圆形或披针形，叶脉带红色
	花	花大且美，有芳香，单生枝顶，花梗长；花瓣白、粉、红、紫或红色，花期 4 ~ 5 月份，两性。萼片 5 枚，宿存。芍药科花瓣 5 ~ 10 片
	果实种子	蓇葖果，成熟时开裂，内有黑色种子 5 ~ 7 枚，果熟期 9 月份，种子寿命 2 ~ 3 年
同属变种及优良品种		品种极多，常见栽培的有 5 种类型，主要品种有：紫玉奴、杨妃出浴、红云映日、青山卧雪等

二、萱草

见图 2.2.2

别　　名		金针菜、黄花菜、忘忧草等
科　　属		百合科萱草属
识别要点	枝干及茎	具短根状茎，块根肥大肉质，呈纺锤状，株高可达 1m
	叶	叶绿色，基部抱茎，长条形，排成二列，长约 30 ~ 60cm，宽 2.5cm，背面有棱脊
	花	花冠肥厚，橘红色，漏斗形，长 7 ~ 12cm，直径 3 ~ 10cm 不等，盛开时裂片反卷，花期 6 ~ 10 月份，单花期 1 天
	果实种子	蒴果长圆形，一般情况下很少结出成熟的种子。种子寿命 2 年
同属变种及优良品种		金娃娃、红宝石、大花萱草等

(a)

(b)

图 2.2.2　萱草

三、蜀葵

见图 2.2.3

(a)

(b)

图 2.2.3　蜀葵

别　　名		一丈红、端午锦、蜀季花等
科　　属		锦葵科蜀葵属
识别要点	枝干及茎	茎直立，无分枝或少分枝，全株批星状毛，半木质化，植株高可达 2m
	叶	掌状互生，近圆心形，5 ~ 7 深裂，叶面粗糙，有明显皱缩，叶柄较长
	花	花几乎无梗，生于叶腋，径 8 ~ 12cm，花色有红、白、黄、紫、黑等不同深浅色，花瓣有单瓣、重瓣之分，花期 6 ~ 9 月份
	果实种子	分裂果，扁圆形，心皮多数，各含 1 粒种子，种子肾形
同属变种及优良品种		有三个主要类型：重瓣型、堆盘型和丛生型。最流行的是黑色品种“黑美”

四、大花美人蕉

见图 2.2.4

别　　名		兰焦、红艳焦
科　　属		美人蕉科、美人蕉属
识别要点	枝干及茎	地下具肥壮多节的根状茎，地上假茎直立无分枝，株高 1 ~ 1.5m，全身被白霜
	叶	叶大型，互生，呈长椭圆形，叶柄鞘状
	花	顶生总状花序，常数朵至十数朵簇生在一起，萼片 3 枚，绿色，较小，花被 3 片，柔软，基部直立，先端向外翻。花色丰富，有乳白、米黄、亮黄、橙黄、橘红、粉红、大红、红紫等多种，并有复色斑纹。花心处的雄蕊多瓣化而成花瓣，其中一枚常外翻成舌状，其他的呈旋卷状。花期 6 ~ 10 月份
	果实种子	蒴果椭圆形，外被软刺，种子圆球形黑色
同属变种及优良品种		粉叶美人蕉、二乔、优丽、状元红等

图 2.2.4　大花美人蕉

五、唐菖蒲

见图 2.2.5

别　名		菖兰、剑兰、扁竹莲、十样锦、十三太保
科　属		鸢尾科唐菖蒲属
识别要点	枝干及茎	地下部分具球茎，扁球形，株高 60 ～ 150cm，茎粗壮直立，无分枝或少有分枝
	叶	叶硬质剑形，7 ～ 8 片叶嵌叠状排列
	花	花茎高出叶上，蝎尾状聚伞花序顶生，着花 12 ～ 24 朵排成二列，侧向一边，少数为四面着花；每朵花生于草质佛焰苞内，无梗；花大形，左右对称；花冠筒呈膨大的漏斗形，稍向上弯，花径 12 ～ 16cm，花色有红、黄、白、紫、蓝等深浅不同的单色或具复色品种，或具斑点、条纹或呈波状、褶皱状；花期夏秋
	果实种子	蒴果 3 室、背裂，内含种子 15 ～ 70 粒。种子深褐色扁平有翅
同属变种及优良品种		含娇、大红袍、藕荷丹心、鸳鸯锦、紫英华、玉人歌舞、烛光洞火、黄金印、琥珀生辉、桃白、金不换、冰罩红石、红婵娟等

图 2.2.5　唐菖蒲

图 2.2.6　荷包牡丹

六、荷包牡丹

见图 2.2.6

别　名		兔儿牡丹、鱼儿牡丹、铃儿草、荷包花、蒲包花等
科　属		罂粟科荷包牡丹属
识别要点	枝干及茎	多年生草本，株高 30 ～ 60cm。具肉质根状茎
	叶	叶对生，有长柄，二回三出羽状复叶，小叶倒卵形，有缺刻，基部楔形，状似牡丹叶，叶具白粉
	花	总状花序，小花数朵至 10 余朵，顶生呈拱状，花向下垂向一边。花瓣 4 片，交叉排列为内外两层。外层两瓣粉红色或玫红色联合成心脏形，基部膨大为囊状似荷包，故名荷包牡丹。内层两瓣粉白色，细长，从外瓣内伸出，包被在雄雌蕊外，好似铃，故别名铃儿草 花期 4 ～ 6 月份
	果实种子	蒴果细而长，种子细小有冠毛
同属变种及优良品种		大花荷包牡丹、白花荷包牡丹、念珠荷包牡丹等

七、百合

见图 2.2.7

别　　名		卷帘花、山丹花
科　　属		百合科百合属
识别要点	枝干及茎	株高 70 ~ 150cm，鳞茎球形，淡白色，先端常开放如莲座状，由多数肉质肥厚、卵匙形的鳞片聚合而成。有鳞茎和地上茎之分，茎直立，圆柱形，常有紫色斑点，无毛，绿色。有的品种（如卷丹、沙紫百合）在地上茎的腋叶间能产生“珠芽”；有的在茎入土部分，茎节上可长出“籽球”。珠芽和籽球均可用来繁殖
	叶	叶片总数可多于 100 张，互生，无柄，披针形至椭圆状披针形，全缘，叶脉弧形。有些品种的叶片直接插在土中，少数还会形成小鳞茎，并发育成新个体
	花	花大、多白色、漏斗形，单生于茎顶。6 月上旬现蕾，7 月上旬始花，7 月中旬盛花，7 月下旬终花
	果实种子	蒴果长卵圆形，具钝棱。种子多数，卵形，扁平。果期 7 ~ 10 月份
同属变种及优良品种		王百合、麝香百合、南京百合等

(a)

(b)

图 2.2.7　百合

八、大丽花

见图 2.2.8

别　　名		大丽菊、天竺牡丹、大理花等
科　　属		菊科大丽花属
识别要点	枝干及茎	为多年生草本花卉，肉质块根肥大，外表灰白色、浅黄色或淡紫红色，呈圆球形、甘蓝形、纺锤形等。新芽只能在根茎处萌发，茎直立，绿色或紫褐色，平滑，有分枝，节间中空。株高依品种而异，约 50 ~ 250cm
	叶	叶对生，1 ~ 3 回羽状深裂，裂片卵形，极少为不裂的单叶，锯齿粗钝，总柄微带翅状
	花	头状花序顶生，具长总梗。管状花两性，多为黄色，舌状花单性，色彩艳丽，因品种不同而富于变化，有白、黄、橙、红、紫等诸色。花期长，6 ~ 10 月份开放
	果实种子	瘦果长椭圆形，种子扁平黑色，8 ~ 10 月底成熟，种子寿命 5 年
同属变种及优良品种		天女散花、彩球、红光辉、朝霞散彩等

图 2.2.8　大丽花

九、郁金香

见图 2.2.9

别　名		草麝香、洋荷花
科　属		百合科郁金香属
识别要点	枝干及茎	多年生草本植物，地下具有圆锥状鳞茎，棕褐色皮膜；茎光滑具白粉
	叶	叶光滑具白粉；茎生叶披针形或卵状披针形，3 ~ 5 片
	花	花单生茎顶呈杯状直立生长，似卵形，大型花长达 5 ~ 8cm，原种为洋红色，花被 6 片，雄蕊 6 枚。郁金香变种和栽培品种繁多，单瓣、重瓣均有，花色有白、黄、紫、黑、红、深红、玫瑰红等，还有杂色的镶边花和斑纹等复色花
	果实种子	蒴果圆柱形，有三棱。种子扁平，半透明膜质，内含乳白色胚
同属变种及优良品种		蒙特卡洛、外交家、游园会、蓝鹦鹉等

(a)　(b)

图 2.2.9　郁金香

图 2.2.10　晚香玉

十、晚香玉

见图 2.2.10

别　名		夜来香
科　属		石蒜科晚香玉属
识别要点	枝干及茎	地上茎挺直，无分枝，高可达 1m 左右，地下部具圆锥状鳞茎
	叶	叶基生，披针形，基部稍带红色
	花	总状花序，顶生，每穗着花 12 ~ 32 朵，花白色漏斗状具浓香，至夜晚香气更浓，因而得名。露地栽植通常花期为 7 月上旬至 11 月上旬，盛花期为 8 ~ 9 月份，为夏季切花种类
	果实种子	蒴果球形，顶部有宿存的花被，种子稍扁，黑色，熟期 9 ~ 10 月份
同属变种及优良品种		重瓣非洲、重瓣美洲、矮宝石、喷彩等

十一、落新妇

见图 2.2.11

(a)　(b)

图 2.2.11　落新妇

别　　名		红升麻、虎麻、金猫儿
科　　属		虎耳草科落新妇属
识别要点	枝干及茎	多年生直立草本，高 45 ~ 65cm。被褐色长柔毛并杂以腺毛；根茎横走，粗大呈块状，被褐色鳞片及深褐色长绒毛，须根暗褐色
	叶	基生叶为 2 ~ 3 回三出复叶，具长柄，托叶较狭；小叶片卵形至长椭圆状卵形或倒卵形，长 2.5 ~ 10cm，宽为 1.5 ~ 5cm，先端通常短渐尖基部圆形、宽楔形或两侧不对称，边缘有尖锐的重锯齿
	花	花轴直立，高 20 ~ 50cm，下端具鳞状毛，上端密被棕色卷曲长柔毛；花两性或单性，稀杂性或雌雄异株，圆锥状花序顶生；小花密集，近无柄，萼片 5 枚，花瓣 3 ~ 4 枚或有缺，花瓣条形，长约 5mm，淡紫色或紫红色
	果实种子	蓇果，成熟时橘黄色。种子多数
同属变种及优良品种		阿氏落新妇、董氏落新妇、蔷薇落新妇等

十二、玉簪

见图 2.2.12

(a)　　(b)

图 2.2.12　玉簪

别　　名		玉春棒
科　　属		百合科玉簪属
识别要点	枝干及茎	根状茎粗大，并生有多条须根，株高 40 ~ 70cm
	叶	叶片从基部伸出，成丛状，柄长，每柄一叶，卵形或心卵形，脉平行，端尖，碧绿
	花	总状花序顶生，花偏于一侧，着花 9 ~ 15 朵，花冠管状漏斗形，白色，有单瓣重瓣之分，有芳香。花期 7 ~ 9 月份
	果实种子	蒴果三棱状圆柱形，长 4cm 左右，8 ~ 10 月份成熟，种子黑色，略扁平，边缘有薄翅。种子寿命 3 ~ 5 年
同属变种及优良品种		重瓣玉簪、波叶玉簪、紫萼玉簪等

十三、鸢尾

见图 2.2.13

别名		蓝蝴蝶、“鬼脸花”等
科属		鸢尾科鸢尾属
识别要点	枝干及茎	根状茎短而粗壮，淡黄色，株高 30 ~ 60cm
	叶	剑形，淡绿色，全缘，具平行脉，直立，长 30 ~ 50cm，嵌叠状排成 2 列，基部相互抱合
	花	总状花序，花葶自叶丛中抽出，单一或二分枝。高于叶丛，顶端着花 1 ~ 4 朵，花被 6 片，蓝紫色；外轮 3 枚大，内轮 3 枚小。花期 4 ~ 5 月份
	果实种子	蒴果长椭圆形，具六棱，种子多数，球形或圆锥形，深棕褐色，具假种皮。熟期 6 ~ 9 月份，种子寿命 2 ~ 3 年
同属变种及优良品种		幻梦、幻仙、雅韵、花菖蒲等

(a)

(b)

图 2.2.13 鸢尾

十四、八宝景天

见图 2.2.14

别名		蝎子草、华丽景天、长药景天、大叶景天等
科属		景天科景天属
识别要点	枝干及茎	八宝景天株高 30 ~ 50cm。地下茎肥厚，地上茎簇生，粗壮而直立，全株略被白粉，呈灰绿色
	叶	叶轮生或对生，倒卵形，肉质，具波状齿
	花	伞房花序密集如平头状，花序径 10 ~ 13cm，花淡粉红色，常见栽培的尚有白色、紫红色、玫红色品种。花期 7 ~ 10 月份
	果实种子	蓇葖果，呈星芒状排列，黄色至红色
同属变种及优良品种		德国景天、红叶景天、北景天等

图 2.2.14 八宝景天

十五、福禄考

见图 2.2.15

别名		福禄花、福乐花、五色梅、洋梅花、小洋花、小天蓝绣球等
科属		花荵科天蓝绣球属
识别要点	枝干及茎	株高 15 ~ 45cm，茎直立多分枝，有腺毛
	叶	基部叶对生，上部叶有时互生，叶宽卵形、长圆形至披针形，长 2.5 ~ 4cm，先端尖，基部渐狭，稍抱茎
	花	聚伞花序顶生，花冠高脚碟状，直径 2 ~ 2.5cm，裂片 5 枚，平展，圆形，花筒部细长，有软毛，原种红色。园艺栽培种有淡红、紫、白等色。花期 5 ~ 6 月份
	果实种子	蒴果椭圆形或近圆形，成熟时 3 裂，种子倒卵形或椭圆形，背面隆起，腹面较平
同属变种及优良品种		“帕洛娜”矮生品种、圆瓣种、星瓣种、须瓣种

图 2.2.15 福禄考

任务二　花境花卉的繁殖

花境花卉以宿根和球根花卉为主，其繁殖方法主要有分株繁殖和分球繁殖。下面以金娃娃萱草和唐菖蒲为例，介绍花境花卉的繁殖。

一、金娃娃萱草的分株繁殖

“金娃娃”是近年从萱草多倍体杂种中选出的矮型优良品种，1997 年从美国引进。金娃娃萱草喜光，耐干旱、湿润与半阴，对土壤适应性强，性耐寒，地下根茎能耐－20℃的低温。由于其花期长（6 ～ 7 月份为盛花期，8 ～ 10 月份为续花期），早春叶片萌发早，叶丛翠绿，园林绿化上多应用于各型绿地丛植点缀，也可布置花坛、花境。

分株繁殖就是将花卉的萌蘖枝，丛生枝，吸芽，匍匐枝等从母株上分割下来，另行栽植为独立新植株的方法，一般适用于宿根花卉。分株繁殖由于具有完整的根、茎、叶，故成活率很高，但是繁殖的数量却有限。“金娃娃”萱草年分株繁殖系数一般为 1 ∶ 6，肥沃土壤可达 1 ∶ 10。

1. 分株繁殖的季节

分株繁殖的时间因花卉的种类而异，春季开花的宜在秋季分株，秋季开花的宜在春季分株。金娃娃萱草分株繁殖春秋均可，春季繁殖可在 4 ～ 5 月份进行，秋季繁殖可在 10 ～ 11 月份进行。但北方地区多在早春进行。

2. 起苗

将 2 年以上生长密集的“金娃娃”植株连根挖出，抖去根周围的土壤，用利刀将根茎分开，每从带 1 ～ 3 个芽（图 2.2.16），用硫黄粉或草木灰涂抹切口即可栽植。

(a)　(b)　(c)　(d)　(e)　(f)

图 2.2.16　起苗

3. 整地作畦

生产上萱草栽培多采用低畦（图 2.2.17）。畦面宽 1 ～ 1.2m，便于操作，畦梗宽 30 ～ 40cm，要求畦面平整，除去杂草石块等杂物。

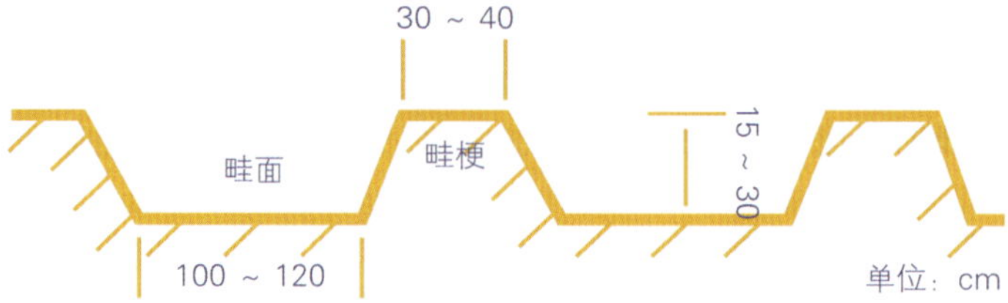

图 2.2.17　低畦

4. 栽植

萱草栽植一般株行距为 20cm × 20cm，栽植深度 10cm 左右，因根系情况有差异，栽植时注意不要把生长点埋于土里（图 2.2.18）。

(a)　(b)　(c)

图 2.2.18　栽植

5. 栽植后管理

栽后浇一次透水，缓苗期注意水的管理。萱草早春分株，当年就可开花。萱草为喜肥水植物，多施肥可使花瓣肥大，花色艳丽，花期延长，绿色期也延长。萱草缓苗后可追施复合肥，每亩施用 50kg 左右。

二、唐菖蒲的分球繁殖

唐菖蒲为球根花卉，花期长，花色鲜艳多彩，花型变化多姿，为重要的鲜切花，可作花篮、花束、瓶插等，也可布置花境及专类花坛。

球根花卉通常采用分球法繁殖，依照地下球根自然增殖的性能，把从母体新形成的球根，如鳞茎、球茎、块茎及根茎等，分离栽植，形成新的植株。如球茎类的唐菖蒲，根茎类的美人蕉，鸢尾，鳞茎类的水仙，风信子，郁金香等以及大丽花的块状根，都可以在休眠后掘起进行分球繁殖。分球繁殖可保持品种的特性。

1. 分球繁殖的季节

球根花卉分春植球根和秋植球根，春植球根（如唐菖蒲、美人蕉等）可在春季栽植时同时进行分球繁殖，扩大繁殖量；而秋植球根（如水仙、郁金香等）可在秋季进行分球繁殖。

唐菖蒲为春植球根花卉，自然条件下一般在 4 ～ 5 月种植，分球繁殖亦在此时进行。

2. 整地作畦

种植唐菖蒲的土壤宜选用沙质壤土，土层要深厚、疏松、排水良好，切忌积水。生产上多用高畦（图 2.2.19），畦高 15 ～ 30cm，宽 100 ～ 120cm，要求畦面平整，栽种前土壤应用足够的基肥，基肥种类以富含磷、钾肥为好。

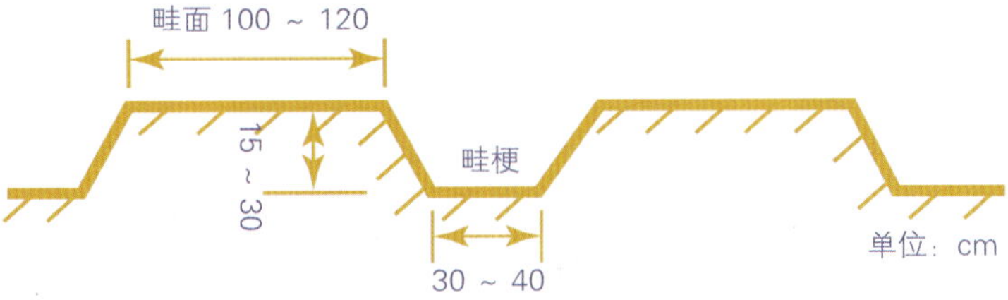

图 2.2.19　高畦

3. 分球

唐菖蒲分球繁殖可分为分大球和小子球。分大球繁殖时必须注意分切球茎时，每块必须具芽及底部根盘(图 2.2.20)，切口涂以草木灰，略干燥后栽种。分子球法是 1 个较大的球茎栽种后，能长成 2 个以上的新球，在新球的下面还能生出许多子球，采用子球作为繁殖材料。子球大小一般为 1cm 左右（图 2.2.21），用子球进行繁殖，需经 3 ~ 4 年才能形成开花种球。

图 2.2.20　大球切分

图 2.2.21　不同大小的子球

4. 浸球处理

唐菖蒲在种植前要将分级球茎先浸水 15 分钟，再用 0.1% 的升汞或福尔马林 80 倍液浸泡 30 分钟消毒，取出后清水冲洗干净后再下种。大球浸泡消毒后再进行分切（图 2.2.22）。

图 2.2.22　浸泡种球

5. 栽植及管理

分切的大球采用开沟点种法，沟深为球直径的 3 倍左右，株距按球径大小灵活掌握（图 2.2.23）。小子球采用直接撒播法（图 2.2.24）。

播种后注意水分管理，出苗前不干不浇（图 2.2.25）。后期施肥应氮磷钾兼顾。由于唐菖蒲是浅根性植物，肥料应浅施。

(a)　(b)　(c)

图 2.2.23　开沟点种法栽植大球

(a) (b) (c)

图 2.2.24 撒播法播种小子球

图 2.2.25 出苗后的唐菖蒲

任务三 花境花卉的栽培与养护

一、芍药

生态习性				栽培要点	三大效益		
温度	光照	水分	土肥		生态效益	社会效益	经济效益
芍药花耐寒力强，在我国北方的大部分地区可以露地自然越冬。但耐热力较差，炎热的夏季停止生长	喜阳光，但在树荫下也能生长开花	喜湿润，但怕水涝	宜在土层深厚、肥沃而又排水良好的沙质壤土生长，低洼盐碱地不宜栽培	芍药栽培管理较简单，由于它是肉质根，栽植地点宜选背风向阳、土层深厚、地势高燥之处。栽前深翻 30cm 以上，施入充分腐熟的有机肥、骨粉以及少量杀虫剂，再深翻一次，其上覆一薄层土，避免根直接与肥料接触而造成烂根。然后把芍药放入穴内，使根系舒展伸直。栽植深度以芽以上覆土 3 ~ 4cm 厚为宜。覆土后将土轻轻压实，浇透水，次日傍晚进行浅中耕，使土壤通气良好。冬季严寒地区，入冬后在栽植穴上培土 20cm 厚，以利安全越冬。翌年春季土壤解冻后及时将培土扒掉。春季新芽萌发时进行施肥浇水，中耕保墒。现蕾后及时摘除侧蕾，集中养分供主蕾生长发育，并保证主蕾花冠丰满。花谢后应及时剪去花梗，不使结籽，以免消耗养分。花后随即追施一次液肥，促进花芽分化，施肥后根据土壤干湿情况确定是否浇第三次水。从春至秋要经常中耕除草，防治病虫害。秋季叶子枯黄时要及时剪去，并再施一次厩肥或堆肥，然后即可培土越冬	对 HF 的抗性较强。花香使人情绪稳定，心旷神怡	花坛、花境、庭院及园林绿化，绿化、美化环境的效果良好	种子含油量约为 25%，可供制肥皂和涂料用，常作为药材栽种，经济效益好。作为绿化花卉，在花卉市场极为畅销

二、萱草

生态习性				栽培要点	三大效益		
温度	光照	水分	土肥		生态效益	社会效益	经济效益
性耐寒，能耐 -20℃ 的低温	喜光，耐半阴	耐干旱、湿润	对土壤适应性强，但以土壤深厚、富含腐殖质、排水良好的肥沃的沙质壤土为好。在中性、偏碱性土壤中均能生长良好	合理栽植：稀植观赏效果不好，密植影响通风和分生。一般株行距以 20cm × 20cm 或 15cm × 25cm 为宜。一二年分栽一次 肥水管理：开花期长，绿色期也长，在肥水管理上要求施足基肥，盛花期后要追施有机肥和复合肥 清除残叶：花谢后自近地面剪除残花茎，及时清除株丛基部枯残叶片	绿化、美化环境，净化空气	花坛、林间、坡地、石旁均可种植，大面积装饰，可营造一个红红火火的自然景观	种子含油量达 24.7%，是工业用油的很好原料，作为绿化花卉，在花卉市场较为畅销

三、蜀葵

生态习性				栽培要点	三大效益		
温度	光照	水分	土肥		生态效益	社会效益	经济效益
地下部耐寒，在华北地区可露地越冬。生育适温 15~30℃	喜光，不耐阴	耐干旱	不择土壤，但以疏松肥沃的土壤生长良好	蜀葵栽植后适时浇水，开花前，结合中耕除草施追肥 1 ~ 2 次。早春老根发芽时，应浇适水。一般 4 年更新一次。在开花期间可用花宝二号稀释 1000 倍后，每 10 ~ 20 天施用一次作追肥，帮助植株生长。花期续用花宝三号稀释 1000 倍后，每 10 ~ 20 天施用一次补充磷钾肥，可使其花开不断。蜀葵易受卷叶虫、蚜虫、红蜘蛛危害，老株及干旱天气易生锈病，应及时防治	绿化美化环境，净化空气	园林、庭院、路旁、墙角、建筑物旁、水池边、花坛、花境等均可栽植，成片栽植是极好的园林背景材料	茎皮纤维可代麻用，鲜花瓣常用作饮料或点心的着色剂。环境绿化的好材料，供应花卉市场

四、大花美人蕉

生态习性				栽培要点	三大效益		
温度	光照	水分	土肥		生态效益	社会效益	经济效益
喜高温炎热，怕强风，不耐寒	喜阳光充足	耐湿，但忌积水	以肥沃壤土最适宜	大花美人蕉适应性强，生长快，花枝多，在养护管理上；应注意抓好施肥、浇水、病虫害防治等问题 ① 施肥。大花美人蕉喜肥，栽植时施足基肥，常用的肥料有：疏松有机肥鸡粪、花生饼、尿水、复合肥、磷肥等。肥料的选择和肥料施用的时机应根据季节和植株生长情况而定。② 浇水。在美人蕉的日常管理养护中，水分控制好坏，直接影响植株质量，浇水不当，过干过湿都易造成美人蕉生长不良，甚至死亡。故必须适量适时，根据季节，天气而灵活掌握。③ 病虫害防治。大花美人蕉的病虫害比较多，发病较普遍，在栽培中应严格检疫措施，以防为主，防治结合，及时检查，及时防治。 大花美人蕉常见的病害有花叶病，蕉锈病，黑斑病，梭斑病等。发生病害必须及时拔除病株并销毁。不用带病毒的根、茎作繁殖材料。在整个生长期注意治蚜防病，及时喷洒适当药剂。 大花美人蕉虫害较少，常见有焦苞虫，小地老虎等。 发现焦苞虫可摘除虫苞，杀死其中虫体。喷 90% 敌百虫 800 倍液，毒杀幼虫。发现小地老虎可用敌敌畏、氧化乐果、乐斯本混合液喷施	对 HF、Cl_2 有较强的抗性和吸收能力，对 SO_2、HCl 抗性较强，有将浑浊的河水“过滤”成清水的神奇效果	花坛中心、花境、草坪中、庭院等，也可盆栽用于室内布置。大片种植可造就一个红火火的场面。美化、绿化环境	在花卉市场，成品种苗和根茎均有出售

五、唐菖蒲

<table>
<tr><th colspan="4">生态习性</th><th rowspan="2">栽培要点</th><th colspan="3">三大效益</th></tr>
<tr><th>温度</th><th>光照</th><th>水分</th><th>土肥</th><th>生态效益</th><th>社会效益</th><th>经济效益</th></tr>
<tr><td>忌寒冻，夏季喜凉爽气候，不耐过度炎热，球茎在4～5℃条件下即萌动；白天20～25℃，夜晚10～15℃生长最好。北方需挖出球茎放于室内越冬</td><td>唐菖蒲为喜光性长日照植物，以每天16小时光照最为适宜</td><td>怕涝</td><td>性喜肥沃深厚的沙质土壤，要求排水良好，不宜在黏重土壤易有水涝处栽种</td><td>栽培唐菖蒲应选择向阳，排水性良好，含腐殖质多的沙质壤土；在黏土中虽能生长开花，但更新球发育差，大球下形成的小球也少，栽种前土壤应用足够的基肥，基肥种类以富含磷、钾肥为好。栽植深度依土壤性质与球茎大小而异，一般5～10cm，株行距15～25cm，生长期间施3次追肥。第一次在两片叶展开后，以促进茎叶生长；第二次在4片叶伸长孕蕾时，以促花枝粗壮，花朵大；第三次在开花后，促更新球发育。生长期日照有利于花芽分化、发育，夏季如遇干旱，应充分灌溉，同时雨季注意排灌
生产上以栽种球茎为主，春季按球茎大小分级，并用70%甲基托布津粉剂800倍液或多菌灵1000倍液与克菌丹1500倍液混合浸泡30分钟，然后在20～25℃条件下催芽，1周左右即可栽植。病毒侵染严重，退化明显的品种，可采用茎尖脱毒使植株复壮。定植后白天气温应保持20～25℃，夜间15℃左右。亦可用延后栽培。种球收获后贮于3～5℃干燥冷库中，翌年7～8月份再种植于温室中</td><td>对SO_2有较强的抗性，对HF敏感，可作监测大气污染的指示植物</td><td>可布置花坛、花境、山石旁、庭院等，大面积种植可营造一个清新典雅的环境气氛</td><td>球茎可供药用。绿化美化市场需求量很大</td></tr>
</table>

六、荷包牡丹

<table>
<tr><th colspan="4">生态习性</th><th rowspan="2">栽培要点</th><th colspan="3">三大效益</th></tr>
<tr><th>温度</th><th>光照</th><th>水分</th><th>土肥</th><th>生态效益</th><th>社会效益</th><th>经济效益</th></tr>
<tr><td>性强健，耐寒而不耐夏季高温</td><td>喜光。可耐半阴</td><td>喜湿润，不耐干旱</td><td>宜富含有机质的壤土上生长，在沙土及黏土中生长不良</td><td>荷包牡丹系肉质根，稍耐旱，怕积水，因此要根据天气、土壤的墒情和植株的生长情况等因素适量浇水，坚持“不干不浇，见干即浇，浇必浇透，不可渍水”的原则，春秋和夏初生长期的晴天，每日或间日浇一次，阴天3～5天浇一次，常保持土壤半墒，对其生长有利，过湿易烂根，过干生长不良叶黄。盛夏和冬季休眠期，土壤要相对干一些，微润即可
荷包牡丹喜肥，定植或换土时，宜在培养土中加点骨粉或腐熟的有机肥或氮磷钾复合肥，生长期10～15天施一次稀薄的氮磷钾液肥，使其叶茂花繁，花蕾显色后停止施肥，休眠期不施肥
荷包牡丹喜散射光充足的半阴环境，比较耐寒，而怕盛夏酷暑高温，怕强光暴晒，因此宜置于庭院的大树下、葡萄架下、高大建筑物的背阴面、东向或北向阳台。夏季休眠期要置于通风良好的阴处，不能见直射光，并常向附近地面洒水，提高空气湿度，降低温度。 荷包牡丹忌久雨过湿和炎热酷暑，遇到长时间的高温多湿天气会使叶片枯焦、烂根
开花后，每隔10～15天喷一次150倍波尔多液或800～1000倍托布津药液进行防治。荷包牡丹根甜，易遭蝼蚁或其蛴螬危害，可用1000倍敌敌畏溶液代水浇灌杀死
为改善荷包牡丹的通风透光条件，使养分集中，秋、冬季落叶后，也要进行整形修剪。剪去过密的枝条，如并生枝、交叉技、内向技及病虫害技等，使植株保持美丽的造型</td><td>绿化美化环境，净化空气，衰减噪声污染等</td><td>荷包牡丹叶丛美丽，花朵玲珑，形似荷包，色彩绚丽，是盆栽和切花的好材料，也适宜于布置花境和在树丛、草地边缘湿润处丛植，景观效果极好</td><td>无论作盆栽还是切花或是环境绿化，在花卉市场都较为畅销</td></tr>
</table>

七、百合

生态习性				栽培要点	三大效益		
温度	光照	水分	土肥		生态效益	社会效益	经济效益
百合的生长适温为15～25℃，温度低于10℃，生长缓慢，温度超过30℃则生长不良。生长过程中，以白天温度21～23℃、晚间温度15～17℃最好。促成栽培的鳞茎必须通过7～10℃低温贮藏4～6周	百合喜柔和光照。也耐强光照和半阴，光照不足会引起花蕾脱落，开花数减少。光照充足，植株健壮矮小，花朵鲜艳。百合属长日照植物，每天增加光照时间6小时，能提早开花。如果光照时间减少，则开花推迟	百合对水分的要求是湿润，这样有利于茎叶的生长。如果土壤过于潮湿、积水或排水不畅，都会使百合鳞茎腐烂死亡	土壤要求肥沃、疏松和排水良好的沙质壤土，土壤pH在5.5～6.5最好。盆栽土壤以腐叶土、培养土和粗沙的混合土为宜	应选择土壤肥沃、地势高爽、排水良好、土质疏松的沙壤土栽培。前茬以豆类、瓜类或蔬菜地为好，每亩施有机肥3000～4000kg作基肥（或复合肥100kg）。亩[①]施50～60kg石灰（或50%地亚农0.6kg）进行土壤消毒。整地精细，作高畦，宽幅栽培，畦面中间略隆起利于雨后排水 一般下种至出土，中耕2～3次。到生长中期再松土2～3次，以疏松土壤，清除杂草，并结合培土，防止鳞茎裸露。百合最怕水涝，应经常清沟排水。适时打顶，春季百合发芽时应保留其一壮芽，其余除去，以免引起鳞茎分裂。当苗高长至27～33cm时，及时摘顶，控制地上部分生长，以集中养分促进地下鳞茎生长。对有珠芽的品种，如不打算用珠芽繁殖，应及时摘除，结合夏季摘花，以减少鳞茎养分消耗。打顶后控制施氮肥，以促进幼鳞茎迅速肥大。夏至前后应及时摘除珠芽、清理沟墒，以降低田间温、湿度	净化空气，美化环境，花香可使人精神振奋，减轻精神紧张，解除身心疲劳	花坛、花境、庭院、山石旁绿化，美化环境	也作经济作物栽培。鲜花含香油，可做香料，还可制成百合干、百合粉和糖水百合罐头等。盆花、切花、绿化用花供应花卉市场

① 1 亩 =666.7 m^2。

八、大丽花

生态习性				栽培要点	三大效益		
温度	光照	水分	土肥		生态效益	社会效益	经济效益
大丽花性喜温暖、向阳及通风良好的环境，既不耐寒又畏酷暑	喜阳光充足的环境条件	怕水涝	喜高燥、凉爽及富含腐殖质、疏松、肥沃、排水良好的沙质壤土为宜	地栽时要选择地势高燥、排水良好、阳光充足而又背风的地方，并作成高畦。株行距一般品种1m左右，矮生品种40～50cm。大丽花茎高多汁柔嫩，要设立支柱，以防风折。浇水要掌握干透再浇的原则，夏季连续阴天后突然暴晴，应及时向地面和叶片喷洒清水来降温，否则叶片将发生焦边和枯黄。伏天无雨时，除每天浇水外，也应喷水降温。现蕾后每隔10天施一次液肥，直到花蕾透色为止。霜冻前留10～15cm根茎，剪去枝叶，掘起块根，就地晾1～2天，即可堆放室内以干沙贮藏。贮藏室温5℃左右	对SO_2、Cl_2、HF等有害气体有较强的抗性	大丽花是世界名花之一，花坛、花境或庭前丛栽皆宜，景观效果都十分理想	在医药上有与葡萄糖相似的功效。无论盆栽、切花或是绿化用花，在花卉市场均很畅销

九、郁金香

生态习性				栽培要点	三大效益		
温度	光照	水分	土肥		生态效益	社会效益	经济效益
性喜冬季温和、湿润，夏季凉爽、稍干燥的向阳或半阴环境，耐寒性强，冬季可耐 -35℃的低温，生长适温 8 ~ 20℃，最适温度 15 ~ 18 ℃，花芽分化适温 17 ~ 20 ℃，根系损伤后不能再生	喜半阴	中生或湿润	宜富含腐殖质、排水良好的沙质壤土，忌低温、黏重土	选购种球：球茎丰满、外表皮光亮无损伤、无病虫害痕迹、球茎直径 3cm 以上者为优质种球。如果要提早在 2 月前开花，需选购经过冷处理的种球 栽植宜于秋季进行。可地栽，可盆栽。种后要浇足定根水，早春萌芽出土后，浇水量一定要充足而均衡，土壤要保持湿润而又不能积水，如果长期土壤水分不足会抑制生长，导致花葶短矮、花小，甚至产生“盲花”。浇水时间宜于上午 9 时前进行 在种植时除施足基肥外，应在幼芽出土、展叶、花蕾和花谢四个时期，分别浇施 1 次 1% 浓度速效复合肥。在孕蕾期，对叶面每隔 5 ~ 7 天喷施 2 ~ 3 次 0.2% 的磷酸二氢钾溶液，能有效提高开花质量 另外，若要提前在冬季或早春开花，可选用经过低温处理的种球，提前 50 ~ 60 天在温室内进行促成栽培。促成栽培的基质用石（或沙）和腐殖土混合配制，消毒后上盆。种后覆土与球茎顶端平齐，先在 9 ~ 12℃条件下养护 30 天，促发球茎生根，再将花盆移置温室光照充足处管理，保持室温 20℃左右，大约经 30 多天即可开花。促成栽培中一定要保持盆土湿润，切忌忽干忽湿。展叶后，用 0.2% 磷酸二氢钾溶液喷雾叶片 2 ~ 3 次，无需增施其他肥料，就能正常开花 种球采收：6 月份以后，当地上茎叶枯黄、地下茎外表皮变为浅褐色时，掘出球茎，晾干后除去土块和残根，用 0.1% 的高锰酸钾溶液浸泡消毒 20 分钟，然后储藏于干燥通风阴凉处。储藏期间气温以 20℃左右为宜，长期超过 23℃或低于 17℃都会对第二年的生长开花不利，进入 8 月份以后温度可逐渐降至 15℃	芳香成分与颜色可缓解胸闷、养心悦目	是重要的春季球根花卉，宜做切花或布置花坛、花境，也可丛植于草坪上、落叶树树荫下。用于烘托节日气氛，显得非常红火热烈	鳞茎、根及花均可药用。种球及绿化用花，在花卉市场非常畅销

十、晚香玉

生态习性				栽培要点	三大效益		
温度	光照	水分	土肥		生态效益	社会效益	经济效益
喜温暖的环境，不耐霜冻，最适宜生长温度，白天25 ~ 30℃，夜间20 ~ 22℃	喜阳光充足	喜湿而忌涝，于低湿而不积水之处生长良好	好肥，对土壤要求不严，以肥沃黏壤土为宜	通常4 ~ 5月份种植，种球事先在25 ~ 30℃下经过10 ~ 15天湿处理后再栽植。应将大小球及去年开过花的老球（俗称“老残”）分开栽植。大球株行距20cm×25cm（或30cm），小球10cm×15cm或更密；栽植深度应较其他球根稍浅，但亦视栽培目的、土壤性质以及球之大小而异。通常“深长球、浅抽葶”，即深栽有利于球体的生长和膨大，浅栽则有利于开花。一般栽大球以芽顶稍露出地面为宜，栽小球和“残”时，芽顶应低于或与土面齐平为宜。晚香玉出苗缓慢，需1个多月，但出苗后生长较快。因此种植前期因苗小、叶少，灌水不必过多；待花茎即将抽出和开花前期，应充分灌水并经常保持土壤湿润。晚香玉喜肥，应经常施追肥：一般栽植1个月后施一次，开花前施1次，以后每1个半月或2个月施1次，在雨季注意排水和花茎倒伏。秋末霜冻前将球根挖出，略以晾晒，除去泥土及须根，并将球的底部薄薄切去一层，以显露白色为宜；继续晾晒至干，然后将残留叶丛编成辫子吊挂在温暖干燥处贮藏过冬	对SO_2、Cl_2、HCl等有害气体有较强抗性，不仅白天可放出氧气，而且夜间也能吸收CO_2放出氧气。花香可使人神清气爽，心旷神怡	花坛、花境、路旁、石边、庭院等，美化环境	晚香玉除观赏、驱蚊外，可药用叶、花、果，清肝明目。还可以提取晚香玉浸膏，用于高级化妆品生产。绿化用花供应花卉市场

十一、落新妇

生态习性				栽培要点	三大效益		
温度	光照	水分	土肥		生态效益	社会效益	经济效益
性强健，喜欢温暖气候，忌酷热，在夏季温度高于34℃时明显生长不良；不耐霜寒，在冬季温度低于4℃以下时进入休眠或死亡。最适宜的生长温度为15 ~ 25℃。一般在秋冬季播种，以避免夏季高温	喜半阴	在湿润的环境下生长良好。喜欢较高的空气湿度，空气湿度过低，会加快单花凋谢。也怕雨淋，晚上需要保持叶片干燥。最适空气相对湿度为65% ~ 75%	对土壤适应性较强，喜微酸、中性排水良好的沙质壤土，也耐轻碱土壤	①光照。落新妇为长日照植物，生长和开花都需要较高的光照强度。霜冻时期部分遮阴，避免阳光直射 ②温度。将室内温度保持在10 ~ 12℃或者在户外栽培，冬季户外栽培时需要覆盖。12月中旬可将植株放置在10 ~ 12℃的环境中5 ~ 7周。为了种植出高品质植株，尽可能地保持冷凉天气，但要避免严寒。高于12℃的温度将导致植株叶片增大，花茎变细；低于6℃的温度会推迟花蕾发育 ③施肥。要求肥料浓度适中，每周给植株施加含150 ~ 200mg/L（ppm）氮的肥料	可净化空气、美化环境	庭院、公园等绿化美化，尤其是河畔、林下。用落新妇与其他花卉搭配布置景点显得层次丰富，活泼热烈，景观效果较为理想	根茎可入药。在国际较为流行，园林应用较普遍，市场发展趋势较好

十二、玉簪

生态习性				栽培要点	三大效益		
温度	光照	水分	土肥		生态效益	社会效益	经济效益
耐寒，夏季温度高、土壤或空气干燥、强光直射叶片易变黄	玉簪性喜阴忌强光直射	喜湿	喜土层深厚，宜在肥沃、排水性良好的沙质土壤环境中生长	栽植地应选土层深厚、排水良好、肥沃的沙质壤土，不受阳光直射的荫蔽处为好。环境通风、湿润，生长得会更好。株行距30cm×50cm。栽前施足基肥，发芽期及花前可施氮肥及少量磷肥，使叶片繁茂，增加花朵数。生长期每2～3周施肥1次。春天返青前和入冬前需浇透水，生长期要及时浇水，夏季浇水，要见干见湿，否则易使植株腐烂。雨季要及时排水，花后要及时剪除残花。水肥不宜过量，否则叶黄焦边，或者不开花。夏季阴湿，易受蜗牛危害，主要是舔食成苗和嫩茎，可在根际周围施8%灭蜗灵颗粒，或是喷洒五氯酚钠水溶液防治。此外，在发生玉簪锈病时用粉剂防治	对SO_2等有害气体有一定的抗性，花香可醒脑安神，并有杀菌作用	林荫树下，建筑物背面进行绿化栽培，美化环境	花、叶、根均可入药。花可提炼芳香油，并可制取芳香油浸膏。绿化用花量较大

十三、鸢尾

生态习性				栽培要点	三大效益		
温度	光照	水分	土肥		生态效益	社会效益	经济效益
较耐寒，生长适温15～18℃，极怕炎热，越冬最低温-14℃	阳性喜光	中生耐干燥	对土壤要求不严	生长期，注意浇水以保持土壤湿润，同时追施2～3次液肥；雨季要及时排水，忌过湿或积水，冬季休眠期土壤可偏干些。早春，施1次腐熟的堆肥及骨粉，使枝叶生长茂盛，花朵鲜艳	对SO_2、Cl_2、HF和HCl等有害气体有较强抗性	花坛、花境、路边、石旁的镶嵌材料，用于景观布置，可营造一个和谐、自然的环境	很多品种可作药用植物栽培，某些品种的根可提取珍贵的香精；是世界著名的商品花卉。经济效益好

十四、八宝景天

生态习性				栽培要点	三大效益		
温度	光照	水分	土肥		生态效益	社会效益	经济效益
能耐-20℃的低温	性喜强光	喜干燥、通风良好的环境，忌雨涝积水	喜排水良好的土壤，耐贫瘠和干旱	生长期要给予充足的水分，尤其夏秋季除经常保持土壤湿润外，还须经常向叶面喷水，以降温保湿；根据植株需求合理施肥。适时喷施花朵壮蒂灵，可促使花蕾强壮、花瓣肥大、花色艳丽、花香浓郁、花期延长。如果出现黄叶应及时修剪掉	净化空气、绿化环境	八宝景天植株整齐，生长健壮，开花时群体效果极佳，是布置花坛、花境和点缀草坪、岩石园的好材料	作为绿化用花卉，在花卉市场极为畅销

十五、福禄考

生态习性				栽培要点	三大效益		
温度	光照	水分	土肥		生态效益	社会效益	经济效益
性喜温暖，稍耐寒，忌酷暑。发芽适温为15～20℃	喜阳光充足	不耐旱，忌涝	宜排水良好、疏松的土壤	栽培管理简单容易。春、秋两季均可栽植，株行距为30cm×40cm。每3～5年分株1次。生长期可追肥2～4次，需经常浇水，保持土壤湿润	它抗SO_2能力强，对Cl_2也有一定的抗性	福禄考花色丰富，可作花坛、花境及岩石园的植株材料，亦可作盆栽供室内装饰。植株较高的品种可做切花。美化环境	花卉市场非常畅销

花卉奇趣

百合花语

百合：顺利、心想事成、祝福、高贵。
百合（香水）：纯洁、婚礼的祝福、高贵。
百合（白）：纯洁、庄严、心心相印。
百合（葵）：胜利、荣誉、富贵。
百合（姬）：财富、荣誉、清纯、高雅。
狐尾百合：尊贵、欣欣向荣、杰出。
玉米百合：执著的爱、勇敢。
编笠百合：才能、威严、杰出。
圣诞百合：喜洋洋、庆祝、真情。
水仙百合：喜悦、期待相逢。

项目三　室内花卉生产

知识目标

- 掌握室内花卉的种类。
- 掌握室内花卉的繁殖方法。
- 掌握室内花卉的栽培养护方法。

技能目标

- 能够识别常见的室内花卉。
- 能够熟练进行室内花卉的繁殖。
- 能进行室内花卉的栽培与养护管理。

任务提出

- 如何养护管理室内花卉？如何进行扩繁？

任务分析

● 本次任务主要了解室内花卉的种类并能够正确识别；掌握室内花卉的繁殖方法；能够进行室内花卉的栽培及后期的合理养护。

学习内容

室内花卉通常以盆栽花卉为主。

任务一 室内花卉识别

一、月季

见图 2.3.1

别　名		月月红、四季花、胜春等
科　属		蔷薇科蔷薇属
识别要点	枝干及茎	茎直立或攀缘，高 30 ~ 60cm，光滑，疏生粗短的钩刺
	叶	奇数羽状复叶，互生，托叶与叶柄合生，小叶 3 ~ 5 枚。叶片的形状有椭圆形、卵圆形、披针形等。叶面通常平滑而有光泽，但也有粗糙无光的，叶脉网状，除少数品种的嫩叶为绿色外，多数呈暗红或紫色
	花	月季的花为完全花，着生于新稍的顶部。有些品种单朵着生，也有些品种为多朵着生成散房状花序，花托为半球形或椭圆形，萼片羽毛状 5 裂。花瓣 5 ~ 40 片或更多。子房包于花托内，花柱上密生银白色短柔毛，并伸出花托外。柱头离生，一般有 20 ~ 60 枚，长度略短于雄蕊，雄蕊发育成熟时柱头分泌黏液以利接受花粉。花柄上有腺体或刺毛
	果实种子	肉质蔷薇果卵形或壶形，红黄色，内有棕褐色种子，瘦果，月季一个果中一般含几粒或百粒以上种子，9 ~ 12 月份果熟
同属变种及优良品种		桃花面、绿绣球、和平月季，另有微型月季、藤本月季等

图 2.3.1　月季

二、杜鹃花

见图 2.3.2

(a)　(b)　(c)

图 2.3.2　杜鹃花

别　名		映山红、山石榴等
科　属		杜鹃花科杜鹃花属
识别要点	枝干及茎	常绿或落叶灌木，分枝多，枝细而直
	叶	叶互生，长椭圆状卵形，先端尖，表面深绿色，疏生硬毛
	花	总状花序，花顶生、腋生或单生，漏斗状，花色丰富多彩，品种繁多
	果实种子	蒴果，卵圆形，种子细小
同属变种及优良品种		金顶杜鹃、香雅杜鹃、长蕊杜鹃、丹东杜鹃等

三、山茶花

见图 2.3.3

别　名		耐冬花、茶花等
科　属		山茶科山茶属
识别要点	枝干及茎	山茶花为常绿阔叶灌木。枝条黄褐色，小枝呈绿色或绿紫色至紫褐色
	叶	叶片革质，互生，椭圆形、长椭圆形、卵形至倒卵形，长 4 ~ 10cm，先渐尖或急尖，基部楔形至近半圆形，边缘有锯齿，叶片正面为深绿色，多数有光泽，背面较淡，叶片光滑无毛，叶柄粗短，有柔毛或无毛
	花	花单生或 2 ~ 3 朵着生于枝梢顶端或叶腋间。花单瓣或半重瓣、重瓣。花梗极短或不明显，苞萼 9 ~ 13 片，覆瓦状排列，被茸毛
	果实种子	蒴果近球形，种子褐色，椭圆形，背有角棱，长约 2cm
同属变种及优良品种		金华茶、鹤顶红、茶梅等

(a)

(b)

图 2.3.3　山茶花

四、桂花

见图 2.3.4

别　名		九里香、丹桂、木樨等
科　属		木樨科木樨属
识别要点	枝干及茎	高可达 10m。树冠圆球形。树干粗糙、灰白色
	叶	叶革质，单叶对生，椭圆形或长椭圆形，幼叶边缘有锯齿
	花	花簇生，3 ~ 5 朵生于叶腋，多着生于当年春梢，二年生、三年生枝上亦有着生，花冠分裂至基部有乳白、黄、橙红等色，香气极浓
	果实种子	核果椭圆形，紫黑色，翌年 4 ~ 5 月份成熟，但多数不结实
同属变种及优良品种		银桂、金桂、丹桂、四季桂和柴桂

图 2.3.4　桂花

五、君子兰

见图 2.3.5

别 名		达木兰、剑叶石蒜等
科 属		石蒜科君子兰属
识别要点	枝干及茎	多年生常绿草本。根肉质纤维状，叶基部形成短而粗的假鳞茎，无分枝，茎干被叶鞘包裹
	叶	叶形似剑，互生排列，全缘。革质有光泽
	花	伞形花序顶生。每个花序有小花 7 ～ 30 朵，多的可达 40 朵以上。小花有柄，在花葶顶端呈两行排列。花漏斗状，黄或橘黄色
	果实种子	浆果圆球形，熟后紫红色，需异花授粉培育种子
同属变种及优良品种		垂笑君子兰、黄花君子兰、斑叶君子兰、长春君子兰等

图 2.3.5 君子兰

六、非洲菊

见图 2.3.6

别 名		扶郎花、嘉宝菊、大丁草、灯盏花等
科 属		菊科扶郎花属
识别要点	枝干及茎	基部常木质化，全株被细毛，株高 30 ～ 40cm
	叶	基生叶多数，丛生如莲座状。叶具长柄，椭圆披针形，有羽状裂刻，叶背披白绒毛，叶缘有稀疏锯齿
	花	花单生，头状花序，花枝高出叶丛。花色有白、粉、金黄、浅黄、浅红、深红等
	果实种子	瘦果，种子细小多数。寿命短，不宜久存。果熟期 4 ～ 11 月份
同属变种及优良品种		红管、喜钵、白雪公主等

(a)

(b)

图 2.3.6 非洲菊

七、鹤望兰

见图 2.3.7

别 名		极乐鸟、天堂鸟、吉祥鸟等
科 属		旅人蕉科鹤望兰属
识别要点	枝干及茎	地下具粗壮的肉质根，还有根状茎。地上茎不明显
	叶	叶似基生，具长柄，叶为椭圆形，对生，叶色深，质地较硬，具直出平行脉
	花	花从叶丛中抽生，花梗长而粗壮，花序为侧生的穗状花序，外有一紫色的总苞，内着生 6 ～ 10 朵小花，外瓣为橙黄色
	果实种子	果实紫黑色，内有种子 30 ～ 50 粒，要获取种子需人工授粉，2 ～ 3 个月成熟后，及时采收
同属变种及优良品种		白冠鹤望兰、金色鹤望兰、棒叶鹤望兰等

图 2.3.7 鹤望兰

八、花烛

见图 2.3.8

别　名		安祖花、烛台花、红鹤芋、红掌等
科　属		天南星科花烛属
识别要点	枝干及茎	株高 30 ~ 50cm，茎甚短
	叶	叶从根茎抽出，具长柄，单生、心形，鲜绿色，叶脉凹陷
	花	花腋生，佛焰苞蜡质，正圆形至卵圆形，鲜红色、橙红肉色、白色，肉穗花序，圆柱状，直立。四季开花。一叶一花
	果实种子	浆果，8 ~ 9 月份成熟，粉红色，小浆果含 2 ~ 5 粒种子，须人工授粉
同属变种及优良品种		水晶花烛、连叶花烛等

图 2.3.8　花烛

九、康乃馨

见图 2.3.9

别　名		香石竹、母亲花等
科　属		石竹科石竹属
识别要点	枝干及茎	多年生宿根草本。茎丛生，质坚硬，灰绿色，节膨大，高度约 30 ~ 70cm
	叶	叶厚线形，对生。茎叶与中国石竹相似而较粗壮，被有白粉
	花	花大，具芳香，单生、2 ~ 3 朵簇生或成聚伞花序；萼下有菱状卵形小苞片 4 枚，先端短尖，长约萼筒的 1/4；萼筒绿色，5 裂；花瓣不规则，边缘有齿，单瓣或重瓣，有红色、粉色、黄色、白色等色。花期 4 ~ 9 月份
	果实种子	蒴果圆柱形，种子褐色。种子寿命 3 ~ 5 年
同属变种及优良品种		聚花型、多花型、迷你型等，如绿都、醉花等

(a)

(b)

图 2.3.9　康乃馨

十、文心兰

见图 2.3.10

别　名		舞女兰
科　属		兰科文心兰属
识别要点	枝干及茎	多年生常绿丛生草本植物。植株高 20 ~ 30cm，假鳞茎紧密丛生，扁卵形至扁圆形，长 12.5cm，有红或棕色斑点
	叶	叶片较宽厚，有软叶和硬叶两类品种，软叶大多扁长形，叶尾带尖，每 2 ~ 3 片连生在一个假鳞茎的头上，柔软青翠，生机勃勃；硬叶品种好似剑麻的叶子，显得壮健。呈扇形互生
	花	总状花序，腋生于假鳞茎基部，花茎长 30 ~ 100cm，直立或弯曲，有时分枝；花大小变化较大，直径 2.5cm 左右，花朵唇瓣为黄色、白色或褐红色，单花期约 20 天，花朵数多达数十朵，因其花形似穿连衣裙少女，故又名舞女兰
	果实种子	蒴果，种子细小
同属变种及优良品种		“野猫”、“蜜糖”、“香水”等

图 2.3.10　文心兰

十一、大花蕙兰

见图 2.3.11

别　名		蝉兰、西姆比兰等
科　属		兰科兰属
识别要点	枝干及茎	常绿多年生附生草本，假鳞茎粗壮，属合轴性兰花。假鳞茎上通常有 12 ~ 14 节（不同品种有差异），每个节上均有隐芽。根系发达，根多为圆柱状，肉质，粗壮肥大。大都呈灰白色，无主根与侧根之分，前端有明显的根冠
	叶	叶片 2 列，长披针形，不同品种叶片长度、宽度差异很大。叶色受光照强弱影响很大，可由黄绿色至深绿色
	花	大花蕙兰花序较长，小花数一般大于 10 朵，品种之间有较大差异。花被片 6，外轮 3 枚为萼片，花瓣状。内轮为花瓣，下方的花瓣特化为唇瓣。花大型，直径 6 ~ 10cm，花色有白、黄、绿、紫红或带有紫褐色斑纹
	果实种子	蒴果，每粒果实中有数十万粒种子，十分细小
同属变种及优良品种		西藏虎头兰、笑春、彩虹、垂花蕙兰等

图 2.3.11　大花蕙兰

十二、蝴蝶兰

见图 2.3.12

别　名		蝶兰
科　属		兰科蝴蝶兰属
识别要点	枝干及茎	蝴蝶兰茎很短，常被叶鞘所包。叶片稍肉质，常 3 ~ 4 枚或更多，正面绿色，背面紫色，椭圆形，长圆形或镰刀状长圆形，长 10 ~ 20cm，宽 3 ~ 6cm，先端锐尖或钝，基部楔形或有时歪斜，具短而宽的鞘
	叶	肥厚肉质的叶片交互叠列于短茎之上。叶面呈硬革质，单生，有光泽
	花	总状花序，花梗较长，拱形，有花十几朵，可连续开 2 个月左右，花色有白、黄、红、紫、橙等，还有双色或三色者
	果实种子	蒴果，长形，成熟时裂开，种子小而多
同属变种及优良品种		点花系、条花系、粉花系、黄花系和白花系

(a)

(b)

图 2.3.12　蝴蝶兰

十三、万年青

见图 2.3.13

(a)

(b)

图 2.3.13　万年青

别　名		铁扁担、冬不凋等
科　属		百合科万年青属
识别要点	枝干及茎	万年青的根状茎较粗
	叶	叶矩圆披针形，革质有光泽
	花	穗状花序顶生，花被球状钟形，白绿花，花期 6 ~ 8 个月
	果实种子	肉质浆果球形，红色至橘红色（少有黄色者），经冬不凋，果期 9 ~ 12 月份，果内有种子 1 粒
同属变种及优良品种		热带之雪、金边万年青、花叶万年青

十四、吊兰

见图 2.3.14

别　名		挂兰、吊竹兰等
科　属		百合科吊兰属
识别要点	枝干及茎	常绿多年生草本，地下部有根茎，多肉质而短，横走或斜生
	叶	叶细长，线状披针形，叶片边缘金黄色，基部抱茎，鲜绿色。叶腋抽生匍匐枝，伸出株丛，弯曲向外，顶端着生带气生根的小植株
	花	总状花序，花白色，花被 6 片，花期春夏季
	果实种子	蒴果，三棱状扁球形，种子秋季成熟，黑色
同属变种及优良品种		金边吊兰、银边吊兰、金心吊兰等

图 2.3.14　吊兰

十五、仙客来

见图 2.3.15

别　名		一品冠、兔耳花、萝卜海棠等
科　属		报春花科仙客来属
识别要点	枝干及茎	仙客来块茎呈扁圆球形或球形、肉质
	叶	叶片由块茎顶部生出，心形、卵形或肾形，叶缘有细锯齿，叶面绿色，具有白色或灰色晕斑，叶背绿色或暗红色，叶柄较长，红褐色，肉质
	花	花单生于花茎顶部，花朵下垂，花瓣向上反卷，犹如兔耳；花有白、粉、玫红、大红、紫红、雪青等色，基部常具深红色斑；花瓣边缘多样，有全缘、缺刻、皱褶和波浪等形
	果实种子	蒴果圆形，内含褐色种子 10 ~ 20 粒或更多，成熟期 5 ~ 7 月份，顶端开裂漏出
同属变种及优良品种		非洲仙客来、波叶仙客来、大花仙客来等

十六、马蹄莲

见图 2.3.16

别　名		海芋、观音莲、慈姑花
科　属		天南星科马蹄莲属
识别要点	枝干及茎	植株清秀挺拔，地下块茎褐色，肥厚粗壮，肉质，株高 40 ~ 80cm
	叶	基生，折叠抱茎。叶片卵状或戟形，先端锐尖，亮绿色，具平行脉，全缘。叶柄长 50 ~ 65cm，上部有棱，基部鞘状
	花	肉穗花序花梗自叶丛中抽出，佛焰包白色或乳白色，长 14cm 左右，呈马蹄形，圆柱状，肉穗花序上部为雄花，下部为雌花。无花被，芳香。花期 2 ~ 4 月份、9 ~ 10 月份
	果实种子	浆果，近球型，每果实有种子 4 粒。很难获取成熟果实
同属变种及优良品种		小吉、凯米马蹄莲、彩叶马蹄莲、红花马蹄莲等

图 2.3.15　仙客来

图 2.3.16　马蹄莲

十七、大岩桐

见图 2.3.17

别　名		落雪泥
科　属		苦苣苔科苦苣苔属
识别要点	枝干及茎	球状块茎肥大，扁圆形，地上茎极短，株高 15 ~ 25cm，全株披白色绒毛
	叶	多对生，少有三叶轮生，椭圆形或长卵圆形，质地较厚，稍呈肉质，叶面绿色，密生绒毛，叶缘有锯齿。叶柄短，叶脉间隆起
	花	单顶花序，顶生或腋生，花萼 5 裂，钟状，花瓣丝绒状，有紫、白、红等多种颜色，大而美观。花期 4 ~ 7 月，有单瓣、复瓣之分，管理好可全年开花
	果实种子	蒴果，种子细小。需采种的需要人工授粉
同属变种及优良品种		同属约 25 种，有厚叶型、大花型、重瓣型和多花型。品种有威廉皇帝、瑞士、巨草等

图 2.3.17　大岩桐

十八、花毛茛

见图 2.3.18

别　名		罂粟牡丹、陆莲花、芹菜花等
科　属		毛茛科、毛茛属
识别要点	枝干及茎	褐色圆柱形根状茎，茎单生或稀分支，具毛，高 30 ~ 40cm
	叶	基生叶三浅裂或深裂，裂片倒卵形，具柄；茎生叶呈羽状细裂，叶缘齿状，无柄。叶纸质，绿色
	花	单顶花序，单生枝顶或数朵生于长梗上，呈聚散状，萼片绿色，较花瓣短且早落；栽培品种较多，有红、黄、橙、粉、白、蓝等多种颜色，并有重瓣和半重瓣品种，花径约 6cm，花期早春至初夏
	果实种子	聚合瘦果椭圆形，内有种子多数
同属变种及优良品种		土耳其花毛茛系、波斯花毛茛系、牡丹花毛茛系等

(a) (b)

图 2.3.18 花毛茛

十九、朱顶红

见图 2.3.19

<table>
<tr><td colspan="2">别　名</td><td>柱顶红、白子红、朱定兰、对角蓝等</td></tr>
<tr><td colspan="2">科　属</td><td>石蒜科孤挺花或朱顶红属</td></tr>
<tr><td rowspan="4">识别要点</td><td>枝干及茎</td><td>鳞茎肥大近球形，外皮黄褐色或淡绿色（因花色而异），径 5 ~ 8cm。母球无消耗，能继续生长</td></tr>
<tr><td>叶</td><td>宽带形，先端稍尖，生于鳞茎上，左右对称，5 ~ 8 枚，略肉质，与花茎同时或花后抽出，绿色</td></tr>
<tr><td>花</td><td>伞形花序，花梗中空，自鳞茎顶端抽出，高出叶片，披白粉，顶端着花 3 ~ 6 朵，花喇叭形，与百合相似，有大红、淡红、橙红、白色和具各种条纹者，花径最大 22cm，花期 2 ~ 6 个月，具芳香</td></tr>
<tr><td>果实种子</td><td>蒴果近球形，三瓣开裂，内有扁平的种子百粒，果熟期秋季。如采种须人工授粉</td></tr>
<tr><td colspan="2">同属变种及优良品种</td><td>常见栽培的有：红狮、智慧女神、荧光等，以白花黑紫条纹、纯白与深红者为贵</td></tr>
</table>

二十、长寿花

见图 2.3.20

<table>
<tr><td colspan="2">别　名</td><td>圣诞伽蓝菜、寿星花，学名矮生伽蓝菜</td></tr>
<tr><td colspan="2">科　属</td><td>景天科伽蓝菜属</td></tr>
<tr><td rowspan="4">识别要点</td><td>枝干及茎</td><td>茎直立，株型矮小，一般株高 10 ~ 30cm。分枝多，植株紧凑丰满</td></tr>
<tr><td>叶</td><td>对生，长圆状匙形，叶片肉质、肥厚。叶色深绿色而有光泽，稍带红色</td></tr>
<tr><td>花</td><td>圆锥花序，花色有绯红、桃红、橙红、黄、橙黄和白色，花期极长，可从 12 月份开到翌年 4 月份</td></tr>
<tr><td>果实种子</td><td>一般不结果实</td></tr>
<tr><td colspan="2">同属变种及优良品种</td><td>卡罗琳、块金系列、玉海棠、玉吊钟等</td></tr>
</table>

图 2.3.19　朱顶红

图 2.3.20　长寿花

二十一、仙人掌

见图 2.3.21

别　名		仙人扇、仙巴掌、霸王树等
科　属		仙人掌科仙人掌属
识别要点	枝干及茎	茎肉质，直立灌木状。下部稍木质化，多黄褐色，茎节椭圆或扁平状，肥厚多肉，嫩茎翠绿色，外表光滑，披蜡质。肉质茎上有刺座，着生利刺，刺毛或柔毛。茎节一段接一段地向上生长
	叶	退化成针形，先端紫红色，基部绿色，生于每个小瘤体的刺束之下，早落
	花	单顶花序或单花簇生于刺座之下，有白、粉、玫瑰红、黄等颜色，花瓣多轮，半肉质或纸质，大多为纯黄色。花期春末夏初
	果实种子	浆果肉质，卵圆形，成熟期时红色或紫红色
同属变种及优良品种		本属有近 400 种，常见栽培种有：米邦塔、梨果仙人掌、仙人镜等

图 2.3.21　仙人掌

二十二、蟹爪兰

见图 2.3.22

别　名		蟹爪莲、圣诞仙人掌、锦上添花等
科　属		仙人掌科蟹爪兰属
识别要点	枝干及茎	植株多分枝，叶状茎扁平，多节，长圆形，绿色。边缘有齿、有刺，数节相连，外观与仙人指极为近似，株高 30 ~ 50cm，奇特美观
	叶	已退化成刺状
	花	单顶花序，顶生，花冠漏斗形，径口下垂生长，花 3 ~ 4 轮，呈塔形叠生，基部 2 ~ 3 轮为苞片，呈花瓣状，向四周伸出甚至反卷，似倒挂金钟，有玫瑰红、深红、黄、白等颜色。花长 7 ~ 8cm，花期 12 月份至春节
	果实种子	浆果卵形，红色。人工授粉才能正常结实
同属变种及优良品种		美丽蟹爪兰、圣诞火焰、金幻、金媚等

图 2.3.22　蟹爪兰

二十三、文竹

见图 2.3.23

别　名		蓬莱竹、云片竹
科　属		百合科天门冬属
识别要点	枝干及茎	茎直立光滑，初成丛生状，二年后茎成蔓生，呈攀缘状，叶状枝纤细，呈三角形水平展开，每片 6 ~ 13 枚小枝；呈羽毛状排列，小枝长 3 ~ 6cm
	叶	已退化成抱茎的膜质鳞片或刺，是观赏植物中叶子最小的植物
	花	单花簇生两性花，甚小，近白色，1 ~ 3 朵着生在叶状小枝的短柄上，长约 3cm，花被钟状。花期 2 ~ 3 月份或 6 ~ 7 月份，有香味
	果实种子	浆果球形，紫黑色，有种子 1 ~ 3 粒。冬季成熟，种子寿命较短，应随采随播
同属变种及优良品种		矮文竹、细叶文竹、天门冬、石刁柏等

图 2.3.23　文竹

二十四、肾蕨

见图 2.3.24

别　名		蜈蚣草、篦子草等
科　属		肾蕨科肾蕨属
识别要点	枝干及茎	株高 20 ~ 80cm，根状茎短而直立，有簇生叶丛和铁丝状匍匐枝
	叶	一回羽状复叶，簇生，羽片 40 ~ 80 对，长约 3cm，复叶长 30 ~ 100cm，宽 3 ~ 6cm，黄绿色，披散弯垂，小叶边缘波状，浅顿齿，尖而扭曲，成熟叶片草质光滑
	花	属孢子植物，终生不开花，靠孢子繁殖
	果实种子	孢子囊呈肾状，生于小叶片各级的上侧小脉顶端。孢子变黑即已成熟，可采集播种
同属变种及优良品种		全世界蕨类植物约有 1.2 万种，常见栽培的有：马歇尔肾蕨、苏格兰肾蕨、波士顿肾蕨等

(a)　(b)

图 2.3.24　肾蕨

二十五、橡皮树

见图 2.3.25

别　名		印度榕、印度橡胶树
科　属		桑科榕属
识别要点	枝干及茎	植株高可达 25cm，主干粗壮，树皮平滑，树冠开展，分枝力强，茎干上生有许多气生根，皮层中有胶状乳汁
	叶	单叶互生，叶长椭圆形，先端渐尖，长 10 ~ 30cm，肥厚、革质，叶面深绿色，多光泽，也有红叶或金边者，全缘，披散下垂
	花	隐头花序花细小，集中生于球形中空的花托，似无花果，北方较难开花。花期 7 ~ 8 月份
	果实种子	聚花果，长椭圆形，成对腋生，熟后黄色，果熟期 9 ~ 10 月份，种子极小，在我国大多地区不易开花结果
同属变种及优良品种		同属 1000 种以上，我国约有 120 种，主要有：垂枝榕、斑叶橡皮树、金边橡皮树、比利时橡皮树、红叶橡皮树等

图 2.3.25　橡皮树

图 2.3.26　富贵竹

二十六、富贵竹

见图 2.3.26

别　名		开运竹、先对龙血树、百合竹等
科　属		百合科龙血树属
识别要点	枝干及茎	干黄绿色，形状似竹竿。株形直立生长，分枝较少，地下无根茎。盆栽植株高约 30cm
	叶	单生互叶，长披针形，长 10 ~ 20cm，宽 2 ~ 3cm，叶柄鞘状。旋叠状排列，下部有明显环状叶痕，颇似竹节。叶面的斑纹色彩因不同品种而异
	花	聚伞花序花小
	果实种子	浆果，球形
同属变种及优良品种		同属约 150 种，我国有 5 种，常见的有：金边富贵竹、银边富贵竹等

二十七、发财树

见图 2.3.27

别　名		瓜栗、马拉巴栗等
科　属		木棉科瓜栗属
识别要点	枝干及茎	树干灰褐色，自然生长的树高可达 10m 以上；作为盆栽经加工后的株形比较奇特，往往 1 ～ 10 株合栽一盆，互相缠绕，或编成辫子状；茎基部圆而肥大，上端渐细
	叶	掌状复叶，小叶 5 ～ 9 片，近无柄，长圆至倒卵圆形，叶长 9 ～ 20cm，宽 2 ～ 7cm，全缘，浓绿色。基部楔形，车轮般辐射平展
	花	单顶花序粉红色或红色，生于腋生，花瓣 5 枚，花筒里面浅黄色，花瓣披针形，长 20 ～ 25cm，花期 5 ～ 6 月份
	果实种子	坚果长 10 ～ 20cm，椭圆形似瓜，种子似栗，皮褐红色，每果 10 ～ 30 粒。种子取出后不宜久置和晾晒，须立即沙藏。果熟期 9 ～ 10 月份
同属变种及优良品种		同属植物约 30 种，常见栽培品种主要有："花叶发财树"、"大花发财树"等

图 2.3.27　发财树

二十八、含笑

见图 2.3.28

别　名		香蕉花、含笑梅等
科　属		木兰科含笑属
识别要点	枝干及茎	树干挺直圆满，树皮灰褐色，树形优美，分枝很多，小枝有棕色绒毛，树冠圆形。盆栽高不足 1m
	叶	椭圆形，革质，正面碧绿有光泽，无毛；背面密披锈色绒毛
	花	单顶花序叶腋，乳黄色或乳白色，花瓣有的镶紫边或红边，日暮开花，花瓣 6，不全开而下垂，有浓烈的香蕉的香气，醇正厚浓。花期 3 ～ 5 月份
	果实种子	蓇葖果，深红色，卵圆形，10 月中下旬成熟，种子红色，鲜艳夺目
同属变种及优良品种		金叶含笑、峨嵋含笑、深山含笑等

图 2.3.28　含笑

图 2.3.29　虎刺梅

二十九、虎刺梅

见图 2.3.29

别　名		铁海棠、麒麟刺等
科　属		大戟科大戟属
识别要点	枝干及茎	株高可达 1m 以上，皮刺褐色呈锥形，长 1 ～ 2.5cm，坚硬，嫩茎粗，富韧性，有白色乳汁
	叶	倒卵形至矩圆形匙形，长 5.0 ～ 6.5cm，成丛生于嫩枝上，黄绿色，先端浑圆而有小突尖，基部狭楔形
	花	聚伞花序生于顶端，花小、绿白色，总苞基部具 2 苞片，苞片鲜红色或橙黄色，倒卵圆形，花径 10 ～ 12mm，可持续数月不落，花期 5 ～ 9 月份，湿度适宜，可全年开花
	果实种子	蒴果，扁圆形。成熟期 6 ～ 10 月份
同属变种及优良品种		同属种类极多，与该种近似的种还有：长叶白花虎刺梅、暗紫虎刺梅等

三十、茉莉花

见图 2.3.30

别　名		茉莉、玉麝、茶叶花
科　属		木樨科茉莉属
识别要点	枝干及茎	株高 1 ～ 3m，幼枝绿色，细长扩展，近匍匐状，被短柔毛
	叶	叶色碧绿，单叶对生，椭圆形或卵形，先端钝或短尖，长 1.5 ～ 8.5cm，宽 1.1 ～ 5.5cm，叶柄短，叶薄纸质，有光泽，叶面微皱，全缘
	花	聚伞花序顶生或腋生，着花 3 ～ 9 朵，花冠长 1.1cm，白色，直径 2.5cm 左右，有单瓣、重瓣之分。花期 5 ～ 10 月份
	果实种子	一般不结果
同属变种及优良品种		同属 300 种，常见栽培的还有：双色茉莉、单瓣茉莉、红茉莉等

(a)

(b)

图 2.3.30　茉莉花

三十一、袖珍椰子

见图 2.3.31

别 名		矮棕、矮生椰子等
科 属		棕榈科袖珍椰子属
识别要点	枝干及茎	茎干细长直立，不分枝，深绿色。植株娇小玲珑，盆栽不超 1m
	叶	绿色带状小叶 20 ~ 40 片，先端尖，在长长的叶柄上组成羽状复叶，飘逸下垂，分外潇洒
	花	穗状花序腋生，直立，雌雄异株，雄花直立，雌花稍下垂，花黄色，呈小球状。花期 3 ~ 4 月份
	果实种子	浆果橙红色，卵圆形，直径 6mm，须人工授粉，果熟期 8 ~ 9 月份
同属变种及优良品种		大叶矮棕、雪佛里矮棕等

图 2.3.31 袖珍椰子

三十二、鹅掌柴

见图 2.3.32

别 名		摇钱树、鸭掌树等
科 属		木兰科鹅掌楸属
识别要点	枝干及茎	主干耸立，树冠圆锥形或长椭圆形，高可达 42m，胸径可达 1.5m，树皮灰白色，平滑或有浅纵裂
	叶	春夏绿色，叶被苍白色。叶形奇特，马褂状，先端平截或微凹，两侧各具一列。秋季变为金黄色
	花	单顶花序枝端，杯状，如金盏，外花被橙黄色，大而美观，花期 4 ~ 5 月份。雌雄花期不一
	果实种子	聚合果纺锤形，由具翅的小坚果组成，熟期 10 月份，种子细小，逐渐飘散
同属变种及优良品种		美国鹅掌楸、杂种鹅掌楸等

图 2.3.32 鹅掌柴

三十三、变叶木

见图 2.3.33

别 名		洒金蓉
科 属		大戟科变叶木属
识别要点	枝干及茎	茎高 50 ~ 250cm，光滑无毛，直立、多分枝，枝叶含白色乳状液
	叶	单叶互生，叶形多变，自卵形至线形、螺旋状等，有微皱，扭曲，全缘或全裂；颜色多变，绿中杂以黄、红或白、紫的斑点、斑块、条纹
	花	总状花序枝端或腋生。花小，不显著，单性同株，雄花花瓣白色，簇生在苞片下边，雌花无花瓣，单生于花序轴上，花期 5 ~ 6 月份
	果实种子	蒴果球形，白色，需人工授粉，7 ~ 8 月份种子成熟
同属变种及优良品种		红心变叶木、黄斑变叶木、阔叶变叶木、红宝石变叶木等

三十四、散尾葵

见图 2.3.34

别　名		黄椰子、凤尾竹等
科　属		棕榈科散尾葵属
识别要点	枝干及茎	茎干光滑，金黄色，环节明显，似竹竿，无毛刺，基部分蘖较多，呈丛状生长。盆栽株高 1.5 ~ 2.5m
	叶	羽状复叶，亮绿色，羽片 40 ~ 50 对，近对生，线形，长 30 ~ 60cm，宽 2 ~ 2.5cm，叶柄金黄色，细长可达 2m，稍弯曲
	花	穗状花序小花金黄色，成串穗长 40cm，腋生，花期 3 ~ 4 月份
	果实种子	浆果倒圆锥形，熟时紫红色，种子 1 粒，长 1.2 ~ 1.5cm。很难获取成熟种子
同属变种及优良品种		卡巴达葵等

图 2.3.33　变叶木

图 2.3.34　散尾葵

三十五、八角金盘

见图 2.3.35

别　名		八金盘、八手、手树等
科　属		五加科八角金盘属
识别要点	枝干及茎	枝茎粗壮，多密集，丛生，树冠伞形，高 5m 以上，幼枝无毛
	叶	叶大互生，浓绿革质，表面有光泽，5 ~ 7 深裂，边缘有锯齿或波状，有时为金黄色。叶柄长约 30cm，叶长宽近等 15 ~ 45cm。基部肥厚。叶背面有黄色短毛
	花	伞形花序长达 40cm，顶生，两性，花小，苞片黄白色，花期 10 ~ 11 月份
	果实种子	浆果近球形，紫黑色，外披白粉，果期翌年 4 ~ 5 月份
同属变种及优良品种		黄纹八角盘、白边八角盘、波缘八角盘等

图 2.3.35　八角金盘

三十六、苏铁

见图 2.3.36

别　名		铁树、凤尾蕉等
科　属		苏铁科铁树属
识别要点	枝干及茎	自然条件下茎高可达 8m，刚劲挺拔，树干坚硬，圆柱状，多不分枝，皮色深褐，具宿存的叶柄基，犹如鳞甲。盆栽株高 30 ~ 100cm
	叶	羽状深裂，叶长 0.5 ~ 2m，着生于干端，基部两侧有刺，羽状裂片达 100 对以上，条形，质地坚硬，长 9 ~ 18cm，宽 4 ~ 6mm，先端锐尖，深绿色，有光泽
	花	顶生，雌雄异株，雄花圆柱形，长 30 ~ 70mm，直径 10 ~ 15cm，似菠萝，有黄色绒毛；雌花状如圆球，大孢子叶扁平，密生黄褐色绒毛，花期 5 ~ 8 月，可观赏 50 天左右
	果实种子	核果，卵形如鸡蛋，俗称“凤凰蛋”，成熟后朱红色，被绒毛，长 2 ~ 4cm，9 ~ 10 月份成熟。种子球形微扁
同属变种及优良品种		叉叶苏铁、翼叶苏铁、台湾苏铁等

图 2.3.36　苏铁

图 2.3.37　栀子花

三十七、栀子花

见图 2.3.37

别　名		詹匐、山栀子、黄栀子等
科　属		茜草科栀子属
识别要点	枝干及茎	树干灰色，高可达 1 ~ 2m 以上，树干丛生，幼枝绿色、密生
	叶	绿色，对生或三叶轮生，长椭圆形，长 5 ~ 14cm，全缘，革质有光泽
	花	单顶花序顶生或腋生，有短梗，花冠高脚碟状，白色，花瓣肉质，有单瓣、复瓣之分，花直径 4 ~ 8cm，香味醇正甜蜜，凋谢后仍有余香四溢。花期 4 ~ 5 月份
	果实种子	果实别致，具 5 ~ 9 个纵棱，倒卵形，幼果青色，熟后黄色，11 月熟；种子扁平，球形，外被黄色黏质物
同属变种及优良品种		微型金边栀子、大花栀子等

图 2.3.38　一品红

图 2.3.39　龟背竹

三十八、一品红

见图 2.3.38

别　名		象牙红、猩猩木等
科　属		大戟科大戟属
识别要点	枝干及茎	茎淡棕色，光滑，直立，原产地株高可达 3 ~ 4m，盆栽一般 30 ~ 80cm，分枝幼时绿色，有乳白色乳汁
	叶	单叶互生，浅绿色，卵形、椭圆形至披针形，长 10 ~ 15cm，全缘，叶柄紫红色开花时茎顶部节间变短，花瓣状的苞片簇生，猩红色，顶部叶片也变红，鲜红艳丽如花朵
	花	聚伞花序顶生，小花黄色，单性。无花被，着生于淡绿色总苞内，下具 12 ~ 15 片披针形苞叶，有红、白、粉等色。花期 11 月份至翌年 3 月份
	果实种子	蒴果呈数 3 瓣裂；种子椭圆形，褐色，一般每果有 3 粒
同属变种及优良品种		一品白、一品粉、重瓣一品红等

三十九、龟背竹

见图 2.3.39

别　名		蓬莱蕉、电线草
科　属		天南星科龟背竹属
识别要点	枝干及茎	茎长可达 10m 以上，上有褐色气生根，粗达 1cm，长 1 ~ 2m，先端入基质后常生分枝而吸附生长
	叶	幼叶无孔，随着植株长大，叶主脉两侧出现椭圆形穿孔，周边羽状分裂，如龟甲图案。叶片椭圆形、革质，深绿色。叶硕大，最大长宽可达 60 ~ 90cm
	花	肉穗花序，雌雄同株，佛焰苞淡黄色，大如手掌，形如船状，单性小花密生于肉穗花序上，花序白色，先端紫色，长 20 ~ 25cm，花期 8 ~ 10 月份，北方栽培很少开花
	果实种子	浆果淡黄色，长椭圆形或球形
同属变种及优良品种		斑叶龟背竹、斜叶龟背竹、长茎龟背竹、迷你龟背竹等

四十、八仙花

见图 2.3.40

别　名		紫绣球、聚八仙、紫阳花等
科　属		虎耳草科绣球属
识别要点	枝干及茎	树干暗褐色，条片状剥落，小枝粗壮，绿色，光滑，有明显的皮孔与叶痕，盆栽株高 30cm 左右
	叶	对生，椭圆形，先端短而渐尖，正面绿色光滑，反面色淡稍反卷，长 7 ~ 10cm，边缘除基部外还有粗锯齿
	花	聚伞花序顶生，圆形，直径约 20cm，最大可达 30cm，初开时白色，逐渐蓝色或淡粉色，花期 5 ~ 8 月份。有清香
	果实种子	蒴果扁形，有宿存的花柱，但不易取得种子
同属变种及优良品种		银边八仙花、紫茎八仙花、“五彩”、“八宝”、“玉绣球”等

图 2.3.40　八仙花

任务二 室内花卉的繁殖

一、髓心接

髓心接是仙人掌类植物最常见和最普遍使用的方式，接穗和砧木以髓心愈合而成的嫁接技术。仙人掌科许多种属之间均能嫁接成活，而且亲和力高。

（一）砧木的选择

一般嫁接仙人掌选用繁殖容易，生长迅速，根系发达及亲和力强的种类做砧木。三棱剑特别适宜于缺叶绿素的种类和品种作砧木，在我国应用最普遍。仙人掌也是好砧木，对葫芦掌、蟹爪兰、仙人指等分枝低的附生型很适宜（图 2.3.41）。

图 2.3.41　仙人球为砧木的插接

（二）嫁接时期

嫁接仙人掌的时间，一般来说，从 3 月中旬到 10 月中旬都可进行，南方地区可早一点，北方地区可晚一点。5 ~ 9 月份，室温在 20 ~ 30℃时，是仙人掌嫁接的最佳季节，嫁接愈合快，成活率高。

（三）嫁接方法

1. 平接法

适用于柱状或球形种类，本任务以球形仙人掌的平接为例进行讲解。

将三棱箭留根茎 10 ~ 20cm 平截，斜削去几个棱角，平展露出砧木的髓心（图 2.3.42）。将仙人球基部平削，切面与砧木切口大小相近，接穗与砧木的髓心对齐，再轻轻转动一下，排除接合面间的空气，使砧穗紧密吻合（图 2.3.43）。用细线或塑料条纵向捆绑固定，套袋保湿，约 2 周可成活（图 2.3.44）。

(a)　(b)　(c)

图 2.3.42　切割砧木

(a)　(b)　(c)

图 2.3.43　切取接穗

(a)　(b)　(c)

图 2.3.44　固定，套袋保湿

2. 插接法

适用于接穗为扁平叶状的种类，砧木选择仙人掌或者大仙人球均可。本任务以蟹爪兰的插接为例进行讲解。

（1）切砧木　用刀将仙人掌的顶部平截，再用窄的小刀从砧木的侧面或顶部插入，形成“V”型嫁接口（图 2.3.45）。

(a)　(b)　(c)

图 2.3.45　切仙人掌砧木

（2）削接穗　选取生长成熟饱满的蟹爪兰接穗，2 ~ 3 茎节为一个接穗，在基部 1cm 处两侧都削去外皮形成一楔形，露出髓心（图 2.3.46）。

（3）嫁接　把削好的接穗插入砧木嫁接口中，用刺固定，并用腊液密封保湿（图 2.3.47）。

(a)　　　　(b)

图 2.3.46　切蟹爪兰接穗

(a)　　　　(b)　　　　(c)

图 2.3.47　嫁接与固定

3. 嫁接后的管理

接好的植株嫁接后 1 周内不浇水，保持一定的空气湿度，放到温暖隐蔽处，不能让日光直射。约 10 天后，如果接穗仍然鲜绿不萎蔫，证明嫁接已成活，可去掉绑扎物。成活后，砧木上长出的萌蘖要及时去掉，以免影响接穗的生长（图 2.3.48）。

图 2.3.48　成活后的嫁接苗

二、高空压条繁殖

高空压条简称高压，高空压条适宜基部不生蘖芽，扦插不易成活，枝条又不易弯曲的花木，如月季、桂花、米兰、玉兰、鹅掌柴、龙血树、橡皮树等。因为环剥使茎干失去了韧皮层、形成层，所以环剥口以上枝叶光合作用产生的碳水化合物等有机营养却不能回馈给植株，而用作自身积累，有利于在环剥区生成愈伤组织并促使发根。

高压通常是在春末夏初进行，一般选用 2 年生的健壮枝条。

本任务高空压条以橡皮树为例进行讲解。

（一）准备材料

塑料薄膜要稍厚、韧性好一点的，大小根据枝条的粗细而定，一般 20cm × 20cm 大小即可。玻璃绳剪成 30cm 左右。填充用的基质可选择水苔藓、草炭土或细砂土等，如果选用水苔藓作为填充基质需提前一天浸泡，使水苔藓吸水充分（图 2.3.49）。

（二）环剥

选择生长健壮的二年生枝条，去除环剥口附近的叶片（图 2.3.50），用环割刀进行环状刻伤，要求深达木质部。然后用刀剥去两环之间的韧皮部，待伤口流出的白色乳汁稍干后进行下步操作（图 2.3.51）。

图 2.3.49　浸泡水苔藓，用手挤干水分，备用

(a)　(b)　(c)

图 2.3.50　选好枝条，去除环割口的叶片

(a)　(b)　(c)

(d)　(e)　(f)

图 2.3.51　环剥

（三）填充基质

用塑料薄膜在环剥处围成筒，在环剥口下端3～5cm处，用玻璃绳捆绑好，内填泡好的水苔藓，水苔藓要挤干水分。最后捆紧上口，防止基质内水分蒸发。上口可稍留空隙，以便补充水分。保持基质湿润，既不能中途失水，而又不能太湿（图2.3.52）。

(a) 用塑料薄膜围成筒形，下端用绳捆好

(b) 填充浸泡好的水苔藓，基质要压实

(c) 整理好塑料薄膜，上端用绳捆紧

(d) 填充后的外观

图2.3.52　填充基质

（四）后期管理

高压不需要特殊管理，母株正常管理，烈日下适当遮荫。每隔十天左右，解开上口，观察袋中基质，如果偏干，就适当补水。

橡皮树高压一般50天左右即可生根，解开上口检查，如生根较多，即可剪下栽植了，也可延长时间，待根系丰满剪下。要紧贴下口处把压条的枝条剪下，解开上、下口，小心把袋剪开，这时就可以看到抱成团的基质和一些新根。注意务须弄散基质。

选择合适大小的花盆，直接上盆即可。适当遮荫，2周内不可施肥，2周后施薄追肥。待新叶发出生长成熟后便可转入正常管理。

任务三　室内花卉的栽培与养护

一、月季

生态习性				栽培要点	三大效益		
温度	光照	水分	土肥		生态效益	社会效益	经济效益
多数品种最适温度为白天15～26℃，夜间10～15℃，较耐寒，但冬季气温如低于5℃，则进入休眠状态。夏季高温持续30℃以上，则开花减少，品质降低，进入半休眠状态。冬季一般品种可耐-15℃低温，耐寒品种可耐-30℃低温	月季喜日照充足、空气流通、排水良好而避风的生态环境，盛夏酷热时，又需适当遮阴	空气相对湿度以75%～80%为宜，但在稍干或稍湿的环境中，亦能正常生长	月季喜肥，宜栽于肥沃、疏松、富含腐殖质，pH值6～7的微酸性至中性土壤中，但对土壤的适应范围较宽	月季生长旺盛，需肥多，换盆每年1次或隔年1次，换盆在休眠期进行，换盆后需浇透水两次。春、夏、秋三季应放在阳光充足，通气良好和不积水的场地。月季不干不浇水，浇则浇透。夏季天气炎热，蒸发量大，盆栽浇水量应多些，尤其是傍晚一次应当浇足。月季在气温超过30℃时则生长不良，开花少，有人以为是肥力不足便多施追肥，反而适得其反。盛夏季节一般不追肥，只对生长健壮的枝株采取薄肥勤施，每周1～2次，如能在上午11时后适当遮阴，下午4时以后再晒太阳，避免中午炎热气温，又可使它经受午前午后较弱的阳光，有利于光合作用，为下茬花积累养分。剪枝后即可施肥，以50%人粪尿掺入2%过磷酸钙施入。在2月中旬施追肥用3%的人粪尿或用1%尿素即可，也可在雨前雨后洒施尿素，在新梢发红时不宜施肥，此时施肥导致幼根受伤，使植株萎蔫或停止生长 月季还要进行中期修剪，主要是剪除嫁接苗砧木的萌蘖枝，花后带叶剪除残花和疏去多余花蕾，第一茬花后将纤弱的花枝从基部剪去，其余粗壮的花枝，则从残花下2～3片叶下剪去，第二茬花仍可采取疏弱枝，留强枝，壮芽的方法修剪。 月季还需在越冬前进行1次修剪，但不能过早，月季修剪时，不仅要选留壮枝，而且要注意主从均匀，大花品种留4～6个壮枝，每枝在30～40cm处选一侧生壮芽，剪去其中上部枝条。蔓性、藤性品种，则除去老枝、弱枝、病虫枝培养主干	对SO_2、苯、苯酚、乙醚、HF、吸收能力较强，对Cl_2等有害气体抗性强	花廊、花境、篱笆、阳台、庭院、公园等也做盆栽和切花。绿化、美化环境效果非常好	花（“香紫”品种）可提炼挥发油，与玫瑰油相似，用于食品和化妆品，可直接出口。盆栽在花卉市场较为畅销

二、杜鹃

生态习性				栽培要点	三大效益		
温度	光照	水分	土肥		生态效益	社会效益	经济效益
多数品种喜凉爽、恶酷热。最适宜的生长温度为15～20℃，气温超过30℃或低于5℃则生长停滞	杜鹃花对光有一定要求，但不耐曝晒，夏秋应有落叶乔木或荫棚遮挡烈日，需经常以水喷洒地面	喜湿润，恶干燥气候	多数品种要求富含腐殖质、疏松、湿润及pH值在5.5～6.5之间的酸性土壤。部分品种及园艺品种的适应性较强，耐干旱、瘠薄，土壤pH值在7～8之间也能生长。但在黏重或通透性差的土壤上，生长不良	野生杜鹃和栽培品种中的毛鹃、东鹃、夏鹃可以盆栽，也可在荫蔽条件下地栽。西鹃适合盆栽，培养土多用黑山土，用泥炭土、黄山土、腐叶土、松叶土及煤渣、锯末等配制，只要pH值在5.5～7.0之间，排水良好，富含腐殖质，均可使用。上盆一般在4月份或11月份进行。杜鹃花根系扩展缓慢，1～2年生宜用3寸盆，3～4年生用4寸盆，每隔3～5年换盆1次，同时修整根系。浇水，要根据天气情况、植株大小、盆土干湿及生长发育需要，灵活掌握，水质忌碱性，用自来水时，最好存放1～2天。4月中旬，正值生长旺期，需水量大；7～8月份高温季节，蒸发量大，要随干随浇，午间、傍晚还要往地面、叶面喷水降温；11月上旬，若室内加温，生长仍旺，需水仍大，尤其开花抽梢之际，需水更多；若室内不加温则生长缓慢，3～5日浇一次水即可。要薄肥勤施。2～4年生苗，为加速植株成型，常通过摘心、摘蕾来促发新枝。植株成型后，主要是剪除病枝、弱枝及重叠紊乱的枝条，均以疏剪为主	对SO_2、NO、NO_2等有毒气体有较强抗性，对HF抗性较差	园林栽培，作花篱绿障，做行道树、风景林，布置花坛等；北方多做盆景、盆栽。美化环境，显得气氛热闹非凡	叶可提炼芳香油，木材可加工制品。盆花是花卉市场的畅销品种花

三、山茶

生态习性				栽培要点	三大效益		
温度	光照	水分	土肥		生态效益	社会效益	经济效益
山茶花性喜温暖湿润的环境，生长适温为18～25℃，略耐寒，耐暑热，但超过36℃生长受抑制	山茶花属半阴性植物，宜于散射光下生长，怕直射光暴晒，幼苗需遮荫。但长期过阴对山茶花生长不利，会导致叶片薄、开花少，影响观赏价值。成年植株需较多光照，才能利于花芽的形成和开花	山茶花适宜水分充足、空气湿润环境，忌干燥。高温干旱的夏秋季，应及时浇水或喷水，空气相对湿度以70%～80%为好	露地栽培，选择土层深厚、疏松，排水性好的微酸性土壤，pH以5.5～6.5为佳，碱性土壤不适宜山茶花生长。盆栽土用肥沃疏松、微酸性的壤土或腐叶土	山茶花盆栽常用15～20cm盆。山茶花根系脆弱，移栽时要注意不伤根系。盆栽山茶，每年春季花后或9～10月份换盆，剪去徒长枝或枯枝，换上肥沃的腐叶土。山茶喜湿润，但土壤不宜过湿，特别盆栽，盆土过湿易引起烂根。相反，灌溉不透，过于干燥，叶片发生卷曲，也会影响花蕾发育 春季山茶花换盆后，不需马上施肥。入夏后茎叶生长旺盛，每半月施肥1次或用“卉友”21-7-7酸性肥。9月份现蕾至开花期，增施1～2次磷钾肥。在夏末初秋山茶开始形成花芽，每根枝梢宜留1～2个花蕾，不宜过多，以免消耗养分，影响主花蕾开花。摘蕾时注意叶芽位置，以保持株形美观。同时，将干枯的废蕾摘除	具有很强的抗SO_2、Cl_2、HF等有害气体的能力，且能吸收部分SO_2、和Cl_2从而净化空气	南方可用于庭院、花坛、花境、假山旁的绿化，也可作风景林，行道树；北方盆栽，用于室内装饰，也可作切花	木材坚硬，可用于雕刻等，有一定的经济价值。种子富含油脂，可使用或做工业原料。盆花在花卉市场很受消费者欢迎

四、桂花

生态习性				栽培要点	三大效益		
温度	光照	水分	土肥		生态效益	社会效益	经济效益
好温暖，耐高温，不耐寒，喜通风良好的环境	喜强光	忌积水	宜湿润而排水良好的沙质壤土。喜肥。要选阳光充足，排水良好、表土深厚的地段栽植	桂花一年生苗高25cm，次年早春进行第一次移植。二年生苗高60 cm，三年生苗高120 cm，进行第二次移植，株行距为1m×1m。起苗时尽量多带土，多保持根系，适当剪去主根。待桂花苗干径达3 ~ 4 cm时，可以进行第三次移植，株行距为2.5m×2.5m，移植时要带土球。桂花干径达6 ~ 8 cm即可出圃。作为园林绿化用的桂花大苗，一般要培育8年以上。桂花一般除了盛夏和严冬季节外，其他时间均可进行移植。在气候温暖地区，只要带好土球，全年都可以移植。但最佳时间为11月底~次年2月份，这时移植的桂花根部伤口愈合较快，能赶上春天的生长季节，对桂花恢复生长非常有利，栽植的桂花几乎当年都能正常开花	对SO_2、HF、Cl_2等有害气体有较强的抗性和吸收能力。还有吸滞粉尘、减弱噪声等功能	华南园林、行道树、风景树、庭院、美化等，也做经济栽培；北方盆栽做室内装饰，绿化美化环境较好	木材具有光泽，文理美丽如犀，是雕刻的良材。苗木及成品花有希望打开国际花卉市场的大门

五、君子兰

生态习性				栽培要点	三大效益		
温度	光照	水分	土肥		生态效益	社会效益	经济效益
君子兰性喜温暖凉爽的环境，不耐寒，忌高温酷暑，生长适温是20 ~ 25 ℃，冬季室温低于5℃时，生长就会受到抑制。夏季高温时，君子兰则处于半休眠状态	君子兰属于中光性植物，怕日光曝晒，喜半阴，生长过程中不需强光，尤其是夏季，切忌阳光直射。强光照射会缩短花期，影响观赏价值，弱光照则可延长花期。冬季缩短光照，花期可提早	喜湿润	对土壤要求严格，通气透水是关键，否则肉质须根容易腐烂，以疏松并富含腐殖质的土壤为好，尤以泥炭为最佳，忌盐碱	君子兰栽培较简易，首先要选好盆土，可放置于室内近窗处，按各地气温特点掌握肥水。生长期须保持盆土湿润，高温半休眠期盆土宜偏干，并多在叶面喷水，达到降温目的。君子兰喜肥，每隔2 ~ 3年在春秋季换盆时，盆土内加入腐熟的饼肥。每年在生长期前施腐熟饼肥5 ~ 40g于盆面土下，生长期隔10 ~ 15天施液肥一次。管理中要经常转盆，防止叶片偏于一侧，如有偏侧应及时扶正。气温25 ~ 30℃时，易引起叶片徒长，使叶片狭长而影响观赏效果，故栽培君子兰一定要注意调节室温。在栽培过程中要注意水分的控制，在干旱季节，要经常喷水，以免空气过于干燥，使叶缘干萎。浇水要适量，积水容易烂根，造成死亡	对SO_2等吸收能力强，并能在夜晚放出氧气，净化空气	主要用于室内装饰、会场、宾馆等。叶、花并美，使点缀的空间典雅大方	花卉市场十分畅销。目前，已经成为群众普遍喜欢的花卉之一

六、非洲菊

生态习性				栽培要点	三大效益		
温度	光照	水分	土肥		生态效益	社会效益	经济效益
性喜冬季温暖，夏季凉爽，空气流通的环境。生长期最适温度为20～25℃，冬季适温为12～15℃，低于10℃或高于30℃停止生长，处于半休眠状态。若想终年有花，冬季需维持在12～15℃以上，夏季不超过26℃	喜阳光充足，对日照长度不敏感，在强光下，花朵发育最好，略有遮荫，可使花茎较高	怕积水	要求肥沃疏松富含腐殖质，土层深厚，微酸性的沙质壤土	切花生产时，应于定植前施足基肥，调整土壤pH值及进行土壤消毒，床面高30～40cm，床宽80cm，栽植2行，株距30cm，通道50cm，平均每平方米18～20株。栽植不宜过深，但也不能过浅，植后需浇透水，以利生长。初期的生长如何，对以后发育有极大的影响 浇水时切忌将水淋洒在叶片上，否则花芽会全部腐烂而不能开花。多年生老株的叶片层层重叠，影响通风透光，应及时把下部老叶剪掉。夏季要注意保持冷凉和通风的环境，冬季温度保持10～15℃，同时加强追肥，可开花不断，中午温度尽量不能超过25℃。另外，高湿容易发生病害，尤其是多雨季节要保持室内干燥 盆栽者每年应换盆一次，盛花前追施液肥3～4次，培养土应呈酸性反应和疏松透气。浇水要掌握见干见湿的原则，放室内陈设的要经常搬到室外见光	对甲醛和苯有一定的抗性，可绿化美化环境，净化空气	有切花型和盆景型。盆栽型株型矮小，可用于花坛、花境、草地和装饰客厅、居室等。切花型多做切花之用	无论盆栽还是切花，在花卉市场有很好的销路

七、鹤望兰

生态习性				栽培要点	三大效益		
温度	光照	水分	土肥		生态效益	社会效益	经济效益
要求冬季温暖、夏季凉爽而湿润，昼夜温差较大的气候条件，不耐寒、怕霜冻。生长适温为13～24℃，但对温度的适应范围较大，可耐0～40℃的温度，冬季不能低于5℃	喜光照，生长期除夏天可稍遮阳外，应给予充足的光照，持续阴天影响叶片生长和花的姿态、色彩	地下肉质根能贮藏水分，故具较强的抗旱能力，忌水湿	对土壤要求不甚严格，以排水良好和富含腐殖质土壤为好	盆栽：应视苗的大小采取相应的栽培方法，2～3年生的播种小苗，应先地栽两年左右，见到花芽后再栽入相应的盆钵中，这有利于生长和增加花芽的数量。如不地栽，亦可先栽入小盆，然后根据生长情况换成相应的盆钵。盆栽已开花的植株时，栽前要用发根剂浸渍后再上盆。盆土要求富含腐殖质和排水良好。全年应置于全光照下，冬季搬入室内或温室后，要保持足够的光照。生长期间，每半月施一次腐熟的饼肥水，从花茎形成到盛花期，施2～3次过磷酸钙。花谢后要及时剪除残花，以减少养分消耗。一般每两年换一次盆土 地栽：主要是在大棚内做切花生产。定植前应进行土壤消毒，施入足够的有机肥，对土壤pH值要求不严，酸性、中性乃至碱性都能适应。定植最佳时期是3月下旬～6月上旬，但在大棚内，3～11月份都可进行。株行距随大棚大小而定，一般行距80～90cm，株距50～60cm。如植株小，2～3年内不能开花。为避免土壤浪费，可先行密植，每平方米3～4株，经3～4年后再行移植。栽植已开花的植株，植穴直径应超过60cm。栽后踏实。定植后要浇足水，第一周每天浇水一次，以后需见干就浇。鹤望兰极耐干旱，1～2个月不浇水一般也不会干枯。通常情况下，冬天每7～10天于中午浇一次水即可，夏季每周浇水2～3次，但也要防止过分干燥。生长期要及时追施肥料。常见病害有立枯病和赤锈病，前者在排水不良和植株较大的情况下容易发生。定植前开好排水沟即可防治，后者在梅雨季节容易发生，发病后应及时摘除病叶，以避免感染，虫害主要有二化螟、金龟子、蚧壳虫等，可用相应药剂防治	绿化美化环境，净化空气，衰减噪声	南方花坛、花境、路旁、山石园、庭院等；北方盆栽，可装饰大厅、客厅、会场等，多做切花、插花	用其配花篮、花束，效果极佳，在花卉市场十分畅销，经营者有较好的经济收益

八、花烛

生态习性				栽培要点	三大效益		
温度	光照	水分	土肥		生态效益	社会效益	经济效益
对温度要求较高，生长适温为20～30℃，冬季温度不低于15℃，低于15℃则形成不了佛焰苞，13℃以下会出现冻害。因此，花烛需高温温室栽培，一般日光型温室和大棚栽培比较困难	宜半阴环境。但长期生长在遮荫度大的花烛，往往叶柄长，植株偏高，花朵色彩差、缺乏光泽。特别盆栽花烛除强光时适当遮荫外，还需明亮光照，对茎叶生长和开花有益	花烛对水分比较敏感，尤其是空气湿度，以空气湿度80%～90%最为适宜。生长期应经常向叶面和地面喷水，增加空气湿度，对茎叶生长和开花均十分有利。生长期盆内可多浇水，冬季温度低，浇水不能过多，以防根部腐烂，但空气湿度仍保持80%以上	土壤必需排水好、透气性强，常用保水性好、肥沃疏松的腐叶土和水苔作盆栽基质	盆栽花烛可根据品种和商品要求选择15～25cm不同规格盆钵。栽培基质可因地制宜选择材料。目前最多使用的为水苔、泥炭、腐叶土、陶粒、稻糠和树皮颗粒等，常用2～3种配置的混合基质。肥料可用“卉友”20—8—20。一般品种定植后栽培9～12月开花。如保持高温和高湿条件下，盆栽花烛可开花不断。一般每2年换盆。常见炭疽病、叶斑病和花序腐烂病等危害，用等量式波尔多液或65%代森锌可湿性粉剂500倍液喷洒。如虫害有介壳虫和红蜘蛛危害地上部，可用50%马拉松乳油1500倍液喷杀	绿化美化环境，净化空气、改善空气质量的作用	花坛、花境、室内装饰、切花等	国际花卉市场流行的名贵花卉和高档切花

九、康乃馨

生态习性				栽培要点	三大效益		
温度	光照	水分	土肥		生态效益	社会效益	经济效益
喜凉爽，不耐炎热，可忍受一定程度的低温。若夏季气温高于35℃，冬季低于9℃。生长均十分缓慢甚至停止	属中日照植物，喜阳光充足。除育苗期和盛花期外，无须担心强光为害。且借助辅助光可增加花冠直径和花色鲜艳度。光强与单位面积切花产量有明显的正相关性	康乃馨根系为须根系。土壤或介质长期积水或湿度过高、叶片表面长期高温，均不利于其正常生长发育。因此提倡滴灌，另外还应注意水质及水含盐量的问题	喜保肥、通气和排水性能良好的土壤．其中以重壤土为好。适宜其生长的土壤pH值是5.6～6.4。从一些土壤分析实验表明，pH值在5.95～7.9范围内，土壤有机质含量对开花无明显影响，主要决定于土壤质地	定植时要求浅栽，以土刚好盖住根系，基部第一对叶不没入土壤为宜。定植后立即浇透“定根水”，2天之内喷洒一次杀菌剂，一周内对幼苗进行喷雾，直至幼苗成活长出新根系。定植后缓苗期温度要适当高些，1周内保持白天20～30℃，夜晚15～20℃。7～9月份高温季节，要及时通风降温，并拉遮阳网（透光率70%～80%）遮荫，以保证康乃馨生长的适宜环境。早春塑料大棚温度低，在幼苗定植成活后，一般要控制浇水，以促进根系充分生长。夏季气温高，4天浇一次水，秋季6～7天浇一次水。康乃馨较喜肥，在基肥的基础上，要不断追肥，追肥掌握“薄肥勤施”的原则。前期追施生根肥，以氮、磷、钾为主；中后期逐渐减少氮肥用量，增加磷、钾肥用量，还要配合钙、镁、硼等微肥的施用量；花蕾形成后，可用磷酸二氢钾进行叶面追肥1～2次，以提高茎秆硬度。摘心可以决定产花量并调节花期。一般在定植后20～25天进行摘心，每株苗留3～4节，即从植株基部起留4对叶片。摘心要在晴天进行，摘心后应及时喷洒杀菌剂，并逐渐升高温度，以刺激侧芽萌发。摘心后萌发的侧芽，每株留3～6个作为开花枝，其余摘去。对于开花枝上的小侧芽，单花型品种和多花型品种处理有所不同：单花型品种（大花系）除顶端主花蕾以外的侧枝和侧蕾应全部抹掉，使养分集中供给顶花；多花型品种（小花系）主花苞长到1cm时摘去，留主花苞以下5～6节内的花蕾，其余的侧枝、侧蕾应及时摘除。随着植株的生长，要对植株适时摞头，并做好提网工作，确保植株挺直不倒伏，提高其商品性	对SO_2的抗性较强	用于切花最多，也偶尔有用于花坛、花境、庭院，也可盆栽，应用较为广泛	是世界上应用最普遍的四大鲜切花之一，在国际花卉市场销路很好

十、文心兰

生态习性				栽培要点	三大效益		
温度	光照	水分	土肥		生态效益	社会效益	经济效益
喜高温，忌闷热，最适生长、开花的温度为15～28℃，低于8℃或高于35℃易停止生长	忌强光直射，夏天应遮光50%，春季、秋季则应遮光30%，冬天可全光照会有利于开花	耐干旱，空气湿度控制在80%比较合适	栽培文心兰的植料可选用草炭土：碎木屑：蛭石比例为4：3：3，也可用椰糠与苔藓混用或木炭与蕨根混用，都十分利于植株生长	浅植。文心兰的气生根生长旺盛，栽植一定要露出根茎，否则很难生长旺盛，盆底部可放些碎砖块、瓦片、泡沫塑料等以利于透水通风 施肥。换盆时可施豆饼、复合肥于植料中，生长季节可间隔15～20天施0.5%的液肥，开花前期以施磷肥为主 浇水：如盆中植料太湿易造成烂根，所以文心兰浇水不用太勤，一般夏天3天浇一次水，春秋季5天浇一次水，冬季温室内空气湿度太大，一般7天浇一次水 病虫害防治：贯彻“以防为主，防治结合”的原则。文心兰常见病有黑斑病、炭疽病等，特别是冬季，若气温低，易造成黑斑病发生，并且扩展很快。一旦发病可用40%灭病威600～800倍液或25%多菌灵400～600倍液喷洒防治	可以净化空气，美化环境	多做切花和盆栽观赏装饰空间	是花卉市场高档的切花和喷花品种之一

十一、大花蕙兰

生态习性				栽培要点	三大效益		
温度	光照	水分	土肥		生态效益	社会效益	经济效益
大花蕙兰对温度的适应性较强，10～35℃皆可生长，并能抗短时48℃超高温和短时0℃的低温。但是，以日间20～30℃，夜间8～20℃最适生长	生长适宜光照强度是15000～70000lx，约相当于自然光强的一半，是兰花中对光强要求较高的一种。在适宜的光照下，植株生长健壮，株形挺拔，叶片短而宽，叶质较厚，叶色绿中带黄，假鳞茎充实饱满，开花率高，花朵数多，花色鲜艳。如果光照强度长期过弱，光合作用效率不高，植株营养不足，植株表现徒长，叶片细长，质薄而软，外弯角度大，缺乏光泽，最终使花数减少。兰棚栽培一般使用单层50%～70%遮光网遮光，冬春弱光季节可不遮光	它要求较高的空气湿度，最佳湿度80%～90%，空气湿度过低不利于生长发育，栽培场地可用喷雾、设置水池、放置水盆等办法增加空气湿度。但是，大花蕙兰具有半气生性，栽培植料不能积水，积水引起根系缺氧，窒息死亡	栽培植料要具有较好的通气性、排水性，同时又具有较好的保湿性和保肥性，以满足它对水、肥较多的要求。通常采用树皮、莎椤根、木炭、水苔、椰衣、陶粒、火山石等材料中的一种或多种混合作植料。植料微湿的水分最适合它的生长要求	栽培大花蕙兰，与栽培别的花卉一样，按苗的大小选择相应大小的盆，苗长大后再按需要换较大的盆。换盆时把植株连同植料从盆中取出，除去旧植料，剪去坏根，把根系泡在0.1%高锰酸钾溶液中消毒20分钟，阴干后用清洁水苔包裹根系，放入新盆中，添加植料，直至仅露出假鳞茎 大花蕙兰植株高大，需肥较多，每周施液体肥料1次；每月施有机固体肥料1次。氮磷钾肥的比例为：小苗2∶1∶2，中苗1∶1∶1，大苗1∶2∶2。在花期前半年停施氮肥，促进植株从营养体生长转向开花。在管理上不能以时间来定浇水措施，而应以植株、植料、天气等因素来决定，植料干了才浇水，浇则浇透，使污浊空气和有害物质随水排去	绿化美化环境作用十分明显	主要是盆栽观赏，可布置花坛、花境、宾馆、会场等。也可做高档的切花	是现实流行的、最受欢迎的花卉之一。价格好，销售快。但国内培养的成品盆花质量明显逊于进口成品花，有待于进一步提高

十二、蝴蝶兰

生态习性				栽培要点	三大效益		
温度	光照	水分	土肥		生态效益	社会效益	经济效益
夏季室温应控制在20～28℃，室内通风良好，才能保证植株健壮生长，温度过高容易造成植株萎蔫。冬季室温应保持在18℃以上，必要时应采取加温措施	蝴蝶兰对光照的需求量因不同时期而有所不同。苗期需光量最小，应控制在10000lx以下；中期开始加大，在10000lx以上；花期可达到15000～20000lx或更高。小苗期如果温度过高、光照过强，极易损伤植株	蝴蝶兰适宜生长在高温多湿的环境里，空气湿度应保持在70%～80%。浇水不宜过多，如果根系时常被水浸泡，极易滋生有害菌，造成烂根。浇水应遵循“不干不浇、浇则浇透”的原则，一次浇透后等基质稍干后再浇。值得注意的是，要防止基质过分干燥。水源最好用干净的井水、河水、雨水，温度在15～18℃，要避免使用过凉的自来水直接浇灌。若必须用自来水浇灌，应放置1～2天后方可使用。花期浇水时应避免将水洒在花朵上	蝴蝶兰栽培常用一些透水性较强的材料作为栽培基质，如水苔、泥炭苔、木炭、椰子纤维、蛭石、珍珠岩等。因栽培基质中营养匮乏，所以蝴蝶兰生长所需的养分基本需要依靠人为供给。在有机肥中，豆渣富含养分，可将其浸水12小时以后滤出清液浇灌小苗。无机肥因购买方便等诸多特点很受欢迎，以花多多、花宝、速滋等使用效果最佳	小苗出瓶后1周内不宜施肥、浇水，但应使用多菌灵1000倍液进行叶面喷雾杀菌。每隔1天喷1次生根粉，以促进根系生长。1周后用“花多多”10号（氮、磷、钾比例为30∶10∶10）1800倍液喷施，以基质湿透为标准。以后每隔1周用花多多10号2500倍液喷施1次 经过4个月的培育后，小苗长成中苗，此时应进行第1次换盆。施肥以“花多多”8号（氮、磷、钾比例为20∶10∶20）2500倍液和“花多多”1号（氮、磷、钾比例为20∶20∶20）2500倍液交替使用，每7～10天1次。中期要控制叶片走向，一般按东西走向放置。此时施肥的原则是：低氮、高磷、高钾 在中苗培育4～6个月后进入大苗培育阶段，管理方法与中苗期相同，但施肥易采用“花多多”1号（氮、磷、钾比例为20∶20∶20）2000倍液 开花期管理要更为精细，首先要控制好温度。蝴蝶兰的开花是由低温促成的。首先温度保持在20℃以上2个月，以后将夜间温度降至15℃左右，4～6周后便可形成花芽。花芽形成后要在植株旁树立支柱，将花茎绑在支柱上，绑扎不宜过紧，要留给花茎伸长增粗的空间。此时施以“花多多”2号（氮、磷、钾比例为10∶30∶20）1500倍液，每隔15天1次	美化环境、净化空气	居室、客厅、高级宴会厅等高雅场所，也可做切花或新娘的胸花、襟花	是花卉市场的畅销品。其销量和产量占洋兰中的很大比重

十三、万年青

生态习性				栽培要点	三大效益		
温度	光照	水分	土肥		生态效益	社会效益	经济效益
性喜温暖,较耐寒,冬季0℃以下即可安全越冬	耐半阴,怕强光,冬季要求日光充足	喜湿润,通风,怕积水,夏季要经常浇水保持湿润	适宜排水良好、肥沃、微酸、沙质土壤。每隔15 ~ 20天追一次肥	盆栽万年青宜用含腐殖质丰富的沙壤土作培养土。土壤的pH值在6 ~ 6.5之间。每年3 ~ 4月份或10 ~ 11月份换盆一次。换盆时，要剔除衰老根茎和宿存枯叶，上盆后要放在遮阴处几天。夏季生长旺盛，需放置在庇荫处，以免强光照射，否则，易造成叶片干尖焦边，影响观赏效果。万年青为肉根系，最怕积水受涝，因此，不能多浇水，否则易引起烂根。盆土平时浇适量水即可，要做到盆土不干不浇，宁可偏干，也不宜过湿。除夏季须保持盆土湿润外，春、秋季节浇水不宜过勤。夏季每天早、晚还应向花盆四周地面洒水，以造成湿润的小气候。生长期间，每隔20天左右施一次腐熟的液肥；初夏生长较旺盛，可10天左右追施一次液肥，追肥中可加兑少量0.5%硫酸铵，这样，能促其生长更好，叶色浓绿光亮。开花期不能淋雨。冬季，万年青需移入室内过冬，放在阳光充足、通风良好的地方，温度保持在6 ~ 18℃，如室温过高，易引起叶片徒长，消耗大量养分，以致翌年生长衰弱，影响正常的开花结果。万年青若冬季出现叶尖黄焦，甚至整株枯萎的现象，主要是根系吸收不到水分，影响生长而导致的。所以冬季也要保持空气湿润和盆土略潮润，一般每周浇1 ~ 2次水为宜。此外，每周还需用温水喷洗叶片一次，防止叶片受烟尘污染，以保持茎叶色调鲜绿，四季青翠	绿化美化环境、净化空气、衰减噪声等	丛植或片植于庭院、林缘，北方盆栽用以布置花坛、花境或会场、客厅、书房、或供于窗台、几案等	在花卉市场较为畅销。尤其是日本培育的观叶新品种，无论是叶形、叶色，还是植株姿韵方面，确实高出一筹，售价很高

十四、吊兰

生态习性				栽培要点	三大效益		
温度	光照	水分	土肥		生态效益	社会效益	经济效益
喜温暖，畏寒的环境	宜在半阴处生长	喜湿润	好疏松肥沃的沙质壤土	吊兰在华东地区多作盆栽。培养土可用4份腐叶土和6份园土混合后使用。春、秋季节可以放在有阳光的窗台、阳台上或室外疏荫的树下。5 ~ 9月天气炎热，如果太阳直射，会使叶色泛黄、叶发焦，而长时间的将其放在光线弱的室内，又会使叶片徒长。因此，吊兰长期放在通风的窗口或阳台上较为合适。吊兰对水肥的要求要适宜。夏天天气炎热，温度高，水分蒸发快，盆土易干，一般每天早、晚各浇1次透水；冬季在室内过冬，盆土宜偏干些，只要在2℃以上的室内就可安全过冬。春、秋生长季节每20天左右施1次15% ~ 25%的腐熟有机肥，对于金心吊兰、金边吊兰，冬季每月也可施1次薄液肥。平时要注意及时清除沿盆枯叶、修剪花茎和保持枝叶姿态匀称	可吸收室内家具释放出来的甲醛，复印机、打印机排放出来的苯，并可吞噬尼古丁、CO_2等	装饰阳台、茶几、书橱等	在花卉市场多有销售不错

十五、仙客来

生态习性				栽培要点	三大效益		
温度	光照	水分	土肥		生态效益	社会效益	经济效益
性喜凉爽，不耐寒，怕酷热，生长适温为18～20℃，温度过高容易徒长，气温达到30℃植株进入休眠；冬季室温不宜低于10℃，10℃以下花易凋谢，花色暗淡，低于5℃球茎易受冻害	喜阳光充足的环境	喜湿润，生长期相对湿度以70%～75%为宜，盆土要经常保持适度湿润，不可过分干燥，即使只经1～2天过分干燥，使根毛受到损伤，植株发生萎蔫，生长即受挫折，恢复缓慢	要求疏松、肥沃、排水良好而富含腐殖质的沙质壤土，土壤反应宜微酸性（pH=6.0）	播种苗长出1片真叶时开始分苗，以株距5cm左右移入浅盆中；盆土用腐叶土、壤土、河沙按比例5∶3∶2混合。其栽植深度应使小球茎顶部与土面相平。栽后浸透水，并遮去强烈日光；当幼苗恢复生长时，逐渐给予光照，加强通风，勿使盆土干燥，保持15～18℃；适当追施氮肥，注意勿使肥水沾污叶面，以免引起叶片腐烂。施肥后洒一次清水，以保持叶面清洁。当小苗长至3～5片叶时，移入10cm盆中，此时盆土比例可改为腐叶土、壤土、河沙按比例3∶2∶1混合，并施入腐熟饼肥和骨粉作基肥。3～4月份后气温逐渐升高，植株发叶增多，生长渐旺，对肥、水需要量也增加，应加强肥水管理；保持盆土湿润并加强通风；遮去午间强烈阳光，尽量保持较低的温度，防淋雨水及盆土过湿，以免球根腐烂，常置于户外加有防雨设备的阴棚中栽培。9月份时，定植于20cm盆中，球根露出土面1/3左右栽植。盆土同前，但需增施基肥。追肥应多施磷、钾肥，以促进花蕾发生。11月份花蕾出现后，停止追肥，给予充足光照，12月初花，至次年2月份可达盛花期，即从播种到开花约需13～15个月。仙客来为夏季休眠花卉，夏季高温时，应置于凉爽荫蔽处，同时注意不得雨淋	对SO_2抗性较强。用于绿化美化环境，效果非常好	花台、花槽、阳台等，北方多盆栽装饰室内。是圣诞节、元旦、春节等节日的必备花卉	是国际销售市场商品花卉之一。我国上海、青岛、河北等每年有较大批量盆花销往其他地区

十六、马蹄莲

生态习性				栽培要点	三大效益		
温度	光照	水分	土肥		生态效益	社会效益	经济效益
喜温暖、生长适温15～25℃，冬季能耐4℃低温，但0℃时茎叶则易遭受冻害，故一般适于大棚或温室栽培。夏季温度高时休眠	喜稍阴的环境	喜湿润	喜水肥	地栽应选择肥沃湿润的土壤，施足基肥，作成1m宽的畦，将无病块茎按照行距50cm，株距30～40cm定植。定植时间根据鲜花上市的要求确定，一般4～6月份间较好。定植后为使生育良好，自6月下旬至8月下旬应用遮阳网遮光50%～60%，在夏季地温太高时应充分灌水，由于水质和灌水量对定植后生育的影响很大，要特别注意，以低EC值、pH6.5～7.0为好。追肥以氮素肥料为主，一般每15天左右施一次液肥，花期则要停止施肥。日照的长短虽然对花芽分化和发育没有影响，但长期在遮阳条件下其营养生长和生殖生长会失去平衡，所以最迟到9月上旬即要撤除遮阳网，10月开始大棚覆薄膜，冬季温度保持在15℃以上，并给以充足光照，即能令其冬季开花应市 盆栽6月份开花后，剪去枯黄叶片，8月上旬进入休眠期，适当遮阳，停止施肥，控制浇水。待块茎萌发新叶时，再选用肥大、健壮块茎上盆，10月以后置于温室养护，春节前后即能开花。但需防止通风不良和室温太高	美化环境，净化空气	布置花坛、花境，盆栽装饰室内或切花、切叶制作花环、花束等用于宾馆、办公室、客厅	盆花供市场，深受消费者欢迎

十七、大岩桐

生态习性				栽培要点	三大效益		
温度	光照	水分	土肥		生态效益	社会效益	经济效益
喜温暖，适宜生长的温度18～20℃，冬季落叶休眠，块根在5℃左右可安全越冬	忌阳光直射	生长期要求空气湿度大。休眠期要保持干燥	好肥，要求疏松、肥沃而又保水良好的腐殖质土壤	生长适温条件下保持较高的空气湿度，可使叶片生长繁茂、碧绿。空气干燥时可向植株喷水，但水滴不宜长时间滞留在叶片上，否则会使叶片腐烂；平时浇水要适量，如果浇水过多，盆土长期潮湿，易造成块茎腐烂，叶片枯黄，甚至整株死亡。每周施一次腐熟的稀薄液肥，施肥时注意肥水不要溅到叶片上。平时要适当遮荫，避免强光直射，夏季放在室内通风良好又稍见阳光处养护，并适当减少浇水。冬季维持8～12℃的室温，控制浇水，若温度太低、湿度过大，会引起块茎腐烂。每年的2～3月份将块茎从土中取出，重新栽种	美化环境、净化空气	花坛、花境、绿地、庭院等，盆栽也用于阳台、窗台、茶几等室内装饰。也可用于室外装饰，可摆放于客厅、会议室	是花卉市场较受欢迎的草本花卉

十八、花毛茛

生态习性				栽培要点	三大效益		
温度	光照	水分	土肥		生态效益	社会效益	经济效益
生长最低温度为5℃以上。大于20℃生长发育不良，30℃以上地上部开始枯萎，但是干燥的块根可以忍受相当的高温	花毛茛对日长反应非常敏感，播种苗遇长日条件，就会提前开花或生长停滞并开始形成块根。长日照促进了花芽分化。短日照虽然能抑制开花，但当植株长至一定大小时，还是能进行花芽分化。这说明花毛茛只是相对的长日照花卉	生长过程对水分的需求很多，生长初期缺水将导致植株矮小，叶片小，将来分蘖少，根系不发达，开花少，花小，重瓣率低；中期缺水将严重影响开花，花茎小、花期短，色彩不艳，叶片也将黄化；后期缺水植株将会强迫休眠，块根质量差。但是，作为一种块根花卉，过多的水分也有烂根的危险。水分的供应还必须均衡适量，过度的干旱或水渍均会严重影响生长。水分失衡还会造成块根裂口	对土壤要求较高，以有机质丰富、团粒结构良好、能保持适量孔隙度的土壤为好，pH值6.5左右	温度：花毛茛最适生长温度，白天15～20℃，夜温7～8℃。在塑料大棚栽培条件下，棚内最高温度不高于20℃，最低不低于5℃。提高夜温有利缩短生育期，适当降低夜温有利株形紧凑 光照：冬季尽量给予充分的光照 水分：花毛茛较喜水，因此浇水要充足、及时、均衡，应该每次浇透，干后再浇。两次浇水之间尽量保持植株和棚内空气的干燥，以达到控制株形、控制病害的目的。但干的程度应以盆土表面干燥，而叶片不明显萎蔫为度 施肥：每周一次，浓度1.5‰～2.0‰。46%尿素、45%水溶复合肥（前期尿素为主，后期复合肥为主） 植株调整：“块根法”栽培其生长发育大多在冬季，此期日照短，温度也较适宜，一般不会徒长。在现蕾前后拉盆一次，拉盆时应将大小植株分开，将现蕾早与现蕾晚的分开。现蕾初期花蕾长出叶丛，视情况喷一次120～150mg/L(ppm)的多效唑（15%粉剂8～10g/10kg）。现蕾有早晚时应分批喷，喷时不可重复 “播种法”植株调整：为促进发棵，第一枝花可在现蕾时即摘除。为防止花茎窜高，视实际情况，在花蕾抽出叶丛但未现色前使用多效唑一次，浓度为100～120mg/L(ppm)。施肥应比“块根法”淡而勤些。开花时气温升高，光线增强，要注意通风降温并酌情遮荫，以延长花期 病虫防治：病害主要是菌核病和灰霉病。应合理浇水，加强通风，及时拉盆；注意棚内的清洁卫生；盆花生产场地应轮作、消毒；发现病株应及时处理；在生育中后期，再辅以必要的药物预防，如46%菌核净、55%百菌清、50%速克灵等500～1000倍喷雾。虫害主要是潜叶蝇，4月上中旬发生，若虫啃食叶肉，可以造成严重危害，用50%乐斯本2000倍防治1～2次	绿化美化环境，净化空气	花坛、林缘、草坪四周等，也可盆栽观赏或做切花	在欧洲、日本较流行的花卉之一

十九、朱顶红

生态习性				栽培要点	三大效益		
温度	光照	水分	土肥		生态效益	社会效益	经济效益
喜温暖，生长适温为18～25℃，冬季休眠时要求冷凉，干燥的环境。以10～12℃为宜，不能低于5℃	喜光，但光线不宜过强	喜湿但畏涝	要求排水良好富含有机质的沙壤土	盆栽基质用富含腐殖质的肥沃沙质壤土为宜。上盆时将球茎顶部露出土面，保护好根系，上盆后将其置于温暖处。如温度不足可用红外灯加热。在栽培中，若茎、叶及鳞茎上有赤红色的病害斑点，宜在鳞茎休眠期以40～44℃温水浸泡1小时预防，作促成或半促成栽培的种球，可用控水的方法控制种球的休眠期，常在8～9月份停止浇水，9～10月份将休眠种球再储藏．在17℃条件下，风干储藏4～5周，然后升温至23℃再储藏4周，此时可将种球上盆、浇水、催花，在花茎抽出15～20cm后置于光线充足处，直至开花，浇水以雨水最适，化肥慎用，有机肥较佳，叶面喷肥，两周1次，一般两年换盆一次。在富含腐殖质、排水良好的沙壤土中生长最好	绿化美化环境、净化空气	南方可布置花坛、花境、林缘等；北方多盆栽观赏，装饰室内，也可做切花	世界生产量较大，在花卉市场销路较好

二十、长寿花

生态习性				栽培要点	三大效益		
温度	光照	水分	土肥		生态效益	社会效益	经济效益
宜温暖、通风环境，生长最佳温度为18～20℃，高于27℃或低于16℃会发生花期延迟的现象	喜光照充足	耐干旱	要求具排水良好的栽培基质	盆栽后，在稍湿润环境下生长较旺盛，节间不断生出淡红色气生根。过于干旱或温度偏低，生长减慢，叶片发红，花期推迟。盛夏要控制浇水，注意通风，若高温多湿，叶片易腐烂、脱落。生长期每半月施肥1次。结合摘心，控制植株高度，促使多分枝，多开花。秋季形成花芽，应补施1～2次磷钾肥	绿化美化环境、净化空气	用于室内环境绿化，花坛、花境、北方多盆栽，用于装饰窗台、书桌、案头，也用于公共场所的花槽、橱窗和大厅等	由于花朵素雅可爱，花期长，又有一个吉利的名字，当今花卉市场比较畅销，发展也较快

二十一、仙人掌

生态习性				栽培要点	三大效益		
温度	光照	水分	土肥		生态效益	社会效益	经济效益
不耐寒	仙人掌喜阳光，在光线充足的条件下生长较好	耐旱力强	适宜在通风和排水状况良好的沙质壤土上栽培。对肥料的需求量较少	仙人掌并不总是靠肥料生长，而是通过移植或盆栽来促进其生长，只要适当调整花盆的大小，进行盆栽，也会使仙人掌长得很好。浇水时要浇得充足，达到从花盆底下部能往下滴水的程度。土壤表面干燥时，应过一两日再浇水。给仙人掌浇水的最佳时间，秋季应在早晨，夏季应在清晨或晚上，冬季应在晴天的上午及中午前后。春秋季给仙人掌浇水时一般对水温没什么要求，可冬季一般浇温水比浇凉水要好得多。到春季光线逐渐增强，温度升高时，一部分仙人掌由于蒸发热量而受损伤，留下疤痕。为了避免这种损伤，应该降温，并及时通风，进行遮光。仙人掌盆栽，由于花盆内的根部发育过多而使下部通风不畅，因此应该及时调换土壤和花盆。换盆移植最好在仙人掌休眠期过后开始生长时，尽量避免在盛夏和严冬换盆	对 HCl 等有害气体抗性较强。它夜间呼出的 CO_2 与体内有机酸化合，贮存起来，同时释放出氧气。所以夜间在居室内摆放 1 ~ 2 盆仙人掌对人体健康是十分有利的	多做盆栽观赏，南方有做绿篱用，食用仙人掌可做经济作物栽培	茎可用来酿酒、制醋、加工蜜饯等。浆液经加工可制成涂刷汽车、家具的涂料，其纤维是高级造纸原料。供应花卉市场

二十二、蟹爪兰

生态习性				栽培要点	三大效益		
温度	光照	水分	土肥		生态效益	社会效益	经济效益
蟹爪兰的生长期适温为 18 ~ 23℃，开花温度以 10 ~ 15℃为宜，不超过 25℃，以维持 15℃最好，冬季温度不低于 10℃	夏季避免烈日暴晒，蟹爪兰属短日照植物，由此在短日照条件下才能孕蕾开花	避免雨淋	土壤需肥沃的腐叶土、泥炭、粗沙的混合土壤，酸碱度在 pH5.5 ~ 6.5	繁殖后的新枝，可用 12cm 普通塑料盆或吊盆栽培，每盆栽植 3 株。栽后正值夏季，室内应保持通风凉爽，温度过高或空气干燥，对茎节生长均不利，有时发生茎节萎缩死亡。生长期每半月施肥 1 次。秋季增施 1 ~ 2 次磷钾肥。嫁接新枝，在浇水、施肥时，注意不溅污嫁接愈合处，以免发生腐烂。当年能开花 20 ~ 30 朵，培养 2 ~ 3 年后一盆能开上百朵。扦插植株，一般栽培 2 ~ 3 年后需重新扦插更新。蟹爪兰开花时，室温不宜高，以 10 ~ 15℃为宜，花期可持续 2 ~ 3 个月，单花一般开放 1 周后凋萎。花期不要随便搬动，以免断茎落花。花后出现一般较短的休眠状态，应控制浇水、停止施肥，待茎节长出新芽后，再行正常肥水管理。若花后浇水量过大，根系容易腐烂，茎节萎缩死亡。蟹爪兰如需要提前开花应市，可进行短日照处理，每天进行 8 小时的短日照遮光处理可提前 1 个月开花，进入市场	对 SO_2、HCl 等抗性较强，对 CO、CO_2 吸收能力较强，并能释放出新鲜氧气。可吸收大理石中放出的汞气	北方作盆栽，置于书房、客厅、卧室、茶几、案头之上	在花卉市场有出售，较为受欢迎

二十三、文竹

生态习性				栽培要点	三大效益		
温度	光照	水分	土肥		生态效益	社会效益	经济效益
喜温暖，怕低温，冬季温度应保持12～15℃，不低于8℃	怕强光，夏日需遮阳	喜潮湿环境，切忌积水	土壤以疏松肥沃的腐殖质土最为合适	文竹管理的关键是浇水。浇水过勤过多，枝叶容易发黄，生长不良，易引起烂根。浇水量应根据植株生长情况和季节来调节。冬、春、秋三季，浇水要适当控制，一般是盆土表面见干再浇。夏季早晚都应浇水，水量稍大些也无妨碍 文竹虽不十分喜肥，但盆栽时，尤其是准备留种的植株，应补充较多的养料。文竹的施肥，宜薄肥勤施，忌用浓肥。生长季节一般每15～20天施腐熟的有机液肥一次。文竹喜微酸性土。所以可结合施肥，适当施一些矾肥水，以改善土壤酸碱度 文竹应于室内越冬，冬季室温应保持10℃左右为好，并给予充足的光照，来年4月以后即可移至室外养护	对SO_2的抗性较强，可吸收大理石中放出的汞气	多做盆栽，布置书桌、茶几等，2年以上的也可作悬垂栽培。枝条是切花的优良陪衬材料	盆栽在花卉市场做商品花卉出售

二十四、肾蕨

生态习性				栽培要点	三大效益		
温度	光照	水分	土肥		生态效益	社会效益	经济效益
喜温暖，生长最适宜的温度为20～22℃，能耐-2℃的低温。但温室栽培者，冬季温度应不低于8℃	盛夏要避免阳光直射	喜潮湿环境，雨后积水容易烂根导致叶片枯黄脱落	土壤要求排水良好，富含钙质的沙质壤土	栽培肾蕨不难，但需保持较高的空气湿度，夏季高温，每天早晚需喷雾数次，并适当注意通风。盛夏要避免阳光直射，但浇水不宜太多，否则叶片易枯黄脱落。生长期每旬施一次稀释腐熟饼肥水。盆栽作悬挂栽培时，容易干燥，应增加喷雾次数，否则羽片会发生卷边，焦枯现象。剪鲜叶的时间最好在清晨或傍晚	对SO_2抗性和吸收能力较强，对Cl_2、HCl等有毒气体及烟尘抗性较强，可用于工厂、矿区的绿化	庭荫树、行道树、绿化树及风景树等，几个优良变种更可植于庭院前、路旁及草坪边缘，具有较高的观赏价值	木材坚硬，可做家具，用于建筑等。花可做黄色染料。生产绿化近几年来形势较好

二十五、橡皮树

生态习性				栽培要点	三大效益		
温度	光照	水分	土肥		生态效益	社会效益	经济效益
喜温暖，不耐寒，冬季温度低于5～8℃时易受冻害。适温为20～25℃	喜光，亦能耐阴	喜湿润天气	要求土壤肥沃	橡皮树多为温室盆栽。盆栽幼苗，应放在半阴处。小苗需每年春季换盆，成年植株可每2～3年换盆一次，生长期每2周施一次腐熟的饼肥水。盛夏每天需浇水外，还需喷水数次。秋、冬季应减少浇水。秋末即要搬入温室或室内，以防冻害	对SO_2、HF等有害气体抗性较强，可净化空气、美化环境	南方常配置于建筑物前或庭院、公园等，北方多盆栽装饰宾馆、餐厅、会议室等公共场所或家庭居室。叶片常用于插花作品的配叶	可提制橡胶，是制作输油胶管的原料；其木材坚韧沉重，可制作工具和手工艺品，以其制作的手杖，是手杖中的佳品。供应花卉市场

二十六、富贵竹

生态习性				栽培要点	三大效益		
温度	光照	水分	土肥		生态效益	社会效益	经济效益
喜高温，适宜生长温度为20～28℃，可耐2～3℃低温，但冬季要防霜冻，夏季高温多湿是生长的最佳时期	喜阴、耐阴、避免强光直射曝晒	喜湿、耐涝	耐肥力强	富贵竹盆栽可用腐叶土、菜园土和河沙混合土或用椰糠和腐叶土、煤渣灰加少量鸡粪、豆饼、复合肥混合土种植，也可用优质塘泥作培养土。每盆栽3～6株扦插成活的植株或6～12支带顶芽的植株。生长季节应常保持盆土湿润，切勿让盆土干白；盛夏季节要常喷雾降温，避免叶尖、叶片干枯；冬季要做好防寒防冻工作，以免叶片泛黄早衰。每20～25天施一次氮、磷、钾复合肥，均匀施至花盆四周。盆栽富贵竹每1～2年倒换盆一次，剔除老根旧泥，加入新土培养，促使新苗早发	净化空气、美化环境	南方用于园林、山石边、庭院；北方主要用于盆栽和水养，供于茶几、案头或切花用材	常将其切成10～15cm的枝段，剪除叶片，组合成多层宝塔形，养育潜水盆中，作为礼品馈赠亲友或用于祝贺新店开张，以表达“竹表平安”和“开运聚财”之贺意，是花卉市场时兴的花卉之一

二十七、发财树

生态习性				栽培要点	三大效益		
温度	光照	水分	土肥		生态效益	社会效益	经济效益
冬季最低温度16～18℃，低于这一温度叶片变黄脱落；10℃以下容易死亡	发财树为强阳性植物。但该植物耐阴能力也较强，可以在室内光线较弱的地方连续欣赏2～4周。而后放在光线强的地方	生长时期喜较高的空气温度，可以时常向叶面少量喷水。在高温生长期要有充足的水分，但耐旱力较强，数日不浇水也不受害。但忌盆内积水。冬季减少浇水	在疏松肥沃排水性好的土壤中生长最好	盆栽的发财树1～2年就应换一次盆，于春季进行，并对黄叶及细弱枝等作必要修剪，促其萌发新梢。浇水要遵循见干见湿的原则，春秋一般一天浇1次，气温超过35℃时，一天至少浇2次，生长季每月施2次肥，对新长出的新叶，还要注意喷水，以保持较高的环境湿度；6～9月份要进行遮阴，保持60%～70%的透光率或放置在有明亮散射光处。冬季浇水5～7天1次，并要保证给予较充足的光照。另外，在生长季，如通风不良，容易发生红蜘蛛和介壳虫为害，应注意观察。发现虫害要及时捉除或喷药	吸收有害气体和释放氧气的能力很强，是绿化美化环境、净化空气的良好树种	南方园林绿化，花坛、花境、庭院等；北方主要盆栽，供宾馆、饭店及家庭室内装饰	种子榨油，盆栽成品苗木在花卉市场十分畅销

二十八、含笑

生态习性				栽培要点	三大效益		
温度	光照	水分	土肥		生态效益	社会效益	经济效益
性喜温，不甚耐寒，长江以南背风向阳处能露地越冬	夏季炎热时宜半阴环境，不耐烈日曝晒。其他时间最好置于阳光充足的地方	不耐干燥，但也怕积水	不耐瘠薄，要求排水良好，肥沃的微酸性壤土，中性土壤也能适应	南方可地栽和盆栽，北方一般用盆栽。移栽时植株要带土球，可在3月中旬至4月中旬进行。最好选疏林下，土质疏松，排水良好的地方定植。盆栽者土壤需选用弱酸性、透气性好的、富含腐殖质。一般园土可用河砂、腐叶土及腐熟的厩肥等适量调配达到要求。夏季阳光强烈应置于荫棚下培养，注意浇水，及地面洒水保持盆土及环境湿润。如水质偏碱应在水中加入0.3%硫酸亚铁以中和水性。生长期间应每半月施用稀薄的腐熟液肥一次，促使枝叶旺盛。盆栽植株应二年翻盆一次更换新土。含笑花常有介壳虫及煤污病为害，发现介壳虫可立即刷除，煤污病可喷洗保洁自会消灭	对 Cl_2 有较强抗性。可抗杀空气中的结核菌、肺炎球菌等	南方庭院、公园、校园、花坛、花境；北方主要盆栽、于公共建筑入口处、会客室、招待所，至为上品	木材可用于建筑、装饰、雕刻等，可提炼芳香油。盆栽成品花销路很好，售价也较高

二十九、虎刺梅

生态习性				栽培要点	三大效益		
温度	光照	水分	土肥		生态效益	社会效益	经济效益
不耐寒，耐高温，可常年在温室栽培，或于夏季移至露天培养	喜阳光，阳光越充足时，苞色越鲜艳；光照不足时，苞色暗淡；如长期荫蔽，则只长叶，不开花	干旱时叶脱落，但茎枝不萎。如果土壤湿润过大，则生长不良，甚至腐烂死亡。生长期要防干旱，也忌太湿	适合于肥沃湿润的沙壤土	幼苗需每年翻盆一次，大株可2～3年翻盆一次，用排水好的沙质壤土伴以砻糠灰作培养土。生长季节盆土要见干见湿。浇水量要控制，只有在夏季高温时才可多浇水。在开花期如水多过湿，会引起落花与烂根。肥料不必多施，每年春季施薄肥2～3次，秋季可减少施肥量。冬季温室的适温要维持在15℃以上才能开花。放在温室中阳光照射充足的地方，才能多开花；如放在隐蔽处，则叶生长茂盛而少开花。如果温度较低，则叶片脱落，进入休眠状态。休眠期间，土壤应保持干燥，否则植株易腐烂。虎刺梅花多发生于新枝顶端，为促使多开花，应勤修剪，如不修剪则花少，且株型紊乱	美化环境，净化空气	南方可做绿篱、花境等，北方多盆栽，装饰室内外	在花卉市场有一定销量

三十、茉莉花

生态习性				栽培要点	三大效益		
温度	光照	水分	土肥		生态效益	社会效益	经济效益
性喜温暖，8℃以下就停止生长；20℃左右才萌发、抽叶、孕蕾。花朵开放在35～40℃为宜	喜阳光，所以应放在通风向阳的地方。日照充足，则叶色碧绿，孕蕾多，香气浓	对水分的需求量大	茉莉对土壤要求是酸性土，土质疏松，以轻壤土为宜。茉莉需大量养分，有“清兰花、浊茉莉”的说法，这是因为其不断孕蕾、不断开花，故需大量养分，特别是磷肥	茉莉栽培以选用瓦盆为好。培养土通常采用4份堆肥、4份园土和2份细沙混合。盆栽茉莉栽培时间过长，影响根系生长，就及时翻盆。一般每年要换一次盆。换盆时将茉莉根系周围部分旧土和残根去掉，并加入新土。经常疏叶可以促进腋芽萌发，以利多发新技枝，多长花蕾。一般在4月下旬后，还要及时修剪整枝，修剪应在晴天进行，可结合疏叶，将枯枝、病枝去掉，对植株加以调整，也有利生长和孕蕾开花 春季气温不太高，可2～3天浇一次水。夏季生长快，气温高，日照强，需水多，可早、晚各浇一次。秋天气温降低，浇一次即可。茉莉需肥量大，是最喜肥的盆栽花木之一。盆栽茉莉追肥以有机液肥为好，可采用腐熟人粪尿，或人粪尿掺鸡鸭粪、猪粪、豆饼、麻饼、菜饼（均要腐熟）。但要掌握追肥时间，盆土过湿时，易造成根系霉烂；过干时，易造成徒长出现开花不多的现象。通常盆土有白皮，盆土与盆壁周围刚出现小裂缝时追肥为宜。新梢开始萌动即可追肥，用一成粪、九成水的比例，每隔一周一次。快开花时，可增加浓度，每2～3天一次。第二、第三批花开放时，由于气温合适，开花多，生长旺盛，可隔一天追一次肥。以后逐渐控制肥水，以免植株徒长，组织柔嫩，难以过冬	可美化环境，净化、香化空气	北方主要盆栽，用于装点阳台、居室；南方以经济作物大量栽植，其香味可使平滑肌收缩、畅通呼吸、降血压、预防心血管疾病等	生产高级化妆品，也可提炼芳香油、熏制花茶、配置茶叶香精。盆花供市场很畅销

三十一、袖珍椰子

生态习性				栽培要点	三大效益		
温度	光照	水分	土肥		生态效益	社会效益	经济效益
性喜高温。生长适温为20～30℃，13℃进入休眠状态，越冬温度为10℃	性喜半阴环境，怕阳光直射	性喜高湿环境。浇水以宁干勿湿为原则	以排水良好、湿润、肥沃壤土为佳，盆栽时一般可用腐叶土泥炭土加1/4河沙和少量基肥配制作为基质。对肥料要求不高，一般生长季每月施1～2次液肥，秋末及冬季稍施肥或不施肥	盆土要经常保持湿润，冬季适当减少浇水量，以防温度低而出现冻伤、烂根等现象。炎热的夏季，每天叶面喷水2～3次，用以提高湿度。缺肥时，易造成叶层淡黄，降低观赏效果。长期在光线不足的室内摆放，叶色会褪淡、光泽度变差，隔2个月后应搬到明亮处养护一段时间，再移入室内。每隔2～3年翻盆换土1次	绿化美化环境，吸尘、滞尘、净化空气	宜布置客厅、书房、会议室等	在国际花卉市场较为风行。近几年来，我国花卉市场也有出售，已逐渐受到人们的喜爱

三十二、鹅掌柴

生态习性				栽培要点	三大效益		
温度	光照	水分	土肥		生态效益	社会效益	经济效益
生长适温为 16 ~ 27℃。在 30℃以上高温条件下仍能正常生长。冬季温度不低于5℃。若气温在0℃以下，植株会受冻，出现落叶现象，但如果茎干完好，翌年春季会重新萌发新叶	对光照的适应范围广，在全日照、半日照或半阴环境下均能生长。但光照的强弱与叶色有一定关系，光强时叶色趋浅，半阴时叶色浓绿。在明亮的光照下斑叶种的色彩更加鲜艳	喜湿怕干。在空气湿度大、土壤水分充足的情况下，茎叶生长茂盛。但水分太多，造成渍水，会引起烂根。如盆土缺水或长期时湿时干，会发生落叶现象。鹅掌柴对临时干旱和干燥空气有一定适应能力	土壤以肥沃、疏松和排水良好的沙质壤土为宜。盆栽土用泥炭土、腐叶土和粗沙的混合土壤	盆栽鹅掌柴常用 15 ~ 20cm 盆，盆底多垫碎瓦片或碎砖，以利排水。生长期每半月施肥 1 次。夏季需用 70%遮阳网遮荫，冬季不需遮光。当萌发徒长枝时，应注意整形和修剪。幼株进行疏剪、轻剪，以造型为主。老株体形过大时，进行重剪调整。幼株每年春季换盆，成年植株每 2 年换盆 1 次	绿化美化环境，净化空气	多做室内观叶植物盆栽，可装点客厅、书房和窗台、案头，大中型植株适于摆设于大堂、门厅等	在花卉市场较为畅销

三十三、变叶木

生态习性				栽培要点	三大效益		
温度	光照	水分	土肥		生态效益	社会效益	经济效益
喜温暖，不耐寒。冬季室温以不低于 10℃为好，如室温在 6℃以下，极易使变叶木发生冻害。另外应尽量避免温度剧变，夏季放置在通风良好处，保持恒定的温度，对变叶木的生长非常有利	喜充足的光照，但应避免直射光的照射，如光线柔和，可使其叶色更富魅力	喜湿润，怕干旱	要求富含腐殖质、疏松肥沃、排水良好的沙质土	幼苗每 3 周施一次肥，老株最好每周施一次。夏季生长量大时可多施氮肥，冬季不施肥。每两年翻盆换土一次，花盆宜用排水良好的泥瓦盆。干燥的环境易使变叶木叶片脱落，影响美观。另外通风不良常会导致介壳虫、红蜘蛛、白粉虱等为害其茎及叶背，可喷 40%的氧化乐果 1000 ~ 1200 倍液防治。如发生煤污病，可喷 25%多菌灵 600 倍液防治	对 SO_2、和 Cl_2 的抗性较强	长江以南可用于花坛、花境、园林、庭院等绿化美化；长江以北宜盆栽，做室内装饰	在花卉市场较为畅销

三十四、散尾葵

生态习性				栽培要点	三大效益		
温度	光照	水分	土肥		生态效益	社会效益	经济效益
性喜温暖的环境，不耐寒，越冬最低温要在10℃以上	性喜半阴且通风良好的环境，畏烈日	性喜湿润	适宜生长在疏松、排水良好、富含腐殖质的土壤	盆栽散尾葵可用腐叶土、泥炭土加1/3的河沙或珍珠岩及基肥配成培养土。5～10月份，每1～2周施1次液肥。散尾葵喜半阴环境，春夏秋3季应遮去50%左右的阳光。冬季温室栽培可不遮光。散尾葵喜高温、潮湿的环境，十分怕冷。冬季夜间温度应在10℃以上，白天25℃左右较好。若长时间低于5℃，必受冻害。在生长季节，需经常保持盆土湿润和植株周围较高的空气温度。冬季应保持叶面清洁，可经常向叶面少量喷水或擦洗叶面。在冬季植株进入休眠或半休眠期，要把瘦弱、病虫、枯死、过密等枝条剪掉	绿化美化环境，净化空气	庭院、园林；北方多盆栽，布置客厅、书房、卧室、会议室、阳台等，也可切叶作为插花素材	国际市场较为盛行，近几年来也深受国内花卉爱好者的喜爱，已成为室内观赏的主要花卉之一

三十五、八角金盘

生态习性				栽培要点	三大效益		
温度	光照	水分	土肥		生态效益	社会效益	经济效益
喜温暖湿润环境，也较耐寒	耐阴性强	喜湿怕旱	适宜生长于肥沃疏松而排水良好的土壤中	盆栽可用腐殖土，泥炭土加1/3细沙和少量基肥配制成的营养土。上盆宜在春季萌发前进行，如植株较高时可适当短截，以适合盆栽观赏。可常年在明亮的室内摆饰，切不可在夏季阳光下曝晒，短时间强光直射也会将叶片灼伤。如放置室外，可置于建筑物北侧等半阴，通风良好处。在新叶生长期，浇水要适当多些，保持土壤湿润，以后浇水要掌握见干见湿。气候干燥时，还应向植株及周围喷水增湿。5～9月份间，每月施饼肥2次。花后若不留种应剪去残花梗，以免消耗养分。两年换盆一次。通风不良易遭红蜘蛛和介壳虫为害，注意防治	对SO_2等有害气体有较强的抗性	庭堂门旁、室内、墙隅、建筑物背阴面、溪流旁、池畔或群植草地边缘。北方多盆栽，装饰室内及公共场所，可用于工矿区绿化	国际花卉市场较为流行

三十六、苏铁

生态习性				栽培要点	三大效益		
温度	光照	水分	土肥		生态效益	社会效益	经济效益
喜温暖，不耐寒	喜阳光充足、通风良好的环境，稍耐阴	喜湿润环境	肥沃、微酸性的沙质壤土	苏铁在华东及其以北地区主要是盆栽，地栽甚少。其原因是抗寒性差，露地难以越冬。盆栽苏铁，盆底需多垫瓦片，以利排水。春、夏季叶片生长旺盛，要多浇水，并增加早晚叶面喷水，保持叶片清新翠绿。每月可施腐熟饼肥水一次。入秋后浇水应控制，冬季浇水间隙更长些，以干燥为好，低温又湿容易烂根。苏铁从幼苗至开花需十几年甚至几十年，故有“千年铁树才开花”之说。每年仅长一轮叶丛，新叶展开成熟时，需将下部老叶剪除，以保持其姿态整洁古雅	根部有发达的珊瑚状根瘤菌，固氮能力强，一般可不施肥。对SO_2有害气体有较强的抗性，对NO_2吸收能力较强	华南栽植于庭院、园林、布置花坛、花境等；北方盆栽可布置会场、门厅、客厅。叶是很好的插花配用材料	种子含油20%，可榨油，作为盆栽观赏植物，在花卉市场较为畅销

三十七、栀子花

生态习性				栽培要点	三大效益		
温度	光照	水分	土肥		生态效益	社会效益	经济效益
最佳生长温度为16～18℃	好阳光但又不能经受强烈阳光照射	喜空气湿润，生长期要适量增加浇水	适宜生长在疏松、肥沃、排水良好、轻黏性酸性土壤中，是典型的酸性花卉。盆栽用土以40%园土、15%粗沙、30%厩肥土、15%腐叶土配制为宜。栀子花是喜肥的植物，为了满足其生长期对肥的需求，又能保持土壤的微酸性环境，可事先将硫酸亚铁拌入肥液中发酵	栀子花要求的空气湿度较大。浇水的原则为干透浇透，浇水以雨水、雪水或发酵过的淘米水为好。生长期每7～10天浇一次含0.2%的硫酸亚铁水或施一次矾肥水。栀子花夏季宜放树阴下有散射光的地方养护，春夏初秋经常浇水和叶面喷水，以增加湿度。冬季宜放阳光处，停止施肥，浇水不宜过多，可经常用与室温相近的水冲浇枝叶，保持叶面洁净，不要把花盆放在暖气片或空调的正面，以避免叶片脱水。一般1～2年翻盆一次，以春季进行最佳，为了有效防止盆土碱化，每年可进行一次翻盆，换盆前须进行扣盆，扣盆在盆干后略有松动时进行，一般停止浇水10天左右即可。一般在春季剪去过长的徒长枝、弱枝和其他影响株形美观的乱枝，以保持株形优美。栀子花为顶部着花，生长季节可适当进行顶部摘心，促进花枝生长，增加开花数量	对SO_2、HF等有害气体有较强的抗性，1kg叶片可吸收硫4.5g，美化，净化空气	南方用于花境、花坛、路旁、公园、假山等；北方宜盆栽，至于阳台、案头，也可做切花，用于工矿区绿化	木材细密而不裂，可用于雕刻，果实可提取食用色素。花可提取芳精油。盆栽成品花在花卉市场较受欢迎

三十八、一品红

生态习性				栽培要点	三大效益		
温度	光照	水分	土肥		生态效益	社会效益	经济效益
性喜温暖，不耐寒，适宜生长的温度白天为20℃，晚间为15℃。当气温降到10℃时开始落叶而休眠，气温回升后侧枝萌发新枝，开花时气温不得低于15℃	属典型的短日照阳性植物，在短日照条件下才能进行花芽分化，不耐阴，在夏季高温强光时，要防止直射光	喜湿润的环境，增加空气湿度，以减少叶片卷曲发黄，避免植株基部“脱脚”	对土壤要求不严，耐干旱、瘠薄，但喜酸性土壤，pH5.5～6最适宜生长	盆土通常用园土加腐叶土和堆肥土，一般调制比例为园土2份，腐叶土1份，堆肥土1份。扦插苗上盆后需遮阴5～7天后再给予充足阳光。经3～4周生长后即可进行摘心，从基部往上数，留4～5片叶子，把枝端剪去，使其发出3～4个侧枝，形成一盆具有3～5个花头的植株 夏天浇水每天早晚各一次，随着气温的下降，浇水次数也要适当减少。一般宜盆土见干后再浇。浇水宜在午前进行，午后浇水会使土温下降，不利植株生长，每次浇水要求浇透 一品红喜肥，生长期内主要需氮肥较多，氮肥不足会引起下部脱落。除施足基肥外，在摘心后7～10天，即应开始追肥，每周一次。追肥以清淡为宜，忌施浓肥，肥料可用腐熟的饼肥水等。在接近开花时宜施一些过磷酸钙等水溶液，可使苞片色泽艳丽。秋冬气温下降，约在10月下旬需搬入室内，晚间保持在15℃左右，开花后，室温降低至12℃左右，可以延长观赏时间	对HF等气体抗性较强。可绿化美化环境、净化空气	华南可布置花坛，用于园林美化、庭院、花境等；北方多做盆栽，装饰室内或公共场所或用于切花	是花卉市场的畅销花，尤其圣诞节、春节前夕和元旦，销售量更大

三十九、龟背竹

生态习性				栽培要点	三大效益		
温度	光照	水分	土肥		生态效益	社会效益	经济效益
生长适温为20 ~ 25℃，越冬温度5℃以上	较喜光，但应避免夏日中午阳光直射，极耐阴。要求室内通风良好，否则易生介壳虫	喜湿润，夏季生长期间，每天要浇水两次，定期用水喷洒叶片，保持其光亮无尘	生长期每隔半月施1次稀薄饼肥水以腐叶土为最好	盆栽用腐叶土3份、堆肥3份、河沙4份混合配成培养土。每年春季换盆换土时，盆内加入腐熟有机肥或磷、钾肥作基肥。生长季节必须经常浇水，浇水掌握宁湿勿干原则，保持盆土湿润，夏季要经常向叶面喷水，保持较高的空气湿度。冬季温度要求不能低于10℃，防止冷风吹袭，否则叶片易枯黄脱落。冬季盆土宜偏干，稍潮润，过湿易烂根枯叶。每隔3 ~ 5天用与室温相同或相近的水喷浇一次枝叶，保持植株经常清新鲜艳。5 ~ 9月份，每隔2周左右施一次稀薄液肥，生长高峰期施一次叶面肥，以0.1%的尿素水溶液或0.2%的磷酸二氢钾水溶液较好。越冬期间应少施肥或不施肥。龟背竹生长期常会发生褐斑病、炭疽病，可及时喷50%托布津和75%百菌清1000倍液，或50%多菌灵800 ~ 1000倍液防治。夏季和冬季通风不良，常在茎秆背面发生介壳虫和夜蛾科幼虫吸汁和吃嫩叶，可人工捉虫或刷除，最好用40%氧化乐果乳剂1500倍液或40%水胺硫磷乳油2000倍液，或40%速扑杀乳油1500倍液喷杀	对SO_2等有害气体有较强的抗性，净化室内空气效果十分好	南方可用于做岩壁、假山、树干、棚架的攀附；北方用于盆栽或用大型图腾柱，用于厅堂和会场，或置于庭院、池畔、石旁等	在花卉市场销路较好

四十、八仙花

生态习性				栽培要点	三大效益		
温度	光照	水分	土肥		生态效益	社会效益	经济效益
性喜温暖，不耐寒	喜半阴环境	喜湿润，怕旱又怕涝	喜肥沃湿润，排水良好的轻壤土，但适应性较强	生长适温为18 ~ 28℃，冬季温度不低于5℃。花芽分化需5 ~ 7℃条件下6 ~ 8周，20℃温度可促进开花，见花后维持16℃，能延长观花期。高温使花朵褪色快。为短日照植物，每天黑暗处理10小时以上，约45 ~ 50天形成花芽。盆栽常用15 ~ 20cm盆。盆栽植株在春季萌芽后注意充分浇水，保证叶片不凋萎。6 ~ 7月份花期，肥、水要充足，每半月施肥1次。平时栽培要避开烈日照射，以60% ~ 70%遮荫最为理想。盛夏光照过强时适当的遮荫可延长观花期。花后摘除花茎，促使产生新枝。土壤以疏松、肥沃和排水良好的沙质壤土为好。但花色受土壤酸碱度影响，酸性土花呈蓝色，碱性土花为红色。为了加深蓝色，可在花蕾形成期施用硫酸铝。为保持粉红色，可在土壤中施用石灰。盆土要保持湿润，但浇水不宜过多，特别雨季要注意排水，防止受涝引起烂根。冬季室内盆栽以稍干燥为好。过于潮湿则叶片易腐烂。每年春季换盆一次。适当修剪，保持株形优美	对SO_2、HCl等有害气体抗性较强，吸收汞的能力较强	用于室内外装饰，景观效果十分理想	全株可入药。用于室内外装饰，市场前景广阔

花卉奇趣

郁金香——爱的告白

在大仲马的名著《黑郁金香》中，经历了千辛万苦，受尽磨难培育出的黑郁金香，是胜利和美好的象征，这也使得郁金香更为世人瞩目和喜爱。几百年前，在荷兰，郁金香曾身价千金，一个名贵品种甚至可以换来一座别墅。这种现象虽早已过去，但郁金香贵为世界级名花的地位一直没有动摇。荷兰、伊朗、土耳其等国将其奉为国花。西方人士认为郁金香的花语是"爱的告白"。

红色郁金香——爱的告白

黄色郁金香——没有希望的恋情

白色郁金香——失恋

紫色郁金香——永不磨灭的爱情。

项目四 庭院花卉生产

知识目标

- 掌握庭院花卉的种类。
- 掌握庭院花卉的繁殖方法。
- 掌握庭院花卉的栽培养护方法。

技能目标

- 能够识别常见的庭院花卉。
- 能够熟练进行庭院花卉的繁殖。
- 能进行庭院花卉的栽培与养护管理。

任务提出

- 如何养护管理庭院花卉？如何进行扩繁？

任务分析

- 本次任务主要了解庭院花卉的种类并能够正确识别；掌握庭院花卉的繁殖方法；能够进行庭院花卉的栽培及后期的合理养护。

学习内容

庭院花卉通常以木本花卉为主。

任务一 庭院花卉识别

一、槐

见图 2.4.1

别　名		国槐、家槐、玉树等
科　属		豆科槐属
识别要点	枝干及茎	树皮褐色，粗糙纵裂，树冠圆球形或倒卵形，高达 25m，冠幅可达 20 多米，小枝绿色，上有明显的淡黄色皮孔
	叶	奇数羽状复叶，小叶对生，7 ~ 17 枚，具短柄，卵形或卵状披针形，全缘
	花	圆锥花序顶生，花冠蝶形，黄白色或黄绿色，花期 6 ~ 8 月份，有香味
	果实种子	荚果圆柱形，长 2.5 ~ 4cm，肉质不裂，在种子间收缩呈念珠状，内含种子 1 ~ 6 粒，肾形，果熟期 10 ~ 11 月份
同属变种及优良品种		蝴蝶槐、龙爪槐、金枝槐等

图 2.4.1　槐

二、木槿

见图 2.4.2

别　名		朱槿、篱障花、朝开暮落花等
科　属		锦葵科木槿属
识别要点	枝干及茎	树干灰褐色，高 2 ~ 6m，分枝较多。枝条多直立而不开展，幼时密披绒毛，后渐脱落。小枝有明显皮孔
	叶	单叶互生，卵形或菱形，3 ~ 6cm，端部有三裂，有缺刻，叶柄长 0.5 ~ 2.5cm
	花	单顶花序生于叶腋，花冠钟形，直径 5 ~ 8cm，有红、白、紫色，有单瓣、半重瓣和重瓣之分，短柄，朝开暮落，花期 5 ~ 10 月份
	果实种子	蒴果 5 裂，卵圆形，直径约 1.54cm，密生星状绒毛。种子背脊线密生黄褐色绒毛，9 ~ 11 月份熟
同属变种及优良品种		变种有：五色木槿、重瓣红花木槿；园艺品种有：“日出红”、“国庆红”、“天山雪”等

图 2.4.2　木槿

三、樱花

见图 2.4.3

别　名		荆桃、福岛樱等
科　属		蔷薇科李属
识别要点	枝干及茎	树皮暗褐色或栗褐色，光滑；小枝无毛，树冠卵圆形至圆球形，高可达 6 ~ 8m
	叶	单叶互生，叶卵圆形或卵状椭圆形，长 6 ~ 12cm，先端渐尖，边缘具腺状锯齿
	花	单花簇生枝顶，多数有柄，白色或粉红色，先于叶或与叶同时开放，花被 5 枚，多重瓣，径 2.5 ~ 4cm，花期 4 月份
	果实种子	核果多汁，圆球形，红色或黑色，6 ~ 7 月份成熟，果内扁圆或近圆，种子 1 粒。采后应及时沙藏
同属变种及优良品种		重瓣白樱花、垂枝樱花、日本早樱、日本晚樱等

图 2.4.3　樱花

四、海棠

见图 2.4.4

别　名		梨花海棠、海棠花、海红等
科　属		蔷薇科苹果属
识别要点	枝干及茎	树干峭立，皮灰褐色，高可达 7m 以上；枝条直伸，小枝细弱，幼时披柔毛，老时脱落
	叶	叶互生，长椭圆或椭圆，长 5 ~ 10cm，具尖锯齿，幼叶披柔毛，老时脱落，叶柄长
	花	伞房花序，每 4 ~ 7 朵生于小枝顶端，花梗长 2 ~ 3cm，萼片披针形，花蕾甚红艳，开后逐渐变为粉红色，直径约 4cm。花瓣近圆或长椭圆形，多重瓣，亦有单瓣者，花期 3 ~ 4 月份
	果实种子	梨果近球形，直径 1 ~ 1.5cm，有红色和黄绿色，萼片宿存。成熟期 8 ~ 9 月份，种子三棱形，多数
同属变种及优良品种		紫锦、垂丝海棠、宝石、红玉等

(a)

(b)

图 2.4.4　海棠

五、白玉兰

见图 2.4.5

别　名		木兰、玉树、玉堂春等
科　属		木兰科木兰属
识别要点	枝干及茎	树冠卵形，一般树高 3 ~ 8m，原产地最高 25m，分枝较少，皮淡灰褐色，幼树和芽均有灰绿色或灰黄色长绒毛
	叶	单叶互生，阔倒卵至倒卵形，先端圆宽，半截或微凹，具短突尖，全缘。幼时背面有毛，长 10 ~ 18cm，宽 6 ~ 12cm，表面有光泽，有柄
	花	单顶花序先于叶开放，每枝一花，生于顶端，直径 10 ~ 16cm，直立钟状，洁白如玉，香味浓郁，花期 3 ~ 4 月份。有的品种可一年三次开花（1、6、8 月份甚至可延至 10 月份）
	果实种子	聚合果，圆柱形，长 10 ~ 20cm。种子心脏形。黑色，熟期 9 ~ 10 月
同属变种及优良品种		同属约 90 种，我国有 30 种，常见的有二乔玉兰、天女花、紫花玉兰、红运玉兰、长花玉兰等

图 2.4.5　白玉兰

六、栾树

见图 2.4.6

别　名		灯笼树、摇钱树等
科　属		无患子科栾树属
识别要点	枝干及茎	树干直立，树皮灰褐色，纵裂，高可 10 ~ 15m，树冠圆形伞形，冠幅 10 ~ 12m，枝条开展，小枝皮孔突起
	叶	奇数羽状复叶互生，小叶 7 ~ 15 枚，纸质，边缘浅锯齿，嫩叶红褐色，轻柔优美
	花	圆锥花序杂性，金黄色，顶生，花序长 25 ~ 40cm，花小，花瓣基部紫色。花期 6 ~ 7 月份
	果实种子	蒴果三角状，卵状，由膜状果皮结合而成灯笼状，秋季呈红褐色，成簇；种子圆形，黑色，9 ~ 10 月份熟
同属变种及优良品种		九月栾、塔形栾、黄山栾等

(a)　　(b)

图 2.4.6　栾树

七、合欢

见图 2.4.7

别　名		绒花树、夜合花、马缨花等
科　属		豆科合欢属
识别要点	枝干及茎	树高可达 10m，皮棕色，平滑，树冠广伞形，枝条稀疏开展
	叶	二回偶数羽状复叶互生，羽片及小叶对生，小叶 10 ~ 30 对，线形至长圆形，葱绿色，近无柄，夜间两两相对，自行闭合
	花	头状花序呈伞房状，集生于叶腋或枝梢，花萼和花瓣为黄绿色，昼夜开合，多数粉红色的花丝，聚合呈绒球状，花期 6 ~ 7 月份，有淡香
	果实种子	荚果扁平，带状，灰褐色，不裂，长 10 ~ 15cm，9 ~ 10 月份成熟
同属变种及优良品种		本属约 100 种，常见栽培的有：山合欢、大合欢、香合欢、金合欢等

图 2.4.7　合欢

图 2.4.8　丁香

八、丁香

见图 2.4.8

别　名		情客、丁香结等
科　属		木樨科丁香属
识别要点	枝干及茎	树皮暗灰或灰褐色，有沟裂，株高 3 ~ 4m；小枝粗壮无毛，灰色
	叶	单叶对生，卵形或椭圆形，先端渐尖，通常宽度大于长度，薄革质或厚纸质，全缘
	花	圆锥花序 生于前年小枝顶端或叶腋，花序长 4 ~ 40cm，花冠细小，漏斗状，有紫、白、乳黄、紫红、蓝紫等色，径 0.5 ~ 2.0cm，花香浓郁，花期 4 ~ 5 月份
	果实种子	蒴果，9 ~ 10 月份成熟，扁状有得光滑，有的有疣点
同属变种及优良品种		本属约 30 种，常见有垂丝丁香、白丁香、什锦丁香、紫云丁香、北京黄丁香等

九、桧柏

见图 2.4.9

别　名		圆柏、刺柏
科　属		柏科圆柏属
识别要点	枝干及茎	树皮灰褐色或棕褐色，树冠在青年时尖塔形，壮年时圆锥形，老年后则成广卵形，高可达 20 ~ 30m，胸径 3.5m，树皮纵裂、片状剥落，枝条斜上、密生，枝干常扭曲
	叶	针状叶与鳞片状叶兼备。针状叶先端刺尖，3 枚轮生，鳞片状叶交互对生
	花	雌雄异株，少有同株。雄花黄色集生枝端，雌花球形，绿褐色，轮生枝顶。花期 4 月份
	果实种子	球果，肉质，熟时红褐或暗褐色，有白粉，卵圆形，内含 2 ~ 3 粒种子，次年 10 ~ 12 月份成熟，不开裂
同属变种及优良品种		同属有 150 种，我国有 40 多种，常见的有偃柏、垂枝香柏、金叶柏、龙柏等

十、垂柳

见图 2.4.10

别　名		垂枝柳、垂丝柳、倒柳等
科　属		杨柳科柳属
识别要点	枝干及茎	树干褐色，圆满粗壮，树冠扩展而枝条下垂。株高可达 18m
	叶	绿色，单叶互生，狭长披针形，长 9 ~ 16cm，宽 0.8 ~ 1.5cm，先端渐尖，基部楔形，两面无毛，边缘有锯齿，全缘
	花	柔荑花序，花小，单性。雌雄异株，多先叶后花或与叶近同时开放，花期 3 ~ 4 月份
	果实种子	蒴果，5 ~ 6 月份成熟，种子小而光滑，黑色，常附有白色丝状毛，呈絮状，随风飞扬，宛如雪飘
同属变种及优良品种		同属约 500 种，我国有 200 多种，还有曲枝垂柳，金丝垂柳等

图 2.4.9　桧柏

图 2.4.10　垂柳

十一、银杏

见图 2.4.11

别　名		公孙树、白果树等
科　属		银杏科银杏属
识别要点	枝干及茎	树形雄伟，端直高达，呈塔状，姿态古雅；树皮纵裂较粗糙。树高最大 40m，胸径 4m，冠幅 36m；枝有长短之分，光滑无毛
	叶	奇特呈折扇形，无表背之分，在长枝上互生，在短枝上 3 ~ 5 片丛生。叶色多变，春嫩绿，秋金黄
	花	柔荑花序，雌雄异株。花均生于短枝，雄花下垂，数朵排列成柔荑序状。雌花数朵簇生，夜间 21:00 ~ 23:00 开，很快就凋落，人很少见。花期 4 ~ 5 月份
	果实种子	核果，具长梗，近圆形，外种皮肉质白色如小杏，含腐蚀性酸，熟时橙黄色，熟期 9 ~ 10 月份
同属变种及优良品种		垂枝银杏、塔形银杏等

图 2.4.11　银杏

十二、黄栌

见图 2.4.12

别　名		红叶树、烟树
科　属		漆树科黄栌属
识别要点	枝干及茎	树皮灰褐色，小枝赤褐色，有白粉，树冠多呈圆球形，树高可达 5m 以上
	叶	单叶互生倒卵形或卵圆形，全缘。嫩叶鲜红悦目，生长旺季变成深绿色，秋末气温至 5℃，昼夜温差 10℃以上时，变为红色
	花	圆锥花序，顶生，花瓣黄色，花单性杂株，不育花梗伸长成羽毛状簇集于枝梢，呈粉红色，犹如万缕炊烟。花期 5 月份
	果实种子	核果小，直径 3 ~ 4 mm，肾形，红色，果期 8 月份
同属变种及优良品种		欧洲黄栌、“垂枝”黄栌等

(a)

(b)

图 2.4.12　黄栌

十三、红枫

见图 2.4.13

别　名		紫红鸡爪槭、红叶鸡爪槭
科　属		槭树科枫属
识别要点	枝干及茎	枝条紫红色，小枝细瘦，植株较矮
	叶	单叶交互对生，掌状深裂，裂片 5 ~ 9 枚，长卵形或披针形，边缘有重锯齿，长年紫红色
	花	伞形花序，顶生，花紫色，径 6 ~ 8 mm，杂性，花期 4 ~ 5 月份
	果实种子	翘果张开成钝角，幼时为紫红色，成熟后为棕黄色，形状奇特，带两翘，成熟期 9 ~ 10 月份
同属变种及优良品种		常见栽培的有深裂鸡爪槭、金叶鸡爪槭、红叶凤毛枫、元宝枫等

图 2.4.13　红枫

十四、文冠果

见图 2.4.14

别　名		文官果、文官树、崖木瓜等
科　属		无患子科文冠果属
识别要点	枝干及茎	株高可达 3 ~ 5m，树皮灰褐色，小枝有短茸毛
	叶	奇数羽叶复叶，互生，小叶 9 ~ 19 枚，膜质，狭椭圆形至披针形，下面疏生星状柔毛
	花	圆锥花序顶生，杂性，花朵密，花梗纤细，花瓣 5 枚，长椭圆形，白色，内侧基部有由黄变红之晕斑。光洁秀丽，花期 4 ~ 5 月份，可持续 20 多天
	果实种子	蒴果，皮厚，成熟后黄褐色，木栓质，种子近球形，每果有 20 余粒，熟期 8 ~ 9 月份
同属变种及优良品种		紫花文冠果

(a)

(b)

图 2.4.14　文冠果

十五、锦带花

见图 2.4.15

别　名		山芝麻、海仙花
科　属		忍冬科锦带花属
识别要点	枝干及茎	树干灰色，小枝髓心坚实，紫红色，植株高 1 ~ 3m
	叶	单叶对生，椭圆形至卵状长椭圆形，表面仅中脉上有毛，背面脉上有柔毛，边缘有锯齿。叶色有深绿、淡绿白边等
	花	伞形花序生于侧生短枝顶端或叶腋，总观呈聚伞状，花冠漏斗形，紫红或玫瑰红色，萼片开裂至中部，花期 4 ~ 6 月份，有的可至秋季
	果实种子	蒴果柱形，顶有短柄状的喙。种子微小而多数，无翘，果熟期 8 ~ 10 月份
同属变种及优良品种		日本锦带花、红花锦带、白花变种红王子等

图 2.4.15　锦带花

十六、连翘

见图 2.4.16

别　名		黄金条、黄寿丹等
科　属		木樨科连翘属
识别要点	枝干及茎	植株丛生，高 2 ~ 3m，枝拱形下垂，有蔓性，外皮浅棕色；小枝黄褐色，稍四棱，有明显尖起皮孔，枝中空，节部有髓
	叶	单叶或同株上兼有 3 小叶，对生，卵形或长椭圆形，先端尖，基部阔楔形或圆形，边缘除基部外有整齐的粗锯齿
	花	单顶花序，花冠金黄色，具 4 片，单生于叶腋，罕有三朵簇生，裂片长椭圆形，先花后叶，花期 3 ~ 4 月份，单花期可达 20 天以上
	果实种子	蒴果卵圆形，表面散生较密的瘤点，花萼宿存，8 ~ 10 月份成熟
同属变种及优良品种		垂枝连翘、三叶连翘等

图 2.4.16　连翘

十七、榆叶梅

见图 2.4.17

别　名		小桃红、鸾枝
科　属		蔷薇科李属
识别要点	枝干及茎	实干紫褐色且粗糙，可达 2 ~ 5m
	叶	阔椭圆形至倒卵形，先端尖或为浅三裂，边缘有锯齿，很像榆树叶
	花	单花簇生或单顶花序叶腋，先花后叶，或花叶同放，萼筒呈钟形，粉红色或紫红色。有单瓣和重瓣之分，花期 3 月份
	果实种子	核果红色，近球形，有毛，果期 7 月份，果内有 1 粒种子，扁圆形
同属变种及优良品种		中国现有 40 多个品种，分为四类六型，四类：单瓣类、半重瓣类、千叶类、樱榆类；六型：吊钟型、单蝶型、复蝶型、紫碗型、千叶型、樱榆型

图 2.4.17　榆叶梅

十八、金银木

见图 2.4.18

别　名		金银忍冬、千层皮
科　属		忍冬科忍冬属
识别要点	枝干及茎	树皮棕褐色，高达 6m，小枝中空，幼龄枝有毛
	叶	单叶对生，椭圆状卵圆形或卵状披针形
	花	单花簇生，成对腋生，花冠 2 唇，初开白色，后变为黄色。花期 4 ~ 5 月份，有芳香
	果实种子	浆果红色，径 5 ~ 6mm，果熟期 9 ~ 10 月份，可宿存于翌年早春
同属变种及优良品种		葱皮忍冬、鞑靼忍冬等

图 2.4.18　金银木

十九、珍珠梅

见图 2.4.19

别　名		华北珍珠梅、吉氏珍珠梅
科　属		蔷薇科珍珠梅属
识别要点	枝干及茎	植株高 2 ~ 3m，枝条开展，冠幅 2 ~ 3m
	叶	奇数羽状复叶互生，小叶椭圆状披针形或卵状披针形，边缘具重锯齿。小叶 13 ~ 21 枚
	花	圆锥花序顶生，长 15 ~ 20cm，白色小花密集，花瓣 5 枚，花径约 6mm，花期 6 ~ 7 月份
	果实种子	蓇葖果长圆形，长约 3 mm，果熟期 9 ~ 10 月份
同属变种及优良品种		同属共 9 种，我国有 4 种，常见的还有东北珍珠梅、高丛珍珠梅等

图 2.4.19　珍珠梅

二十、风箱果

见图 2.4.20

别　名		阿穆尔风箱果、托盘幌
科　属		蔷薇科风箱果属
识别要点	枝干及茎	枝干丛生，干皮呈不规则纵裂，片状剥落，枝端弯曲，幼时紫红后变灰褐色，植株高可达 3m
	叶	单叶互生，三角状卵形至广卵形，3 ~ 5 浅裂，先端渐尖或急尖，基部心形或平截，叶长 3.5 ~ 6cm，边缘有重锯齿
	花	伞形花序，白色，花期 5 ~ 6 月份
	果实种子	蓇葖果膨大卵形，熟时沿背腹两线开裂，种子圆球形，黄色至红褐色，果熟期 9 ~ 10 月份
同属变种及优良品种		同属还有无毛风箱果、金叶无毛风箱果等

图 2.4.20　风箱果

二十一、女贞

见图 2.4.21

别　名		蜡树、冬青
科　属		木樨科女贞属
识别要点	枝干及茎	树干灰色，光滑无毛，有皮孔，多分枝，嫩枝绿色，树高可达 6m 以上
	叶	单叶对生，绿色，革质而脆，有光泽，卵形，全缘，无毛
	花	圆锥花序，顶生，花冠钟状白色，长 3 ~ 4mm，裂为 4 瓣，裂片矩形，较花筒管略长，花小，有芳香，花期 5 ~ 7 月份
	果实种子	核果长圆形，熟后蓝墨色，披白粉。熟期 10 ~ 12 月份
同属变种及优良品种		日本女贞、金叶女贞等

图 2.4.21　女贞

二十二、小叶黄杨

见图 2.4.22

别　名		豆瓣黄杨、瓜子黄杨等
科　属		黄杨科黄杨属
识别要点	枝干及茎	树高 1m，枝紧密，茎枝四棱，枝干灰褐色
	叶	叶厚革质，对生，正面绿色，背面暗淡，长圆形至长倒卵形，先端圆或凹入。基部楔形，最宽部在叶中部以上，入秋叶具红晕
	花	单花簇生，多顶生，也有腋生者，淡黄色，无花瓣，雌雄异花同株。花期 4 ~ 5 月份
	果实种子	蒴果近球形，熟时黄褐色，有三个角状突起，裂为三瓣，7 月份成熟
同属变种及优良品种		约 70 种，我国有 30 种。常见栽培的有珍珠黄杨、锦熟黄杨、雀舌黄杨、铺地黄杨等

图 2.4.22　小叶黄杨

二十三、小檗

见图 2.4.23

别　名		山石榴、日本小檗
科　属		小檗科小檗属
识别要点	枝干及茎	老枝灰棕或紫褐色，具刺，幼枝紫红色，枝干丛生，直立，高 2 ～ 3m
	叶	单叶在长枝上互生，短枝上簇生，菱形或倒卵形，有紫红色和绿色品种，背面粉绿色，全缘
	花	聚伞花序或单花簇生，一般 2 ～ 5 朵稀单生，浅黄色有红色纹晕，小型密集，径 8 ～ 10㎜，花瓣状排列成 2 轮，倒卵形，花期 3 ～ 4 月份
	果实种子	浆果红色，椭圆形，成熟期 9 ～ 10 月份，可于枝上宿存至翌年春
同属变种及优良品种		矮紫小檗、银边小檗、“绿边”、“金环”等

图 2.4.23　小檗

二十四、棣棠花

见图 2.4.24

别　名		地棠、黄度梅、黄榆梅
科　属		蔷薇科棣棠属
识别要点	枝干及茎	株高 1 ～ 2m，小枝有棱，嫩绿色，常曲折呈之字形，光滑无毛
	叶	单叶互生，卵形或三角形卵形，先端渐尖，基部截形或近圆形，边缘有重锯齿，表面嫩绿色，下面微生短柔毛，有托叶
	花	单顶花序，短枝顶端，呈球形，花瓣黄色，5 枚，宽椭圆形，有单瓣和重瓣，花期 4 ～ 5 月份
	果实种子	瘦果黑色，萼裂片宿存。9 月份果熟
同属变种及优良品种		本属为单种属，常见栽培品种有重瓣棣棠花、金边棣棠花和银边棣棠花等

(a)

(b)

图 2.4.24　棣棠花

二十五、黄刺玫

见图 2.4.25

别　名		刺梅花，硬皮刺玫等
科　属		蔷薇科蔷薇属
识别要点	枝干及茎	株高 3m 左右，小枝褐色，有硬皮刺
	叶	单数羽状复叶互生，小叶 7 ～ 13 枚。近圆形或椭圆形，边缘有钝锯齿，托叶小，下部与叶柄连生
	花	单顶花序黄色，圆苞片，单瓣或重瓣，花期 4 ～ 5 月份
	果实种子	瘦果近球形，径 1.0 ～ 1.5cm，先绿后红，最后变成紫褐色或黑褐色，果熟期 8 ～ 9 月份
同属变种及优良品种		本属约 200 种，单瓣黄刺玫为原始种，另有重瓣品种

图 2.4.25　黄刺玫

二十六、绣线菊

见图 2.4.26

别　名		柳叶绣线菊
科　属		蔷薇科绣线菊属
识别要点	枝干及茎	枝条细长开张，呈弧形弯曲，小枝有棱角。一般株高 1 ~ 2m
	叶	单叶互生，边缘有齿，缺刻或 5 裂，也有的为全缘。叶脉羽状，通常具短叶柄
	花	伞形花序（也有的品种呈圆锥花序）两性。少有杂性，花径 4 ~ 8㎜。花瓣白色、粉红或红色。花期 4 ~ 7 月份
	果实种子	蓇葖果，内具数粒细小种子，种子呈线形至长圆形，果熟期 7 ~ 10 月份
同属变种及优良品种		同属有 100 多种。我国有 50 余种。常见栽培的有珍珠绣线菊、金焰、红玫瑰等

图 2.4.26　绣线菊

二十七、蔷薇

见图 2.4.27

别　名		野蔷薇、刺红、买笑花等
科　属		蔷薇科蔷薇属
识别要点	枝干及茎	茎细长多尖刺，上伸或平卧蔓生成缠绕状，株高 1 ~ 2m
	叶	奇数羽状复叶，互生，小叶 5 ~ 11 枚，椭圆形，边缘有锯齿，两面有毛，托叶极明显，中部以下与叶柄合生
	花	伞房花序，呈圆锥状，花托成熟时肉质而有光泽，花有红、白、黄等色，稍有香气，有重瓣和单瓣之分。花期 5 ~ 6 月份，全年只开一次花
	果实种子	果近球形或椭圆形，径约 6㎜，有红、黑、黄、深红等色，瘦果多数，藏于花托中，熟期 9 ~ 11 月份
同属变种及优良品种		荷花蔷薇、白玉棠、峨眉蔷薇、黄蔷薇，变种有金沙花、金钵盂

二十八、红瑞木

见图 2.4.28

别　名		凉子木
科　属		山茱萸科梾木属
识别要点	枝干及茎	直立丛生，高可达 3m，夏季生长旺期枝条呈暗绿色，春、秋、冬三季呈红色或紫红色，有蜡质
	叶	单叶对生，长卵圆形，有稀柔毛，春、夏绿色，秋季经霜后变成红色
	花	聚伞花序，顶生，花瓣 4 枚，白色至淡黄色，雄蕊伸出。花期 5 ~ 6 月份
	果实种子	核果卵圆形，微扁，乳白带紫蓝色，9 月份成熟
同属变种及优良品种		银边红瑞木、金边红瑞木、花叶红瑞木等

图 2.4.27　蔷薇

图 2.4.28　红瑞木

二十九、东北红豆杉

见图 2.4.29

别　名		紫衫、赤柏松等
科　属		红豆杉科红豆杉属
识别要点	枝干及茎	树冠阔卵形，树皮红褐色，浅纵裂，大枝近水平伸展，侧枝密生，植株高可达 20m，胸径 1m
	叶	条形，排列较密，成不规则上翘二列
	花	单顶花序，雌雄异株，球花单生叶腋，花期 4 ~ 6 月份
	果实种子	坚果，具 3 ~ 4 条棱脊，假种皮杯状，肉质，红色，9 ~ 10 月份果熟
同属变种及优良品种		常见栽培的有矮紫衫、南方红豆杉、浆果红豆杉、欧洲紫衫等

图 2.4.29　东北红豆杉

三十、爬山虎

见图 2.4.30

别　名		地锦、爬墙虎等
科　属		葡萄科地锦属
识别要点	枝干及茎	茎蔓近似葡萄褐色，最长可达 30m 以上，老蔓皮孔明显，具短而多分枝的卷须，卷须顶端触物可变成黏性吸盘
	叶	互生，叶形多变，夏季为绿色，秋末变成红色或橙黄色，十分艳丽
	花	聚伞花序，花小黄绿至乳白色，花瓣顶端反折，雄蕊与花瓣对生，花期 6 ~ 8 月份
	果实种子	浆果球形，熟后蓝黑色，具白霜，果熟 10 月份，每果有种子两粒
同属变种及优良品种		美国爬山虎、粉叶爬山虎、东南爬山虎等

图 2.4.30　爬山虎

任务二 庭院花卉的繁殖

一、庭院花卉的嫁接繁殖

（一）嫁接成活的原理及主要因素

1. 细胞的再生能力

植物细胞的再生能力是嫁接成活的生理基础。嫁接后，接穗和砧木伤口处的形成层、髓射线细胞及次生韧皮部的薄壁细胞恢复分裂能力，形成愈伤组织，愈伤组织再分化形成疏导组织，使砧木与接穗之间疏导系统互相连接形成一个整体。

2. 砧木与接穗的亲和力

砧木与接穗的亲和力非常关键，亲和力是指砧木和接穗通过嫁接能够愈合生长的能力，是嫁接繁殖中最重要、最复杂的问题。一般来说，植物分类上亲缘关系越近，亲和力越强，嫁接成活率越高。所以，嫁接繁殖所选砧木与接穗在同一个种内不同类型、品种之间的成活率高。

3. 嫁接的时期

嫁接分休眠期嫁接和生长期嫁接。休眠期嫁接一般在早春进行，这时候砧木的树液流动刚开始，形成层也开始活动，接穗的芽也即将萌动，嫁接的成活率最高。生长期嫁接主要为芽接，主要在夏季进行，这时候腋芽饱满，树皮易剥离，适合于芽接的进行。

（二）砧木的选择与接穗的采集

1. 砧木的选择

砧木要求与接穗具有较强的亲和力；砧木一般为实生苗，根系发达，具有较强的抗性，适应当地的气候、土壤条件；满足生产上的需要。

2. 接穗的采集

接穗采集选择生长健康，品种优良的植株；枝条生长充实，芽饱满，无病虫害；休眠期嫁接选择 1 ~ 2 年生的枝条，生长期嫁接选择当年生枝上饱满的芽。

（三）枝接

枝接是以枝条为接穗的嫁接方法。园林生产上常用的枝接方法有切接和劈接。

1. 切接

本任务中以地被菊为例进行讲解。

地被菊植株低矮、株型紧凑，花色丰富、花朵繁多，而且具有较强的抗性，其抗寒、抗旱、耐盐碱、耐半阴、抗污染、抗病虫害、耐粗放管理等优点。最适合在广场、街道、公园等各类园林绿地中做地被植物用，组成大色块，花团锦簇、姹紫嫣红，发挥宏观群体之美。

（1）砧木的选择　嫁接菊花的砧木一般选择黄蒿（图 2.4.31）和白蒿（图 2.4.32）。这两种蒿抗性强，生长健壮，适宜嫁接使用。

（2）接穗的选择与处理　选择生长健壮，无病虫害的枝条，接穗长度通常为 6 ~ 8cm，去掉下部较大的叶片，只留顶端 2 ~ 3 枚叶片。将选好的接穗基部两侧削成一长一短的两个削面，先略斜切长削面长 1.5cm 左右，再在其对侧斜削 0.5cm 左右的短削面，削面应平滑（图 2.4.33）。

（3）切砧木及嫁接　砧木应在欲嫁接部位选平滑处截去上端。在截口一侧稍髓心向下纵切，切口长度与接穗长削面相适应（图 2.4.34），然后插入接穗，紧靠一边，使形成层对齐，立即用塑料条包严绑紧（图 2.4.35）。嫁接处套上塑料袋，要连带砧木上的叶片一起套住，以便保湿。如果大面积嫁接，最好设遮阴网遮阴。

图 2.4.31　黄蒿

图 2.4.32　白蒿

图 2.4.33　菊花切穗剪切

图 2.4.34　切砧木

（4）嫁接后管理　一般嫁接 5 天左右伤口即愈合，1 周左右即可解下塑料袋。嫁接成活后，为了保证接穗的正常生长，要及时解除捆绑的塑料绳，及时剪砧。2 ~ 3 周接穗完全成活后，将蒿子上的枝叶全部剪除。

图 2.4.35　菊花切接，形成层对齐

2. 劈接

以杜鹃为例进行讲解。

杜鹃花是中国十大名花之一，而西鹃（又称西洋杜鹃）是杜鹃花中花色、花型最多、最美的一类，其株型矮壮、树冠紧密、花期长（4 ~ 5 个月）、花朵大（花径 6 ~ 8cm）、花色娇艳且多为重瓣、复瓣，是重要的庭院观赏植物之一。

（1）砧木的选择　以毛鹃为砧木（图 2.4.36），因为它生长健壮，适应性强，嫁接亲和力好，成活率高。

（2）嫁接的时间　以 5 月初至 6 月初或者 9 月初至 10 月初最好。我国南北气候相差较大，也可以根据当地气候适当提前或推后。

（3）接穗的选择与处理　接穗一定要选用生长健壮的半木质化嫩枝（图 2.4.37）。每一段只留顶端的一两片叶子，将下面的叶子全去掉。在接穗基部削成两个长度相等的楔形切面，切面长 3cm 左右，切面平滑整齐（图 2.4.38）。

图 2.4.36　毛鹃

图 2.4.37　选择接穗

(a) (b) (c)

图 2.4.38　接穗的剪切

（4）砧木的处理与嫁接　选择砧木平滑处截去上部，用刀在砧木断面中心处垂直劈下，深度应略长于接穗面。将砧木切口撬开，把接穗插入，使形成层对齐，接穗削面上端应微露出，然后用塑料薄膜绑紧包严。粗的砧木可同时接上 2 ~ 4 个接穗（图 2.4.39）。

(a) (b) (c) (d) (e) (f)

(g) (h) (i)

图 2.4.39 砧木的处理与嫁接

（5）嫁接后的管理 嫁接好后，将嫁接处用大塑料袋罩起来，最好用遮阳网遮阴。注意不要让露水流进接口，以免影响成活。气温最好保持在 25℃左右，最高不要超过 35℃。30 天后，接穗上的叶片保持如初，证明接穗成活。当新芽萌发后，去除塑料袋和遮阳网。注意及时剪砧。接口处的塑料薄膜当年不要剪除，最好翌年清明节前后剪除。

（四）芽接

芽接是以芽为接穗的嫁接方法。园林生产上常用的芽接方法有 T 字形芽接和嵌芽接。一般在春秋皮层易剥离时进行。

芽接以月季为例进行讲解。

月季有“花中皇后”的美誉，品种丰富，有藤本月季、地被月季、切花月季等，其花色鲜艳丰富，花形优美，现为庭院绿化广泛应用。

1. “T”字形芽接

（1）接穗选取与处理 嫁接之前，先在母株上剪下具有饱满芽的枝条，去除叶片，然后放于水中或用湿布包裹。

（2）切砧木 准备嫁接的前一天砧木浇一次水，使枝条含有充足的水分。选择合适的嫁接处，去掉上下 4cm 范围内的刺，选择平滑处先横切一刀，深达木质部，再有横切处得中间部位向下纵切一刀，深达木质部，切口长 1.2cm 左右，这样形成一个“T”字口。用刀尖或指甲小心地把树皮从纵切口向两边挑开（图 2.4.40）。

(a) (b) (c)

图 2.4.40 切砧木

（3）切芽片　在已准备好的枝条上选取饱满的芽，在芽上方横切一刀，深达木质部，然后在芽下方斜切向上至横切口处，深达木质部，用手捏住芽的两侧，左右轻摇掰下芽片（图 2.4.41）。

(a)　(b)　(c)

图 2.4.41　切取芽片

（4）嫁接　用拇指和食指捏住芽片，将芽片顺 T 字切口慢慢插入，芽片的上边对齐砧木横切口，然后用塑料条等绑紧，但要求叶柄及芽眼要露出（图 2.4.42）。

(a)　(b)　(c)

图 2.4.42　嫁接与绑缚

（5）嫁接后的管理　芽接后在接口处遮上一层黑纸有助于伤口愈合。芽接一周后如果芽片新鲜，接芽萌动或抽梢，证明成活，可在检查的同时除去绑扎物，以免影响生长。如果芽片或芽点变色发黑，说明接芽死亡。新芽长出几片新叶时就可把砧木上的枝减去。

2. 嵌芽接

嵌芽接较"T"字形芽接简便快捷，成活率也高。（图片引自刘海涛等人编著的《专家教你种花卉——月季》）

（1）切砧木　在嫁接处选平滑处，从上至下削一切片，深达木质部，长约 1cm，宽约 0.4cm，然后切除切片的 1/3 ~ 1/2，留下部分夹合芽片，也可全部去除（图 2.4.43）。

(a) (b) (c)

图 2.4.43 切砧木

（2）切芽片 选择饱满的芽，先从芽上方 0.5cm 处下刀，斜切入木质部，然后向下切过芽眼至芽下 0.5cm 处，然后在芽下方向内横切一刀取下芽片。芽片大小与切口大小一致（图 2.4.44）。

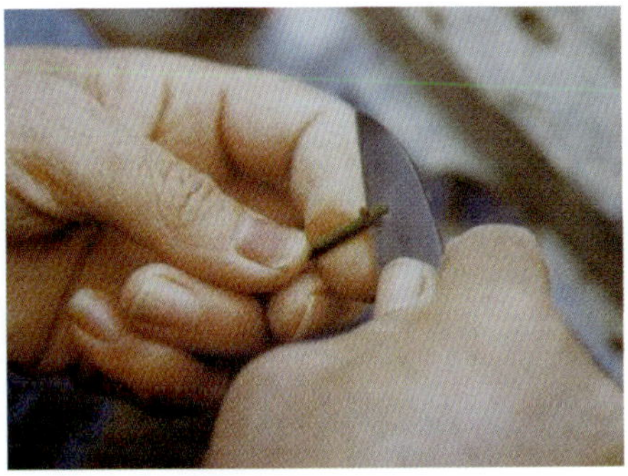

图 2.4.44 切芽片

（3）嫁接 把芽片吻合地插入切口，形成层对齐，芽片基部与砧木切口基部紧接，然后进行绑扎（图 2.4.45）。

(a) (b) (c)

图 2.4.45 嫁接与成活

二、庭院花卉的普通压条繁殖

将母株接近地面的部分枝条压入土内，使之生根，然后切离母株，另行栽植，成为独立的新植株的繁殖方法称为压条繁殖。这是一种枝条不切离母株的繁殖方法，一般用于扦插难以生根的木本花卉或一些根蘖丛生的花灌木。压条繁殖的优点是成活率高，不影响正常开花，操作简便，不需要特殊的养护管理，能保持母株的优良性状。缺点是繁殖量不大，不能大规模生产。

（一）压条繁殖的季节

压条时间在温暖地区一年四季均可进行，北方多在春季进行。

（二）单枝压条

单枝压条多用于枝条柔软而细长的木本花卉，如栀子、连翘、迎春、金银花、凌霄等。

单枝压条操作技能以连翘为例进行讲解。

1. 枝条的选择与处理

选择连翘母株外围处生长健壮的一年生、二年生枝条，将下弯的突出部分用刀刻伤或扭伤（图 2.4.46）。如果生根困难的种类可用生长素处理一下，利于生根。

(a) (b)

图 2.4.46 枝条的选择与刻伤

2. 埋土

为了增加生根率可将压条周围的土壤进行改良，加一些草炭、珍珠岩、河沙等，增加土壤的透气性。将刻伤的枝条压入挖好的土穴中（图 2.4.47），再用钩子把下弯的部分固定（图 2.4.48），用配好的培养土将枝条埋好，待其生根后即可剪离母株，另外移栽。

(a) (b) (c)

图 2.4.47 挖好土穴，加入河沙改良土壤，将刻伤的枝条压入沙土中

(a)　　(b)

图 2.4.48　用钩子固定好后填土

（三）堆土压条

适用于丛生性强、枝条较坚硬不易弯曲的落叶灌木，如红瑞木、八仙花、榆叶梅、黄刺玫等。堆土压条技能操作以红瑞木为例进行讲解。

1. 枝条的选取与处理

于早春选择红瑞木健壮的枝条，将其下部距地面约 20cm 处进行环状剥皮，宽约 1cm 左右（图 2.4.49）。

(a)　　(b)　　(c)

图 2.4.49　枝条的选取与处理

2. 堆土

培土用土为园土与沙、草炭等 1 ： 1 混合均匀，改良一下园土的理化性质。剥皮后在母株周围培土，将整个株丛的下半部分埋入土中，并保持土堆湿润（图 2.4.50）。待其充分生根后到翌年早春萌芽以前，刨开土堆，将枝条自基部剪离母株，分株移栽。

图 2.4.50　堆土压条

(a) (b)

图 2.4.51 插穗叶片的剪切

三、庭院花卉的扦插繁殖

庭院花卉中有很多为木本花卉，木本花卉多采用扦插法繁殖，操作简单，繁殖量大，生长快，开花早，还能保持品种的优良性状，园林生产上多采用此法。常用的繁殖方法有绿枝扦插和硬枝扦插。

（一）绿枝扦插

绿枝扦插是生长期中采用半木质化的带叶片的绿枝作为插穗的扦插方法。下文以月季为例进行讲解。

1. 扦插时期

绿枝扦插是在生长季进行，多于 5 ~ 8 月进行。

2. 采集插条

选月季生长健壮并已开始木质化的绿枝，最好是现剪现插，以提高成活率。如不能马上插，要用湿布包好，置于冷凉处，保持枝条新鲜状态，但不宜浸入水中。

3. 剪切插穗

将剪好的绿枝剪成 10cm 左右的茎段（通常有 3 ~ 4 个芽），注意上切口在节上 1cm 处，下切口在节下 0.5cm 处，剪口要平滑。剪好的茎段下部 4cm 内的叶片全部剪掉，顶部保留 2 ~ 4 枚小叶，见图 2.4.51 和图 2.4.52。

(a) (b)

(c)

图 2.4.52　插穗的剪切

4. 扦插

可根据花卉种类不同选择合适的扦插基质，月季扦插繁殖用河沙做基质即可，价格便宜，清洁卫生。先用竹签等按株行距扎好孔，将茎段的下端插入基质，深度约为 3 ~ 5cm，密度约为 5cm × 5cm（图 2.4.53）。

(a)

(b)

图 2.4.53　打孔与扦插

5. 后期管理

插后浇透水，插床上覆盖塑料薄膜保湿，也可不覆盖塑料薄膜，但是要注意水的管理，保持插床湿润，并用遮阳网遮荫。月季扦插一般 30 天左右可生根，40 天后就可上盆养护。

（二）硬枝扦插

在休眠期用完全木质化的一年生、二年生枝条作为插穗的扦插方法，多用于庭院木本花卉的繁殖，以紫叶风箱果为例进行讲解。

扦插时间一般在春季土温回升后的 4 月。但剪取插条的时间最好在秋季落叶后。

1. 插床准备

露地进行，可整地做畦，也可开沟起垄进行。扦插基质一般用沙壤土，如果土质黏重可加入草炭、河沙、珍珠岩等改良土壤的透气性。

2. 插穗准备

落叶期剪取健壮的 1 ~ 2 年生枝条，剪成 10 ~ 20cm 长，有 2 ~ 4 个芽的插穗，上剪口在芽上 1cm 处平剪，下剪口在芽下 0.5cm 处斜剪。每 50 ~ 100 支捆成一束，置于假植沟内，用湿沙埋藏越冬，至春季发芽前取出扦插（图 2.4.54）。也可春天萌芽前进行插穗的剪取，每个插穗 2 ~ 4 个芽，注意切口整齐。

(a)　(b)　(c)

图 2.4.54　插穗的剪取

3. 扦插

硬枝扦插入土深度为插穗长的1/2 ~ 2/3，插穗长时可斜插，入土端朝南，上端朝北，顶芽向南；插条短时应垂直插入（图 2.4.55）。

(a)　(b)

图 2.4.55　扦插

4. 插后管理

插后灌透水，搭高60cm小拱棚，上盖塑料膜保湿。2天左右浇一次水，保持床面湿润不积水，湿度70% ~ 90%，地温23 ~ 24℃，气温25 ~ 28℃，约20天后长叶生根（图 2.4.56）。

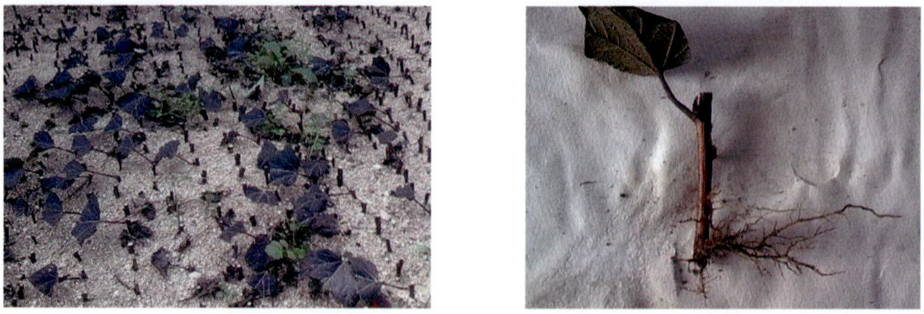

(a)　(b)

图 2.4.56　插后成活的小苗

任务三 庭院花卉的栽培与养护

一、槐

生态习性				栽培要点	三大效益		
温度	光照	水分	土肥		生态效益	社会效益	经济效益
性 耐寒	喜阳光，稍耐阴	不耐阴湿而抗旱，在低洼积水处生长不良	深根，对土壤要求不严，较耐瘠薄，石灰及轻度盐碱地（含盐量 0.15% 左右）上也能正常生长。但在湿润、肥沃、深厚、排水良好的沙质土壤上生长最佳	①栽植时间。栽植时间最好在 3 ~ 4 月份之间 ②苗木规格。选择胸径 10cm 的苗木，栽植时要保留好完整的根系，根幅不小于 60cm，根系长度不小于 30cm。定干高度 2.5 ~ 3m。干形通直、无病虫害、无机械损伤、根系完整，苗木鲜活。为防止水分散失，保证成活率，栽植前应剪除三分之二的枝条或者截干保留 5 ~ 10cm 的三个枝杈 ③栽植方法。随挖穴随栽植，挖穴时将上层熟土和底层生土分开。栽植深度与原土印深度一致或略深。填土时要先填熟土，后填生土 ④栽后管理。种植后应浇水、夯实并及时涂白。涂白剂配方：水 10 份，生石灰 3 份，石硫合剂原液 0.5 份，食盐 0.5 份 ⑤浇水。北方地区每年在 3 ~ 4 月份要对栽植的乔木浇一次（返青水）透水，促使其返青扶壮，进入正常生长。11 月中旬前后要浇一次（越冬水）透水，保证树木安全越冬。夏季雨天要防止排涝，防止长时间因积水造成死亡。5 ~ 11 月份（生长季节），是做好树木养护的关键时期。在土壤干旱的情况下要及时进行浇水，进入雨季要控制浇水。夏季浇水最好在早、晚进行。每次要浇透水，防止浇半拦腰水和表皮水。秋季适当减少浇水，控制植物生长，促进木质化，以利越冬 ⑥施肥。新栽植的树木可在栽植穴底部施用一些底肥外，在缓苗期不要施肥。成活的植物每年施底肥 1 ~ 2 次，早春、晚秋进行。方法是植物周围挖 3 ~ 5 个小坑或开沟，将肥料放入埋好。施用量根据苗木品种、规格确定。除了施用底肥外，在生长季节适当追肥，方法是营养生长阶段可结合浇水或借雨天施用氮肥，进入生殖生长阶段和立秋以后，适当施用磷、钾肥。促进苗壮花多，防止徒长倒伏造成死亡。确保安全越冬 ⑦修剪。修剪多在早春和晚秋进行全面修剪，剪除枯死枝、徒长枝、下垂枝等，保持枝条分布均匀，形成良好的树冠	对 SO_2 抗性和吸收能力较强，对 Cl_2、HCl 等有害气体及烟尘抗性较强	可用于工矿区、工厂绿化、庭荫树、行道树及风景树等，几个优良变种更可植于庭前、路旁及草坪边缘，具有较高的观赏价值	木材坚硬，可做家具，用于建筑等。花可做黄色染料。苗木生产近几年来形势较好

二、木槿

生态习性				栽培要点	三大效益		
温度	光照	水分	土肥		生态效益	社会效益	经济效益
喜温暖	喜光，耐半阴性	喜湿润气候	耐干燥及贫瘠的土壤	木槿管理较为粗放，春、夏干旱季节注意浇水，生长期可视其情况适当追肥，木槿花开繁茂，老株可离地 15 ~ 20cm 剪断，可萌发新枝继续开花，生长过密植株应适当修剪，以求通风透光	对 Cl_2、SO_2 等有害气体有吸收能力，对 HCl、HF 等抗性较强。能滞尘，净化空气	园林、绿地、行道树、风景林、绿篱、庭院，也可盆栽或用作切花，宜工厂、矿区绿化	纤维可做造纸和人造棉的原料，也可代麻制绳索。花、叶中含肥皂草，捣成汁可用于洗发。作为观赏植物，近几年的发展形势较好。可作为大地园林的先锋树木

三、樱花

生态习性				栽培要点	三大效益		
温度	光照	水分	土肥		生态效益	社会效益	经济效益
喜温暖	喜阳光性	喜湿润气候	对土壤的要求不严，以深厚肥沃的沙质壤土生长最好	樱花是浅根系，在种植樱花树时，不宜把土堆积过高，应平行地面，以利于樱花根部的生长。如果堆土过高，则易使根系生长不良或生长缓慢。在日常管理工作中，施肥是一个十分重要的环节，一般大樱花树施肥方法，可采取“穴施”，施肥时间选在花后，效果较好。樱花的修剪，常根据观察与判断来决定，主要修剪枯萎枝、徒长枝、重叠枝、病虫枝。另外，大樱花树干上长出许多枝条时，应保留长势健壮的枝条，其余全部从茎部剪掉，有利于樱花通风透光，不断更新，生长旺盛。修剪后的樱花要及时用药物消毒处理伤口防止雨淋后病菌浸入伤口而腐烂。樱花经过太阳长时期的暴晒，皮易老化、损伤，造成腐烂现象。同时也造成根部老化，吸收水分的能力减弱。发生这种情况后，应及时除掉老化的树皮，进行消毒处理及土壤改良工作，采取用腐叶土及木炭粉包扎腐烂部分，促其恢复正常生理机能	对 HF 抗性较强，对 O_3 抗性中等，并有一定的吸滞粉尘能力	可做行道树、绿篱，也可盆栽，制作盆景装饰庭院、阳台	木材可加工小器具。绿化树种，前景好

四、海棠

生态习性				栽培要点	三大效益		
温度	光照	水分	土肥		生态效益	社会效益	经济效益
对严寒的气候有较强的适应性	喜阳光，不耐阴，多数种类在干燥的向阳地带最宜生长	耐干旱力很强	有些种类能耐一定程度的盐碱地。喜在土层深厚、肥沃、pH5.5 ~ 7.0 微酸性至中性的壤土中生长	一般多地栽，也可作桩景盆栽。栽植时间以早春萌芽前或初冬落叶后为宜，保持苗木完整的根系是栽植成活的关键之一，一般大苗要带土球。栽后要加强管理、施肥、松土。在落叶后至早春萌芽前修剪，把枯弱枝、病虫枝剪除，以保持树冠疏散、通风透光。遇春旱时，要进行灌溉。并注意防治金龟子、卷叶虫、蚜虫、袋蛾和红蜘蛛等害虫，以及腐烂病、赤星病等病害	抗 SO_2 等有害气体，花香可振奋精神，消除郁闷和紧张	可作为工厂、矿区的绿化树，也可用于园林美化，庭院、经济林和制作盆景，也可做切花、瓶插欣赏	木材可用于加工家具，在建筑上应用等。绿化市场前景较佳

五、白玉兰

生态习性				栽培要点	三大效益		
温度	光照	水分	土肥		生态效益	社会效益	经济效益
颇耐寒，在华北地区背风向阳处能露地越冬	喜阳光，稍耐阴	根肉质，不耐水淹	喜肥沃、适当润湿且排水良好的弱酸土壤，但也能生长于弱碱性土上。侧根发达，喜氮肥	栽种前要将树坑挖好，树坑宜大不宜小，树坑过小，不仅栽植麻烦，而且也不利于根系生长。树坑底土最好是熟化土壤，土壤过黏或 pH 值、含盐量超标都应当进行客土或改土。栽植时深度要适宜，一般来说，栽植深度可略高于原土球 2 ~ 3cm，过深则易发生闷芽，过浅会使树根裸露，还容易被风吹倒。大规格苗应及时搭设好支架，支架可用三角形支架，防止被风吹倾斜；种植完毕后，应立即浇水，3 天后浇二水，5 天后浇三水，三水后可进入正常管理。如果所种苗木带有花蕾，应将花蕾剪除，防止开花结果消耗大量养分而影响成活率。生长季节要保持土壤湿润，干旱时适时浇水为保持白玉兰的树冠优美，通风透光，促使花芽分化，确保下一年花朵硕大。应注意修剪，剪去病枯枝，过密枝。并列枝和徒长枝，平时应随时去萌蘖	对 SO_2、Cl_2、HF 等有害气体有较强抗性，对 SO_2 有吸收能力，可净化空气，驱逐蚊蝇。花香使人神清气爽，精神振奋	园林中常于亭、台、楼、阁相配植，或成丛成片栽植，也可做工厂、矿区绿化。作盆栽可装饰客厅、宾馆，也可做切花	种子可榨油。花可提炼化妆品的香精。木材可制作精美器具。盆栽及切花可供花卉市场

六、栾树

生态习性				栽培要点	三大效益		
温度	光照	水分	土肥		生态效益	社会效益	经济效益
对寒冷有一定的忍耐力	阳性树种，喜光，稍耐阴	喜湿润的气候，对干旱有一定的忍耐力	对土壤要求不严格，耐瘠薄，喜生于石灰质土壤。也能耐盐渍及短期水涝，在微酸与微碱性的土壤上都能生长，在湿润肥沃的土壤中生长良好	苗木在苗圃中一般要经 2 ~ 3 次移植，每次移植时适当剪短主根及粗侧根，这样可促进多发须根，使以后定植容易成活。栾树适应性强，对干旱、水湿及风雪都有一定的抵抗能力。栽后管理工作较为简单。树冠具有自然整枝性能，不必多加修剪，任其自然生长。仅于秋后将枯、病枝及干枯果穗剪除即可，虫害有大蓑蛾、刺蛾和天牛等，较少发生	对 SO_2、Cl_2、HF 等有害气体有较强抗性，对烟尘有一定吸附能力	可做防护林、行道树、园林绿化、庭院、片植、孤植等也可做工矿区行道两旁的绿化树。可作为北方绿化、根治风沙源的主要树种之一	木材可用于板材、加工器具，种子可榨制润滑油，还可制佛珠。绿化市场用量较大

七、合欢

生态习性				栽培要点	三大效益		
温度	光照	水分	土肥		生态效益	社会效益	经济效益
不耐严寒、喜温暖。生长适温 13 ~ 18℃，冬季能耐 -10℃低温	喜阳光、不耐阴，能适应多种气候条件	不耐涝，耐干旱。喜湿润气候	对土壤要求不严，在湿润、肥沃土壤中生长良好	密植才能保证主干通直，育苗期要及时修剪侧枝，发现有侧枝要趁早用手从枝根部抹去，因为用刀剪削侧枝往往不彻底，导致侧芽再度萌发。主干倾斜的小苗，第二年可齐地截干，促生粗壮、通直主干。小苗移栽要在萌芽之前进行，移栽大苗要带足土球。绿化工程栽植时，要去掉侧枝叶，仅留主干，以保成活，并设立支架，防风吹倒伏。晚秋时可在树干周围开沟施肥一次，保证来年生长肥力充足	SO_2、Cl_2、HF 等有害气体有较强抗性和吸收能力，对 O_3、HCl 抗性较强 根部具根瘤菌，可固氮、改良土壤 花香可使人安神镇静，用作环境绿化，景观效果良好	多作行道树、庭荫树、观赏树、护堤树、公园绿化、庭院美化，孤植或片植于桥头、建筑物前。也可作为绿化美化、防沙固沙的先锋树种	木材坚实，多有深色纹理。可用于农具、家具、包装箱、板材等加工。树皮果荚，可提炼烤胶。茎皮可做人造棉原料。绿化用量大

八、丁香

生态习性				栽培要点	三大效益		
温度	光照	水分	土肥		生态效益	社会效益	经济效益
耐寒	性喜阳光，稍耐阴，如果栽在荫蔽环境中，则枝条细长较弱，花少且花序短小而松散	忌积水，耐旱，一般不需多浇水	要求肥沃、排水良好的沙壤土，切忌栽于低洼阴湿处。若种植地土壤瘠薄，虽然也能生长，但花少，且长势瘦弱。因此，宜栽在向阳、肥沃、土层深厚的地方，在盐碱地中生长不良	宜在早春芽萌动前进行移栽。栽植时需带上土坨，并适当剪去部分枝条。栽植三至四年生大苗，应对地上枝干进行强修剪，一般从离地面 30 cm 处截干，翌年即可开花。株距 2 ~ 3m，可根据配置要求进行调整。栽植时多选二至三年生苗，栽植穴直径 70 ~ 80 cm、深 50 ~ 60 cm。每穴施充分腐熟的有机肥料 1kg、骨粉 100 ~ 600g，与土壤充分混合作基肥，基肥上面再盖 1 层土，然后放苗填土 对肥料要求不高，切忌施肥过多，否则易引起徒长，从而影响花芽形成，使开花减少。但在花后应每株施磷、钾肥不超过 75g、氮肥 25g。若施用厩肥或堆肥，需充分腐熟并与土壤均匀混拌，株施 500g 左右。一般每年或隔年入冬前施 1 次腐熟的堆肥，可补足土壤中的养分。栽后灌足水，以后每隔 10 天浇 1 次水，连续浇 3 ~ 5 次。每次浇水后都要松土保墒，以利提高土温，促进新根迅速长出。以后每年春季，芽萌动、开花前后需各浇 1 次透水，浇后立即中耕保墒。一般在春季萌动前进行修剪，主要剪除细弱枝、过密枝、枯枝及病枝，保留好更新枝。花谢后，如不留种，可将残花连同花穗下部 2 个芽剪掉，同时疏除部分内部过密枝，有利于通风透光和树形美观，促进萌发新枝和形成花芽。落叶后可把病虫枝、枯枝、纤细枝剪去，并对交叉枝、徒长枝、重叠枝、过密枝进行适当短截，使枝条分布匀称，保持树冠圆整，以利翌年生长和开花	对 SO_2、Cl_2、HF 等有害气体和汞污染有较强抗性，具有吸滞粉尘的能力。花香使人沉静、轻松，并有显著的杀菌效果	著名的园林观赏花木，可做行道树、工厂矿区绿化树、风景林和庭院栽培，也可盆栽，做切花等	花蕾可提炼芳香油，树干材质坚韧，可做器具。有的品种可入茶，绿化树种，市场用量大

九、桧柏

生态习性				栽培要点	三大效益		
温度	光照	水分	土肥		生态效益	社会效益	经济效益
耐寒，耐热	喜光，但耐阴性强	忌水湿	对土壤要求不严，适应性强，酸性、中性、钙质土及干燥瘠薄地均能生长。但在温凉及土层深厚地区生长快	桧柏耐干旱，浇水不可偏湿，不干不浇，做到见干见湿。夏季高温时，要早晚浇水。每年春季3～5月份施稀薄腐熟的饼肥水或有机肥2～3次，秋季施1～2次，保持枝叶鲜绿浓密，生长健壮	对SO_2、Cl_2的抗性和吸收能力强，对HF、烟尘等抗性较强，衰减噪声效果好，并可放出杀菌素，杀灭伤寒、白喉等病菌。其香味可使人神清气爽	是绿化美化、防风固沙的先锋树种。可做绿篱、园林绿化、行道树、庭院、防护林、风景树、亭台附近、山坡，还可做盆景	木材致密坚硬，可做器具、工艺品等，根、干、枝叶，果实均可提炼挥发油。市场用量大

十、垂柳

生态习性				栽培要点	三大效益		
温度	光照	水分	土肥		生态效益	社会效益	经济效益
较耐寒，喜温暖	喜光	喜湿润气候，特耐水湿，但亦能生于土层深厚的干燥地区	喜潮湿深厚的酸性及中性土壤	垂柳生长适应性极强，但生长离不开水，只要不缺水就能成活。垂柳衰老快，在修剪过程中注意剪掉病虫枝、衰败枝	吸毒滞尘效果很好，对SO_2、HF等有害气体和汞污染有较强抗性。对SO_2、HF和Cl_2有较强的吸收能力，有隔声、减噪的功能	公园绿化、行道树、片林、池塘边、河岸低坡的防护林带，也可植于庭院或房前屋后	木材可用于建筑、加工器具、板材等。绿化用量大

十一、银杏

生态习性				栽培要点	三大效益		
温度	光照	水分	土肥		生态效益	社会效益	经济效益
适生于温带、暖温带和亚热带的气候，在年平均气温20℃左右的地区都可栽培生长。银杏的不同物候期对温度的要求不同。萌芽期要求日平均气温在8℃以上，枝叶生长在12℃以上，开花期在15℃以上	银杏是喜光树种，但是幼苗对光强反应敏感	抗旱性能较强，适生于土壤水分偏低的地带	对土壤选择不甚严格，从微酸性到微碱性，即在pH4.5～8.5范围内均可生长，尤以pH6.0～7.5最为适宜。但土壤含盐量对银杏生长有较大的影响。土壤含盐量不超过0.1%时，银杏生长正常，树势旺盛；当土壤含盐量增加到0.3%时，树势极度衰弱，枝短、叶小，叶片和树梢焦枯，后期变黄、早落，逐渐枯死	银杏属深根性植物，生长年限很长，人工栽植，地势、地形、土质、气候都要为其创造良好条件。选择地势高燥，日照时间长，阳光充足，土层深厚，排水良好，疏松肥沃的壤土、黄松土、沙质壤土。其中酸性和中性壤土生长茂盛，长势好。移植应在春季进行，先将要栽植的树穴挖好，注意树穴不能过深，否则即使成活也生长不良。土球一般上大下小，但下部要稍平些为好。用草绳捆扎好，目的是保护土球。栽后踏实，立即浇透水，及时设立支架。一般支柱要在当年的冬季左右才能撤去。栽后隔3～5天浇第二次透水，以后要7～8天左右浇透水，40天以后可以根据土壤的湿度情况合理浇水。栽植第一年最好不要施肥，第二年再施肥为宜	对SO_2、HF的抗性和吸收能力强，吸附烟尘能力较强，对O_3的抗性极强	可用于防护林、行道树、风景树以及庭院栽培或作经济林栽培，也可做盆景	木材可用于建筑、家具和雕刻等，叶可提炼银杏黄素、苦内酯、白果黄素等，种仁可提炼脂肪油、淀粉等，绿化市场前景好

十二、黄栌

生态习性				栽培要点	三大效益		
温度	光照	水分	土肥		生态效益	社会效益	经济效益
耐寒	喜光，也耐半阴	耐干旱，但不耐水湿	耐瘠薄土壤，但以深厚、肥沃而排水良好的沙壤土生长最好	定植的株距 400 ~ 500cm，挖穴栽植，穴直径 70cm，深 50cm。晚秋落叶后或早春发芽前都可栽植，穴内施入腐熟基肥与土壤拌匀，栽苗时要求根部舒展，树干挺直，埋土踏实，栽后注意浇水保墒。成活后头 2 ~ 3 年应严防人畜践踏毁坏，并注意追肥、浇水以及修剪整枝等工作	对 SO_2 等有害气体有较强的抗性，滞尘性强	园林、庭院、丛植、片植于山坡、河岸、山石旁，也可做风景树、行道树	木材可制器具，园林绿化用量较大

十三、红枫

生态习性				栽培要点	三大效益		
温度	光照	水分	土肥		生态效益	社会效益	经济效益
喜温暖的气候和凉爽的环境，耐寒	较耐阴，忌烈日暴晒，但春、秋季也能在全光照下生长	性喜湿润，不耐水涝	对土壤要求不严，适宜在肥沃、富含腐殖质的酸性或中性沙壤土中生长	红枫为名贵的观叶树木，故常作盆栽欣赏。盆栽时可用园土、腐叶土各 2 份，加 1 份沙配置成培养土。红枫宜在 2 ~ 3 月份移栽，生长季节移栽要摘叶并带土球。日常浇水要做到见干见湿，防止过干或过湿，夏季雨水多须防止盆中渍水。生长期可酌情施肥，盆栽一般每年施肥 2 ~ 3 次，若施肥过多，则发枝多生长快，易使树盆比例失调。春秋可接受全日照，入夏后要移至半阴处，避免中午烈日直射，干燥高温时要适当喷水降温增湿。红枫在高温、干燥、烈日照射、盆土过干 、积水、空气污染等环境中都会造成叶尖焦枯或卷叶	对 SO_2 抗性和吸收能力强	行道树、风景林、公园、花坛、庭院绿化美化，也可制盆景和盆栽，枝叶也可做插花的陪衬	木材可用于器具加工。绿化市场前景好

十四、文冠果

生态习性				栽培要点	三大效益		
温度	光照	水分	土肥		生态效益	社会效益	经济效益
抗寒能力强	喜阳，耐半阴	抗旱能力极强，但文冠果不耐涝、怕风	对土壤适应性很强，耐瘠薄、耐盐碱	春、秋两季均可定植。株、行距 3m×3m。给苗木培土时先要稍低于坑面，不要过深，最后踏实，修好水盘，及时浇水。为提高成活率，可待水渗后在树盘上覆盖塑料薄膜，既可保持水分，又可提高地温。文冠果的根蘖萌发力很强，影响生长发育和冠形；因此，要结合中耕除草，随时除蘖。 文冠果 3 ~ 4 年即可开花结果。为了便于采收果实，要采取矮干主枝形的整枝，控制主干高为 50 ~ 60cm，保留主枝 3 ~ 4 个，使主枝开张角度大，分布均匀，树冠呈半圆形。花前追施氮肥，果实膨大期施磷、钾肥，可保花、保果。在新梢生长、开花坐果及果实膨大期，还应适当灌水，可促进生长发育，获得稳产、高产	对 SO_2 抗性较差，可作为检测植物	园林绿化、庭院、行道树、防护林、经济林，荒山荒地绿化等，也可盆栽观赏	种仁既是良好的食用油，又是工商原料，种皮可加工制造活性炭，木材坚实致密，纹理美观，可做家具，同时花也是很好的蜜源。绿化用量较大

十五、锦带花

生态习性				栽培要点	三大效益		
温度	光照	水分	土肥		生态效益	社会效益	经济效益
耐寒	阳性树种，耐庇荫	怕水涝	喜深厚、湿润而腐殖质丰富的土壤	施肥：栽种时施以腐熟的堆肥作基肥，以后每隔 2 ~ 3 年于冬季或早春的休眠期在根部开沟施一次肥。在生长季每月要施肥 1 ~ 2 次 浇水：生长季节注意浇水，春季萌动后，要逐步增加浇水量，经常保持土壤湿润。夏季高温干旱易使叶片发黄干缩和枝枯，要保持充足水分并喷水降温。每月要浇 1 ~ 2 次透水，以满足生长需求 修剪：由于锦带花的生长期较长，入冬前顶端的小枝往往生长不充实，越冬时很容易干枯。因此，每年的春季萌动前应将植株顶部的干枯枝以及其他的老弱枝、病虫枝剪掉，并剪短长枝。若不留种，花后应及时剪去残花枝，以免消耗过多的养分，影响生长。对于生长 3 年的枝条要从基部剪除，以促进新枝的健壮生长。由于着生花序的新枝多在 1 ~ 2 年生枝上萌发，所以开春不宜对上一年生的枝作较大的修剪，一般只除去枯枝	对 HF 有毒气体抗性较强，并可净化空气	林缘，草坪、庭院、工厂矿区绿化，可孤植、丛植或列植，也可盆栽装饰庭院外或做切花	可做饲料，绿化用量较大

十六、连翘

生态习性				栽培要点	三大效益		
温度	光照	水分	土肥		生态效益	社会效益	经济效益
喜温暖，耐寒，在多地均可露地越冬	喜光照充足的环境	耐旱，忌水涝	对土壤要求不严，可利用零星隙地栽培	种子繁殖的幼苗期，当苗高 20cm 时除草、松土和间苗。间苗时每穴留 2 株，适时浇水。苗高 30 ~ 40cm 时，可施稀粪尿水 1 次，促其生长。主干高 70 ~ 80cm 时剪去顶梢，多发侧枝，培育成主枝。以后在主枝上选留 3 ~ 4 个壮枝培育成副主枝，放出侧枝，通过整形修剪，使其形成低干矮冠、内空外圆、通风透光、小枝疏朗的自然开心形枝型。随时剪去细弱枝及徒长枝和病虫枝。结果期可施农家肥和磷、钾肥，促其坐果早熟	对 Cl_2、HCl 的抗性和吸收能力强，释放的物质有杀菌作用	园林绿化、池畔。墙隅、阶石、假山、花境等配置，绿篱，盆栽，也可切花和经济栽培	种子可提炼芳香油。绿化用树种，市场大量使用

十七、榆叶梅

生态习性				栽培要点	三大效益		
温度	光照	水分	土肥		生态效益	社会效益	经济效益
较耐寒	喜光	不耐水涝	具有一定的耐盐碱能力，在阳光充足、土壤肥沃，疏松，排水良好的地方生长最好	秋季落叶后栽植，花后施一次肥。在冬季植株进入休眠或半休眠期，要把瘦弱、病虫、枯死、过密等枝条剪掉。也可结合扦插对枝条进行整理	对 SO_2、HF 的有害气体和汞污染都有较强抗性	园林、路边、庭院等，也可做切花或盆栽。可用于工矿区的绿化、美化	用于绿化、美化大型苗木，市场用量极大

十八、金银木

生态习性				栽培要点	三大效益		
温度	光照	水分	土肥		生态效益	社会效益	经济效益
耐寒	喜光，耐半阴	耐旱	喜湿润，肥沃及深厚的土壤	栽培管理简便。移栽可在春季 3 月上中旬或秋季落叶后进行，定植前施充分腐熟堆肥，并连灌 3 次透水。成活后，每年适时灌水、疏除过密枝，根据长势可 2 ~ 3 年施基肥一次。从春季萌动至开花可灌水 3 ~ 4 次，虽然金银木耐旱，但在夏季干旱时也要灌水 2 ~ 3 次，入冬前灌防冻水一次。金银木的修剪整形都应在秋季落叶后进行，剪除杂乱的过密枝、交叉枝以及弱枝、病虫枝、徒长枝，并注意调整枝条的分布，以保持树形的美观	对 SO_2 等有害气体有较强抗性。花香可镇静安神，缓解精神疲劳	公园、庭院、路边、草坪中丛植或孤植等；可盆栽，也可剪成花枝、果枝配植花篮、花环等	木材坚韧耐腐，可用来制纱锭；树皮纤维可制绳及人造棉；花可提取芳香油。园林绿化用量大

十九、珍珠梅

生态习性				栽培要点	三大效益		
温度	光照	水分	土肥		生态效益	社会效益	经济效益
耐寒	喜光又耐阴	耐湿又耐旱	对土壤要求不严，在一般土壤中即能正常生长，而在湿润肥沃的土壤中长势更强	珍珠梅适应性强，对肥料要求不高，除新栽植株需施少量底肥外，以后不需再施肥，但需浇水，一般在叶芽萌动至开花期间浇 2 ~ 3 次透水，立秋后至霜冻前浇 2 ~ 3 次水，其中包括 1 次防冻水，夏季视干旱情况浇水，雨多时不必浇水。花谢后花序枯黄，影响美观，因此应剪去残花序，使植株干净整齐，并且避免残花序与植株争夺养分与水分。秋后或春初还应剪除病虫枝和老弱枝，对一年生枝条可进行修剪，促使枝条更新与枝繁叶茂	对 SO_2 等有害气体有较强的抗性，对多种有害细菌有杀灭或抑制作用	园林、行道树、岩石旁、假山上、庭院、角偶等。片植、孤植或列植	花序可做切花，美化用花，市场前景好

二十、风箱果

生态习性				栽培要点	三大效益		
温度	光照	水分	土肥		生态效益	社会效益	经济效益
耐寒	喜光，耐半阴	耐干旱	耐贫瘠泥土	以扦插繁殖为主，常结合冬季修剪进行。将枝条剪成 10cm 长，含 3 ~ 4 个芽的枝段，扦插在基质中，保持基质的湿润。一般外搭拱棚保温，温室中进行更好。生根率 50%左右。如用生长调节剂处理一下，生根率可大为提高。4 月中上旬将生根的扦插苗带基质移栽。株距 30cm，生长期应保持充足的水分和阳光。冬季落叶后压低修剪，留基部 5 ~ 6 个饱满芽，使第二年发枝条健壮。修剪后对植株基部培土，施基肥。病虫害危害很少	绿化美化环境，净化空气，防风固沙	园林孤植、丛植、山石旁、篱垣、亭台周围、居民绿地、庭院等	绿化用花，美化环境，用量较大

二十一、女贞

生态习性				栽培要点	三大效益		
温度	光照	水分	土肥		生态效益	社会效益	经济效益
耐寒性好能耐 -12℃的低温	喜光耐阴	耐水湿	对土壤要求不严，以沙质壤土或黏质壤土栽培为宜，在红、黄壤土中也能生长	栽植裸根苗木，根系必须舒展，填土应分层踏实。栽植的深度应和原根茎土痕线持平。株行距（25 ~ 30）cm×（35 ~ 40）cm。栽植后剪掉苗木顶端部分的嫩枝嫩叶，及时浇足水，3 ~ 5 天浇第二次水，7 ~ 10 天浇第三次水。高温季节，用遮阳网遮盖，待缓苗后撤掉。缓苗期，每天应给苗木适当喷水。缓苗后 30 ~ 40 天应随浇水追施尿素等氮肥 1 ~ 2 次，间隔期 25 ~ 30 天，20 ~ 25kg/ 亩[①]。强降雨后及时排除积水，秋季应减少浇水量和浇水次数。每年 3 月下旬、7 月上旬追施氮、磷、钾含量 45%（15 ~ 15 ~ 15）的优质复合肥 2 次，施用量 30 ~ 35kg/ 亩，开沟施肥后及时灌水	对 SO_2、Cl_2、HF 及铅蒸汽等有害气体抗性和吸收能力较好，对粉尘吸滞能力较强，还有隔声减噪的作用	可做绿篱、花境、行道树、也可与小檗、黄杨等配置，也可盆栽或陪衬花篮等。也可用于工厂绿化	种子可提炼工业用油，也可酿酒、制酱油。还可作咖啡的代用品。美化环境，用量较大

① 1 亩 =666.7m^2

二十二、小叶黄杨

生态习性				栽培要点	三大效益		
温度	光照	水分	土肥		生态效益	社会效益	经济效益
喜温暖湿润气候，耐寒性弱	喜半阴	耐旱，稍耐湿，忌积水	喜肥沃湿润排水良好的土壤	中国南方广大地区，均可在露地安全越冬，越夏；北方宜盆栽，置庭院防寒越冬。移栽宜在春季芽萌动前进行，成活率最高。先整地施足基肥，小苗移栽可沾泥浆，大苗移栽需带土球。小叶黄杨栽培容易，但生长缓慢，要经常浇水，施肥，促进生长。盆栽宜用森林土或塘泥，施钙镁磷肥，干粪等做基肥，以后每年对叶面喷施氮肥水数次，盆土保持湿润。地植可用一般表土，施腐熟禽畜粪等做基肥，种后可任其自然生长	对 SO_2、HF 的抗性和吸收能力强，对 Cl_2、HCl 抗性较强，并有隔声、减噪的功能	行道树的配植，园林绿化，岩石园、花坛、花境背景等，也可做绿篱、作盆景材料	木材坚实致密，可用于雕刻。市场用花较多

二十三、小檗

生态习性				栽培要点	三大效益		
温度	光照	水分	土肥		生态效益	社会效益	经济效益
喜凉爽，耐寒	喜阳也能耐阴	喜湿润环境，也耐旱。不耐水涝	对各种土壤都能适应，在肥沃、深厚、排水良好的土壤中生长更佳	苗木移植后应保证有充足肥水供其生长。在施足沤制腐熟基肥情况下，每 20 天施一次液肥，花果期每周喷施一次 0.3% 磷酸二氢钾。可在灌溉水中加入少量杀虫剂、杀菌剂、化学肥料，既可以除虫防病，又能给植株生长提供充足肥分。小檗萌蘖性强，耐修剪，定植时可行强修剪，以促发新枝。入冬前或早春前疏剪过密枝或截短长枝，花后控制生长高度，使株形圆满	对 HF 等有害气体有较强的抗性，并有滞尘作用，用于工厂、矿山的环境绿化，整体景观好	园林绿化、绿篱、丛植、绿墙等，或用于花境、花坛的边缘或作背景树，也可做成球形、长方体等造型或盆景	根茎可提取药用黄连素，茎皮可做黄色染料。市场用量较大

二十四、棣棠花

生态习性				栽培要点	三大效益		
温度	光照	水分	土肥		生态效益	社会效益	经济效益
喜温暖，耐寒性较差	喜阳光充足的环境	喜温润的环境，应注意及时浇水	对土壤要求不严，尤喜肥沃湿润的沙质壤土	栽培管理简便，最好栽植在背风向阳、土层深厚肥沃湿润地段。栽苗时施足充分腐熟的有机肥，以后每年入冬时在根际两边开沟施一次堆肥。旱季适时浇水，保持土壤及环境湿润，雨季注意排水防涝。入冬浇足防冻水。由于棣棠枝条繁密，应每 2 ~ 3 年在休眠期将 3 ~ 4 年生老枝剔除，以促发均匀的新枝。花谢后及时剪除残留花枝，入冬后或早春萌发前疏剪伤残枝、纤弱枝和病虫枝，以保持株姿匀称美观，叶茂花繁	对恶劣环境和有害气体有一定抗性	行道树的配植，假山旁，花坛边缘，花境、疏林空地、坡地、庭院等，也可盆栽供观赏或做切花	美化环境，观花、观枝效果好，绿化用花量极大

二十五、黄刺玫

生态习性				栽培要点	三大效益		
温度	光照	水分	土肥		生态效益	社会效益	经济效益
喜温暖，耐寒冷	喜阳光充足，稍耐阴	喜湿润的环境，耐干旱，怕水涝	对土壤要求不严，在贫瘠、碱性土壤中都能正常生长，但怕积水，因此最好种植在向阳、高燥的地方	黄刺玫的移栽一般在每年的冬春季节的休眠期进行，对于大的植株应带土球移栽，以保证成活。新株栽种时应施足腐熟的有机厩肥或其他有机肥作基肥，栽后浇一次透水，成活后不必经常浇水，可根据生长情况，在天气干旱时进行浇水，以免因过于干旱引起叶片萎蔫，甚至造成植株死亡。入冬前浇足越冬水。雨季或连阴雨时注意排水防涝，以免因土壤积水造成烂根。每年花后在根际周围施以腐熟的有机肥，以提供充足的养分，使植株生长健壮。黄刺玫的修剪可在冬季落叶后进行，将枯枝、老枝、细弱枝、病虫枝剪去，过长的枝条剪短，对于生长多年的老株可疏剪内部过密枝，以增加植株内部的通风透光，有利于第二年的生长。但对于一年生、二年生的枝条要尽量少剪，以免影响开花量。花后将残花和过老的枝条剪除，以利于植株的更新	对恶劣环境和有害气体有一定抗性	行道树的配植，庭院、房前丛植、也可做花篱或植于假山旁等	果可酿酒或食用，茎皮可作纸浆及纤维板。美化环境，园林绿化用花较多

二十六、绣线菊

生态习性				栽培要点	三大效益		
温度	光照	水分	土肥		生态效益	社会效益	经济效益
较耐寒	喜光树种，在全光照下，长势旺盛，枝干生长量大，开花时间长。特别进入秋季，秋叶变色快，与庇荫下树相比，颜色变得更红，更鲜艳，持续时间长	较耐旱，不耐水湿	在湿润排水良好的土壤中，长势更好	栽植前施足基肥，一般施腐熟的粪肥，深翻树穴，将肥料与土壤拌均匀。栽植后浇透水。绣线菊怕水大，水大易烂根，因此平时保持土壤湿润即可。绣线菊喜肥，生长盛期每月施3～4次腐熟的饼肥水，花期施2～3次磷、钾肥（磷酸二氢钾），秋末施1次越冬肥，以腐热的粪肥或厩肥为好，冬季停止施肥，减少浇水量。早春于萌芽前剪去干枯枝、过密枝、病弱枝、老化枝，使株形美观，枝繁叶茂，植株旺盛生长	对恶劣环境和有害气体有一定抗性	花坛、花境、草坪、池畔，丛植、孤植或列植，也可篱植或盆栽	美化环境，市场用花量较大

二十七、蔷薇

生态习性				栽培要点	三大效益		
温度	光照	水分	土肥		生态效益	社会效益	经济效益
性强健，耐寒	喜光，耐半阴	忌低洼积水	对土壤要求不严，在黏重土中也可正常生长。耐瘠薄，以肥沃、疏松的微酸性土壤最好	栽培株距不应小于2m，从早春萌芽开始至开花期间可根据天气情况酌情浇水3～4次，保持土壤湿润。如果此时受旱会使开花数量大大减少，夏季干旱时需再浇水2～3次。雨季要注意及时排水防涝。因蔷薇怕水涝，水涝容易烂根。秋季再酌情浇2～3次水。全年浇水都要注意勿使植株根部积水。孕蕾期施1～2次稀薄饼肥水，则花色更好，花期更持久。一般成株于每年春季萌动前进行一次修剪。修剪量要适中，一般可将主枝（主蔓）保留在1.5m以内的长度，其余部分剪除。每个侧枝保留基部3～5个芽便可。同时，将枯枝、细弱枝及病虫枝疏除并将过老过密的枝条剪掉，促使萌发新枝，不断更新老株，则可年年开花繁盛。植株蔓生愈长，开花愈多，需要的养分也多，每年冬季需培土施肥1次，保持嫩枝及花芽繁茂，景色艳丽	有隔音减噪作用，花香可振奋精神，对SO_2等有害气体有较强的抗性，对Cl_2和烟尘有较强的吸滞能力	园林绿化、围墙、庭院院墙的攀附，绿廊、绿亭、花架等，也可盆栽于庭院装饰，也可做切花	提炼香精，制造香水。园林市场前景好

二十八、红瑞木

生态习性				栽培要点	三大效益		
温度	光照	水分	土肥		生态效益	社会效益	经济效益
性极耐寒	喜光	耐旱	喜较深厚湿润但肥沃疏松的土壤	红瑞木定植时，每穴应施腐熟堆肥 10 ～ 15kg 作底肥，以后每春或秋开沟施追肥。早春萌芽应进行更新修剪，将上年生枝条短截，促其萌发新枝，保持枝条红艳。栽培中出现老株生长衰弱，皮涩花老现象时，也应注意更新，可在基部留 1 ～ 2 个芽，其余全部剪去，新枝萌发后适当疏剪，当年即可恢复。易患茎腐病，可于 3 月萌芽喷洒 4 ～ 5 波美度的石硫合剂，雨季前喷洒 1 ∶ 1 ∶ 200 的波尔多液	绿化美化环境，净化空气	防护林、绿墙、丛植、园林绿化等，或作行道树的配植	种子可榨取工、商用油。园林绿化用量较大，市场前景极佳

二十九、东北红豆杉

生态习性				栽培要点	三大效益		
温度	光照	水分	土肥		生态效益	社会效益	经济效益
抗寒、怕高温，休眠期能耐受 -42℃的低温，无冻害，被大雪埋上也不落叶。夏季气温超过 30℃生长转缓，随着气温继续升高，生长停止	喜阴	喜湿、怕旱、怕水淹	喜肥、对土壤适应范围较广	幼苗 2 ～ 3 年后，可按行距 80cm、株距 70cm 定植于阴山或平地。平地定植一定要在苗坑内施足厩肥和适量的氮、磷、钾无机肥。定植后半年内应经常浇水，保持土壤湿润，否则，会影响成活。在生长期应适时及时浇水。夏、秋各除草一次。可结合间种矮秆作物，做到田间无杂草。结合松土除草进行追肥，每株施厩肥 5 ～ 10kg。采取环状施肥。定植后的第一年，一定要用一层遮阳网遮阴，第二年可间种玉米等其他遮阳植物遮阴，定植三年以后不必遮荫	对 Cl_2、SO_2、HF 等有害气体抗性较强	在较阴的环境中孤植、丛植或片植，岩石园、行道树下的配植、绿篱等，也可盆栽，或作为经济作物栽培	枝、叶、树皮中含紫杉醇，具抗癌作用。其提取物价格昂贵，具有一定的开发和利用价值，园林绿化市场前景好

三十、爬山虎

生态习性				栽培要点	三大效益		
温度	光照	水分	土肥		生态效益	社会效益	经济效益
耐寒	阴处、阳处都能适应	耐旱	对土壤及气候适应力强，在碱性、酸性土中均能生长，以阴湿、肥沃的土壤中生长最佳	爬山虎对氯化物的抵抗力较强，适合空气污染严重的工矿区栽培。幼苗生长一年后即可粗放管理，在北方冬季能忍耐 -20℃的低温，不需要防寒保护。移植或定植在落叶期进行，定植前施入有机肥料作为基肥，并剪去过长茎蔓，浇足水，容易成活。房屋、楼墙根或院墙根处种植，应离墙基 50cm 挖坑，株距一般以 1.5m 为宜。在楼房阳台可以盆栽，苗盆紧靠墙壁，枝蔓能短期内快速吸附墙壁	对 SO_2、HF、Cl_2 等有害气体抗性较强，可吸收噪声，减少尘土飞扬；覆盖墙面后，夏季可防暑降温，减轻城市的“热岛”效应	围墙、立交桥、水塔、高速公路两侧坡面等的立体绿化，也可盆栽，装饰庭院阳台	园林中棚架绿化用量较大，经济效益较好

小　结

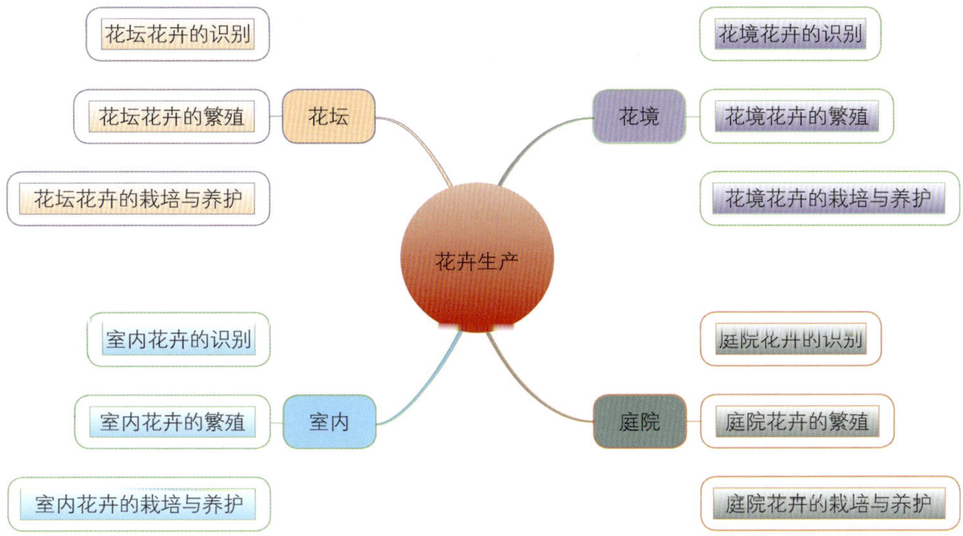

花卉奇趣

玫瑰——纯洁的爱，美丽

在希腊神话中，玫瑰既是美神的化身，又溶进了爱神的鲜血，它集爱与美于一身，这在花的国度里，可是相当幸运的了。可以说，在世界范围内，玫瑰是用来表达爱情的通用语言。玫瑰颜色丰富，不同颜色有着不同的寓意。

粉红色玫瑰——初恋，红色的玫瑰——热恋。

橙红色玫瑰——羞怯，黄色的玫瑰——道歉。

白色的玫瑰——尊敬，淡绿色玫瑰——青春长驻。

技能考核与评价

技能考核 2-1　园林花卉图片识别

（1）本题分值：100 分。

（2）考核时间：50 分钟。

（3）考核形式：观察并记载。

（4）具体考核要求：在准备的多种园林花卉植株的电子图片中随机抽取或指定 50 种进行识别和记载，分别写出科名。

① 识别种类　在规定时间内识别 50 种园林花卉（50 分）。

② 指出科名　在规定时间内根据植物学分类指出科名（50 分）。

考核与评价

序号	考核内容	考核要点	配分	评分标准	扣分	得分
1	识别种类	在规定时间内识别 15 种园林花卉	50	（1）错一个种类扣 1 分；（2）超时，每超过 1 分钟扣 1 分。		
2	指出科名	在规定时间内根据植物学分类指出科名	50	（1）错一个科名扣 1 分；（2）超时，每超过 1 分钟扣 1 分。		
合计			100			
综合评价（专业成绩+职业素质）						

技能考核 2-2　穴盘播种

（1）本题分值：20 分。
（2）考核时间：10 分钟。
（3）考核形式：实操。
（4）具体考核要求：对考场准备的种子进行穴盘播种。

考核与评价

序号	考核内容	考核要点	配分	评分标准	扣分	得分
1	准备穴盘	取穴盘，清洗干净	5	每错误操作一处扣一分，扣完为止。		
2	装盘、浇水	向盘内添加培养土，用细孔喷壶均匀地浇透水，将盘放置一段时间。	5	每错误操作一处扣一分，扣完为止。		
3	播种、覆盖	取种子，点播于穴的中央，每穴一粒。用蛭石进行覆盖	5	每错误操作一处扣一分，扣完为止。		
4	完成时间	能在规定时间内完成	5			
合计			20			
综合评价（专业成绩+职业素质）						

技能考核 2-3　绿枝扦插

（1）本题分值：30 分。
（2）考核时间：30 分钟。
（3）考核形式：实际操作 。
（4）具体考核要求：扦插的基本操作方法。
① 插条准备。要求选择健康、健壮、节间短的插条（5 分）。
② 插穗准备。一般要有 3 ~ 4 个节位，6 ~ 10cm 长（5 分）。
要求在节上 1cm 处平剪，在节下（叶对面）0.5cm 处斜剪（5 分）。

插穗上部 2/3 的叶要保留，叶大者可剪掉一半，下部叶剪掉（5 分）。

③ 扦插。用与插穗粗细相近的棍扎孔，深度为插穗长的 1/3；插入插穗，注意深度为插穗长的 1/3，叶的方向要一致，插入之后随手按压基质（5 分）。

④ 浇透水。在规定时间内完成（5 分）。

考核与评价

序号	考核内容	考核要点	配分	评分标准	扣分	得分
1	插条	选择健康、健壮、节间短的插条	5	插条选择不合理（扣 1 ~ 5 分）		
2	插穗准备	一般要有 3 ~ 4 个节位，6 ~ 10cm 长； 要求在节上 1cm 处平剪，在节下（叶对面）0.5cm 处斜剪； 插穗上部 2/3 的叶要保留，叶大者可剪掉一半，下部叶剪掉	15	插穗准备不正确（扣 1 ~ 5 分） 剪切方法不正确（扣 5 ~ 10 分）		
3	扦插	用与插穗粗细相近的棍扎孔，深度为插穗长的 1/3；插入插穗，注意深度为插穗长的 1/3，叶的方向要一致，插入之后随手按压基质	5	扦插方法不正确（扣 1 ~ 5 分）		
4	浇透水	用喷壶浇透水	5	未浇水或未浇透（扣 2 ~ 5 分）		
合计			30			
综合评价（专业成绩＋职业素质）						

技能考核 2-4　分株繁殖

（1）本题分值：30 分。

（2）考核时间：30 分钟。

（3）考核形式：实际操作。

（4）具体考核要求：对植株进行分株繁殖。

考核与评价

序号	考核内容	考核要点	配分	评分标准	扣分	得分
1	起苗或扣盆	挖取植株或扣盆时对植株及根系无伤害	5	方法不正确或伤害根系（扣 1 ~ 5 分）		
2	切分	每株保留 2 ~ 3 个芽，不伤根及生长点	10	株丛大小不合适（扣 1 ~ 5 分） 伤害根系或生长点（扣 5 ~ 10 分）		
3	栽植	盆栽符合上盆要求—盆大小、排水层、栽植深度；地栽注意整地、施基肥、穴大小合适。浇透水	15	不符合要求或方法不正确（扣 5 ~ 10 分） 未浇水或未浇透（扣 1 ~ 5 分）		
合计			30			
综合评价（专业成绩＋职业素质）						

技能考核 2-5 换盆

（1）本题分值：20 分。
（2）考核时间：40 分钟。
（3）考核形式：实际操作。
（4）具体考核要求：对植株进行换盆操作。

考核项目评分标准及评价

序号	考核内容	评分标准	满分	自评得分	他评得分	教师评分
1	考核时间数量	40 分钟完成 20 盆（6 ~ 7 寸），每超 1 分钟扣 3 分				
2	垫盆装土	用粗糙砖瓦覆盖盆底排水孔，种后浇水能顺利流出盆底孔，加土由粗至细，中间高，周边低	4			
3	脱 盆	用手托花盆基部，翻转花盆，防止盆土散裂和植株损伤，除去部分旧土，修去枯根、烂根	4			
4	种 植	保持根系伸展，种植后植株不动摇，忌种植过深	5			
5	排 盆	排列整齐平整，留距适当	2			
6	浇 水	浇水需浇透，浇后植株不歪	5			
总分			20			
综合评价（专业平均成绩＋职业素质）						

技能考核 2-6 上盆

（1）本题分值：20 分。
（2）考核时间：40 分钟。
（3）考核形式：实际操作。
（4）具体考核要求：对植株进行上盆操作。

考核项目评分标准及评价

序号	考核内容	评分标准	满分	自评得分	他评得分	教师评分
1	考核时间数量	40 分钟完成 20 盆（6 ~ 7 寸），每超 1 分钟扣 3 分				
2	垫盆装土	用粗糙砖瓦覆盖盆底排水孔，种后浇水能顺利流出盆底孔，加土由粗至细	5			
3	种 植	保持植株居中，根系伸展，种植后植株不动摇，深度适当	7			
4	排 盆	排列整齐平整，留距适当	3			
5	浇 水	浇水需浇透，浇后植株不歪	5			
总分			20			
综合评价（专业平均成绩＋职业素质）						

技能考核 2–7　整地做畦

（1）本题分值：20 分。
（2）考核时间：40 分钟。
（3）考核形式：实际操作。
（4）具体考核要求：学生分组进行整地作畦操作。

考核项目评分标准及评价

序号	考核内容	评分标准	满分	自评得分	他评得分	教师评分
1	考核时间	40 分钟做一畦，超时扣分，每超 1 分钟扣 3 分				
2	苗床规格	畦面：7m（长）×1.2m（宽）×0.2m（深） 畦梗：0.2m（深）×0.3m（宽）	5			
3	畦面要求	平整，表层土粒细小均匀	10			
4	对边要求	畦四边要直，长宽垂直，对边平行	5			
总分			20			
综合评价（专业平均成绩 + 职业素质）						

技能考核 2–8　劈接

（1）本题分值：20 分。
（2）考核时间：30 分钟。
（3）考核形式：实际操作。
（4）具体考核要求：对植株进行劈接繁殖。

考核项目评分标准及评价

序号	考核内容	评分标准	满分	自评得分	他评得分	教师评分
1	考核时间数量	30 分钟完成 10 株，每超 1 分钟扣 3 分				
2	选砧木、剪砧	植株健壮、高度合适	4			
3	削接穗	接穗健壮，长度适宜，削面平滑、等长	5			
4	劈砧木	居中、垂直，深度比削面略长	4			
5	砧穗结合绑扎	形成层对齐，留白，绑扎牢固、准确	7			
总分			20			
综合评价（专业平均成绩 + 职业素质）						

技能考核 2–9　切接

（1）本题分值：20 分。
（2）考核时间：30 分钟。
（3）考核形式：实际操作。
（4）具体考核要求：对植物进行切接繁殖。

考核项目评分标准及评价

序号	考核内容	评分标准	满分	自评得分	他评得分	教师评分
1	考核时间数量	30 分钟完成 10 株，每超 1 分钟扣 3 分				
2	选砧木、剪砧	植株健壮、高度合适	4			
3	削接穗	接穗健壮，长度适宜，一面长，一面短，削面平滑	5			
4	劈砧木	居砧木截面的 1/3 处、垂直，深度比长削面略长	4			
5	砧穗结合绑扎	形成层对齐，留白，绑扎牢固、准确	7			
总分			20			
综合评价（专业平均成绩 + 职业素质）						

技能考核 2-10　芽接

（1）本题分值：20 分。
（2）考核时间：30 分钟。
（3）考核形式：实际操作。
（4）具体考核要求：对植株进行芽接繁殖。

考核项目评分标准及评价

序号	考核内容	评分标准	满分	自评得分	他评得分	教师评分
1	考核时间数量	30 分钟接 10 只芽，每超 1 分钟扣 3 分				
2	接穗	接芽饱满，无病虫害和损伤，选芽适当，去叶片，留叶柄	3			
3	砧木	砧木生长正常，无病虫害，摘除有碍作业的枝叶	2			
4	芽盾片	大小合适，削面要求平滑，在芽的部位要稍带一薄层木质部	6			
5	切口	切口部位适当，形状与大小与芽盾片相附，形成层对齐	6			
6	绑扎	绑扎松紧合适，全切面盖起，但叶柄外露，芽部不得损伤及覆盖	3			
总分			20			
综合评价（专业平均成绩 + 职业素质）						

模块三　花卉的经营管理

项目一　花卉的管理

知识目标

- 掌握花卉生产管理的特点。
- 掌握花卉技术管理的内容。
- 掌握花卉的产品成本核算。

技能目标

- 能够进行花卉生产区的区划与布局。
- 能够进行花卉生产目标与计划的制订。
- 能熟练进行花卉经济效益的分析。

任务提出

- 如何进行花卉的生产管理？如何进行花卉的技术管理？如何进行花卉产品的成本核算？

任务分析

- 本次任务主要了解花卉的技术规程；掌握花卉生产管理、技术管理的内容；能够根据花卉的生产目标与计划进行最有效的花卉生产。

学习内容

花卉的经营管理，是以经济学为理论基础，针对花卉产业的特点，最有效地组织人力、物力、财力等各种生产要素，通过计划、组织、协调、控制等活动，以获得显著综合效益的经济活动过程。因此，它的研究内容十分广泛，既涉及花卉的生产，也包括技术、劳动、物资、设备、销售和财务管理等方面。由于过去对这项工作未予以足够的重视，虽然有一些管理经验，但缺乏科学而系统的总结与提高，这对国内花卉产业的发展带来了一定的制约。

任务一 学会生产管理

一、花卉的生产特点

各种花卉有其固有的生物学特性、对外界环境的特殊要求和技术经济特点。除了有与农作物相同的对光、温、水、肥、气的要求外，花卉还有其自身的生产经济特点。

① 花卉种类繁多　花卉既有草本，又有木本；既有热带和亚热带类型，也有温带和寒带类型。种类、品种丰富多彩，生态要求和栽培技术特点各不相同。这就需要因地制宜，依据自然生态条件、栽培水平及社会经济等条件来发展适宜的花卉品种，并确立合适的发展规模。

② 产品是鲜活器官　花卉的产品有观花、观叶、观茎、观果等类型，大都是鲜活产品，外形、色泽等易受损伤。因此要加强采收、分级、包装、贮运、销售等采后各个环节的工作，并发展其相应配套的技术与设备。

③ 生长周期长短不一　一些花卉如观叶花卉、盆景等生长周期较长。而另一些花卉，如盆栽草花、切花等生长周期相对较短，甚至一年可多季生产。要依据市场需求、生产水平和能力进行轮作、换茬、间作和套作，合理安排茬口和产品上市目标，提高生产经济效益。

④ 集约化水平高，栽培方式多样　花卉单位面积的投入产出大多高于大田作物。人力、物力、财力投入较大，对劳动力的素质要求高，生产与管理需要专门的知识及熟练的技术。同时，花卉的栽培方式多样，有促成栽培、抑制栽培、保护地栽培、露地栽培等。它们之间的栽培作业相去甚远，各有其要求和特点。采用何种生产方式要依据生产的植物种类、经济效益和具备的栽培管理水平等因素而定。

二、生产管理

生产管理和生产作业是两种不同的活动。管理是对生产作业、时间安排和资源配置的指挥协调，生产作业则是对计划发展的执行。随着花卉产业化经营的不断深入，产销规模的逐年扩大和从业人员的不断增加，生产管理者需要关心的内容也越来越多。一般来说，它主要包括生产目标与计划、生产区的区划与布局、生产管理记录等。没有适当的生产管理，整个生产经营将难以达到预期的目的。

（一）生产目标与计划

1. 目标

一个企业或一个成功的管理者常常把经营成功作为其首要目标。没有目标，一系列的生产活动就无法筹划。目标可以从多方面来进行选择。它可以是某个时期花卉经营中的一个利润值，也可能是单位面积的产量；可以是一个预先确定的较低水平的产品损耗，也可能是一定的产品质量指标或经营规模的扩大或产品表中引进新品种的比例和数量等。制定目标时，必须尽量做到指标量化，如收入的币值，产品的数量，不同等级切花的比率等。

当以某一类花卉的产品质量作为生产目标时，管理者应知道自身的产品质量在市场中的地位。有了这些指标，就可将所有投入按比例分配，以保证目标的实现。

2. 计划

仅有一个目标还不足以成功，必须有切实可行的计划。计划起草前，最好先仔细研究目标，在大量收集种源、拟添购设备、肥药价格等有关背景资料基础上，制定详细的计划。计划包括时间的选定和进度的安排。

合理的时间安排是保证计划完成的最有效办法。时间安排涉及一系列技术规范与要求。要制订一项可行的时间标准，以便在允许的时间段内完成规定的任务。要指明每项农艺操作需要多长时间完成，这需要基于长期的实践经验而作出判断。只有根据在比较协调的生产系统中可能分配的那些工作，才能制定出合理的标准。一旦有了有效的时间和进度要求，每个员工就会分析采用什么作业方法才能完成工作任务，提高生产效能。当然，在制定时间标准时，还需注意考虑采用的生产程序、可能存在的干扰因素等问题。总之只有具备了较强的生产计划能力，才能使生产管理系统有效协调地运行。

（二）生产区的区划与布局

无论是苗圃还是栽培生产区，都要有系统的区划和布局。这有利于充分利用土地，节约能源，减少生产阻碍，使搬、运、装、卸渠道畅通。首先，要把生产区绘制在一定比例的图纸上，一般只需标明栽培床、台、棚室的平面轮廓。同时测量沟渠、走道、建筑物等其他辅助作业区面积，为计算有效栽培面积及其百分率提供数据。其次，要注明有效种植区的面积，栽培植物种类、品种及数量等，同时及时查明植物的移动情况等。第三，辅助作业区要用更大比例绘制平面图，以便更详细地显示个别作业区的规模与功能。在大型的育苗、切花、盆花生产中，流水作业流程也是经常需要的，如基质配制与处理，搬、运、检、贮等各个环节图解。详细的平面图可标明要求的时间、移动的距离等，作业流水线应与布局情况相符合。

（三）生产管理记录

没有生产管理记录，会给工作的延续带来许多麻烦，无法查清成功与失败的原因与细节，容易导致重复同样的错误。在生产记录前，要设计好记录的内容。生产记录一般至少应包括生产栽培记录、栽培环境记录、产品记录和产投记录等。

1. 栽培记录

栽培记录包括栽培安排与各项操作工序，如栽植、移苗、摘心、修剪、化学调控、收获季节，肥料、农药、调节剂使用日期与效果以及各项操作的劳动力预算等。每项操作完毕，应有员工负责记录，注明更改的工序和未被列入计划的操作。

2. 栽培环境记录

栽培环境记录包括栽培地域内外温度、光照、湿度、土壤基质、病虫害发生和各种可见观察记录等。在保护地促成和抑制栽培中，温、光因素的自然状况和调节对产品的影响至关重要，阶段式连续记录栽培环境有利于分析环境调控的效果和设备的质量，为第二年制订栽培计划和分析成本提供依据。

3. 产品记录

产品记录主要集中在花卉生长期，部门管理者至少应每周评估一次花卉生长发育情况并作记录，如菊花的平均高度、花色、花型、花径、叶色和株型等。产品记录包括开花或盆栽收获的数量、日期、等级或质量。这些记录同样是成本计算的依据。当年的产品记录还可与往年的相比较，这样，通过对生长不良植株的分析，可找到出现问题的时间，再检查栽培记录和栽培环境记录就能找到问题的根源。

4. 产投记录

产投记录与栽培记录一样应集中进行。通过产投记录分析，既可发现、评估并纠正栽培失误，也可严格实施经营的程序。产投记录包括投入和收入两大部分记录。投入分可变投入和固定投入。可变投入通过特定的植物种类确定，如花苗繁殖、上盆等的劳动量和销售运费，这些投入随植株的体量和种类不同而变动。固定投入最常见的是折旧费、利率、维修费、税费和保险费，在国际上常称为“DIRTI”。其他固定投入还包括管理的工资、会计、律师服务，学术活动费以及与经营有关的设备、捐助款、娱乐和办公费用等。另外一类属于半固定投入，如燃料、电力和较低水平的管理等。它们随产品增加而增加，但却不和具体产品直接相关。收入根据花卉类型和种类分门别类地记载，更进一步的是按销售日期、市场销路和产品等级记录，这种分类有助于比较相关的季节盈利、市场销售渠道和产品级别。

任务二 加强技术管理

花卉的技术管理是对花卉产业的各项技术活动和技术工作的各种要素进行科学管理的统称。加强技术管理，有利于建立良好的生产秩序，提高生产水平，增加产量，提高质量，减少消耗，提高劳动生产效益等。随着科学技术的不断发展，当今的劳动分工越来越细，生产效果的好坏经常取决于技术工作的科学组织和管理，因而技术管理也就显得尤为重要。

一、花卉产业技术管理的特点

① 多样性　花卉产业的内容涉及范围广、部门多。如花卉的生产、包装、贮运、销售和应用等多种多样的活动，必然要有多种多样的技术管理要求与之相适应。

② 综合性　花卉的生产经营者，需要掌握如土壤、肥料、植物、生态、生理、气象、植保、育种、设施及规划设计、园林艺术等多学科的各项技术，同时许多单项技术还需根据实际需要进行集成组合，其技术管理工作具有综合性的特征。

③ 季节性　花卉产供销的各个环节，都有较强的季节性，易受自然因素等外部环境变化的影响。季节不同，外部环境条件不同，采用的技术措施也相应不同。为此，技术管理工作必须做到适时适地。

④ 阶段性　花卉在品种选择、育苗种植、栽培养护、采收贮运、包装上市等各阶段，具有各自的质量标准和技术要求。而在整个过程中各阶段所采用的技术措施不能截然分开，一个阶段的技术措施会影响到下一阶段，每个阶段之间又密切相关。因此，既要抓好各阶段技术管理的重点工作，又要注意各阶段之间技术管理的衔接。

二、技术管理的内容

1. 选用适用技术

所谓适用技术，就是最适合本地区、本单位的自然与经济条件，最有利于增产增收，经济效益最好的技术。适用技术可以是一项单项技术，更多地是由一项或数项单项核心技术与配套技术集合而成的综合性技术。选用适用技术，要从以下四个方面加以考虑。

（1）先进性　指它能反映生产力发展的先进水平和现代科学技术的新成果。要选择能最大限度地满足花卉生长发育要求的先进技术方案和技术措施。

（2）可行性　一项技术不管多么先进，要在某地区推广应用，必须与该地区自然、经济技术条件相适应。如采用大型拖拉机耕翻，效率显然比钉耙高得多，然而在日光温室、塑料大棚或对生产规模小的农户却无法适用。

（3）经济合理性　即指选用的技术必须具有良好的经济效益。就是要求在一定条件下，用同样的技术投入获得较大的产出，或用较少的技术投入获得同样多的产出。如采用优良品种，一般来说就是一种经济有效的技术措施，它可能投资较少而会带来较高效益。

（4）后果无害性　一项技术的效果常是多方面的，有时既是有益的，也是有害的。因而技术的选择要全面考虑。如防治花卉病虫害，就应尽量采用生物防治或使用高效低毒农药，既做到杀灭害虫，又要保护人畜和益虫的安全、环境的安全。

总之，对适用技术的选择，既要考虑其技术上的先进性，又要考虑当地或经营者的基本情况，做到技术、经济、生态三个效益的统一。

2. 制订技术规范和技术规程

技术规范和规程是进行技术管理、安全管理和质量管理的依据和基础，是标准化生产的重要内容。制订和贯彻规范规程是建立正常生产秩序、提高产品质量和效益的重要前提，在技术管理中具有一定的约束作用。技术规范，是对质量、规格及其检验方法等作出的技术规定，是人们在生产经营活动中行动统一的技术准则。技术规程，是为了执行技术规范，对生产过程、操作方法以及工具设备的使用、维修、技术安全等方面所作的技术规定。技术规范是技术要求，技术规程是要达到的手段。技术规范可分为国家标准、地区标准、部门标准及企业标准。技术规程在保证达到技术规范的前提下，可以由一地区或企业根据自身的具体条件，自行制定和执行。制订技术规范和技术规程应做好以下三个方面。

① 要以国家的技术政策、技术标准为依据，因地制宜，密切结合地方特点和地区操作方法、操作习惯来制定。

② 必须实事求是，既要充分考虑国内外科学技术的成就和先进经验，又要在合理利用现有条件的基础上，制订符合本地区、本单位要求的技术规范和规程，防止盲目拔高。

③ 技术规范、规程既要严格，又要具可操作性，防止提出脱离实际的标准和条件。在提出初步的规范、规程后，可广泛征求多方面意见，修改后在生产实践中试行。再总结修改，经检验后正式执行。在执行过程中，也不能一成不变，应随着技术经济的发展及时进行修订，使之不断完善。

3. 实施质量管理

花卉业的质量管理，是其技术管理中极为重要的一部分。在我国，这方面的工作尚处于摸索发展阶段，还很不完善。目前，生产实践中花卉业的质量管理主要有以下几个方面的内容。

① 积极贯彻国家和有关政府部门质量工作的方针政策以及各项技术标准、技术规程。

② 认真执行保证质量的各项管理制度。每个花卉生产单位、企业，都应明确各部门对质量所担负的责任，并以数理统计为基本手段，去分析和改进设计、生产、流通、销售服务等一系列环节的工作质量，形成一个完整而有效的质量管理体系。

③ 制订保证质量的技术措施。充分发挥专业技术和管理技术的作用，为提高产品质量提供总体的、综合全面的管理服务。

④ 进行质量检查，组织质量的检验评定。

⑤ 做好对质量信息的反馈工作。产品上市进入流通领域后，应进行回访，了解情况，听取消费者意见，收集分析市场信息，帮助自己改进质量管理措施。

在实施质量管理中，首先要实行责任制。不论何种体制和机制的花卉企业单位，都要有明确的技术管理负责制度。要设专人负责质量管理工作。企业单位负责人要带头树立质量意识，要把质量管理的内容、要求，落实到每个部门和个人。个人和班组也要进行自我把关，自我检查，保证操作符合标准规程。可组织建立不同形式的质量管理小组，开展经常性的质量检查及质量攻关活动。其次，要进行全面质量教育。教育广大职工掌握运用质量管理的思想和方法，办好技术培训，使他们学习和掌握技术规范、技术规程和措施，并通过技术考核、技术竞赛等多种办法，鼓励职工钻研技术，提高技术水平。第三，要实行综合质量管理。在花卉业生产经营的不同阶段和环节，要实行连续综合质量管理。从园圃建设到产品上市的整个过程中，要做到环环相扣，承前启后，互相监督，把质量管理工作落到实处。

4. 做好科技情报和档案工作

科技情报工作的内容主要包括资料的收集、整理、检索、报道、交流、编写文摘、简介、翻译科技文献等。做好科技情报工作，可以使广大花卉生产经营者了解掌握国内外本行业的发展趋势以及技术、管理水平，以开阔眼界，确定本单位的发展方向及奋斗目标。同时，还可借鉴前人的成果，少走弯路，节约人力、物力、财力。在工作中应做好以下几个方面。

① 及时广泛地搜集国内外科技资料、信息，对有关相近专业如林业、农业、植物、艺术理论、美学、政治经济学等多方面有关的信息也不能放过，便于参考借鉴。

② 介绍本单位、本系统、国内外的科研成果，先进经验。在本系统内，进行科技资料交流，互相借鉴学习。

③ 根据生产经营中存在的关键性、普遍性疑难问题，要突出重点介绍，组织小型报告会，专题讲座，经验交流，以解决当务之急。

④ 做好信息储存工作，及时为生产、科研、科技革新提供有价值的资料及信息。

⑤ 建立情报网，使情报工作制度化、经常化。

⑥ 遵守保密制度，同时要防止技术封锁的不良倾向。科技档案是进行生产经营技术活动的依据，是经验的积累和总结，是传达技术思想的重要工具，是提高技术管理水平的基础工作。

为此对科技档案要求是资料要系统、完整、准确、及时，要组织使用，要建立专门机构或确定专职人员的管理制度，使科技档案发挥应有的作用。

任务三 掌控经济管理

从事花卉生产经营活动的企业、农户，从决策开始，直至整个生产经营过程结束，都始终关心着生产经营成果。对生产成本、销售价格、收入利润、投入产出比等，要进行核算、分析，期望生产经营效益达到最大值。

一、产品成本核算

产品成本是衡量生产经营好坏的一个综合性指标。实行成本核算，对于计算补偿生产费用、计算盈利、确定产品价格和考核自己的经营水平具有重要意义。具体操作时，可先根据原始记录核算各种费用，然后再结合面积或产量计算产品成本。

1. 成本费用项目

① 人工费用，即生产和管理人员的工资及附加费用。

② 原材料费用，即购买种子、种苗以及耗用的农药、肥料、基质等费用。

③ 燃料水电费用，即耗用的固体、液体燃料费和水电费用。

④ 废品损失费用，指未达到指标要求的部分产品损失而分摊发生的费用。

⑤ 设备折旧费，即各种设施、设备按使用一定年限折旧而提取的费用。

⑥ 其他费用，如土地开发费、借款利息支出以及运输、办公、差旅、试验、保险等事项所

发生的费用。

以上 6 项费用概括分为两类，一是人工费用，二是物质资料费用（包括 2—6 项）。有关具体各成本费用项目的确切内含和核算要求，《农业企业会计制度》均作了具体规定。

2. 产品成本的计算

各项费用核算出来以后，结合花卉的面积或产量，就可以计算产品成本。

① 产品总成本

产品总成本＝人工费用＋物质资料费用

② 单位面积成本

产品单位面积成本 = 产品总成本 / 产品种植面积

③ 多年生花卉产品成本

一次性收获的多年生花卉产品单位成本＝（往年费用＋收获年份的全部费用）/ 产品种植总面积

多次收获的多年生花卉产品单位成本 =（往年费用本年摊销额＋本年全部费用）/ 产品种植面积

④ 间作、套种、混种花卉产品成本，可按种植面积比例，进行成本分离。计算公式如下：

某花卉产品总成本＝（各种花卉总成本之和 / 各种花卉种植面积之和）× 某种花卉种植面积

二、花卉的销售核算

花卉的销售过程，是花卉价值的实现过程。在这一过程中，花卉生产企业、农户一方面将产品投放市场，另一方面按销售价格从广大消费对象中收回资金，实现销售利润。花卉的销售价格由产品成本、销售税金和销售利润三部分组成。

销售税金是指花卉的生产单位应向税务部门缴纳的产品税或营业税。销售利润是销售收入扣除成本、税金以后的余额。合理的组织销售核算工作，是有计划地管理销售工作的重要条件，销售核算的任务就是反映和监督企业销售收入、成本支出，以及销售税金、销售利润计划执行情况，促使企业按照计划组织生产和销售工作。花卉的销售价格一般采用市场价，即根据供需情况，由买卖双方自由协商制定。通常花卉的价格根据其生产成本和预先设定的目标利润及税率等因素决定。计算公式如下：

花卉价格＝（花卉生产成本＋目标利润）/（1 －税率）

一般从事花卉生产经营的企业单位其产品种类较多，因此，在进行销售核算时，要设置“销售”总账科目和根据花卉品种设置销售明细账。然后根据销售收入总额计算应缴税金，应缴税金计算公式如下：

本单位应缴税金金额 = 销售收入总额 × 适应税率

花卉企业单位和农户缴纳的税金主要是产品税或营业税。一般情况下，一个企业、农户缴了产品税就不缴营业税，缴营业税就不缴产品税。当将税金交给税务机关时，由银行存款直接转到税务部门的有关账户中。如果本企业缴纳产品税或营业税，那么税金构成产品价格。一般情况下税金应冲减销售收入。

除此之外，还应扣除已垫支的资金，即产品成本，这部分资金又叫做补偿基金。在以上两项扣除以后，剩下的就是企业利润。计算公式如下：

利润 = 产品销售收入－产品成本－税金

三、花卉的经营成果指标核算

经营成果是指企业、农户在一定时期（一般按日历年度），经营活动所取得的各种花卉产品总量或以货币形态表示的总额。用实物量或价值量指标来衡量，具体有四种计算方法：总收入、净收入、纯收入和利润。

1. 总收入

总收入指企业、农户当年实际实现的经营总成果。

总收入 = 产品销售收入＋非产品销售收入

其中：产品销售收入 = 产品销售数量 × 销售单价；非产品销售收入是指可能发生的其他劳务收入、材料销售、固定资产出租、无形资产转计等收入。

2. 净收入

净收入是指企业、农户总收入减去生产过程中消耗的物质资料费用的实际收入，它是经营者一定时期内劳动所创造的新价值。

计算净收入的公式如下：

净收入 = 总收入－物质资料费用

3. 纯收入

纯收入是从总收入中扣除当年生产经营中各种费用支出后的余额，也就是当年生产经营的收益。它是反映企业、农户实际收入水平和扩大再生产、改善生活能力的重要指标，其计算公式如下：

纯收入＝总收入－产品成本

或：纯收入 = 净收入－人工费用

4. 产品利润

利润是指销售收入扣除产品成本和税金后的余额。其计算公式如下：

利润＝销售收入－（产品成本＋税金）

四、经济效益分析

（一）经济效益及其指标

经济效益是指经济活动中占用和消耗的劳动量与取得的生产成果之间的比较。简言之就是投入与产出的比较。其表达公式为：

经济效益 = 生产成果 / 占用或消耗的劳动量

占用或消耗的劳动量包括活劳动和物化劳动两个方面的劳动量。活劳动的占用和消耗是指对劳动力资源的占用和消耗。物化劳动的占用和消耗是指对劳动资料和劳动对象的占用和消耗。劳动占用和消耗，可称为投入。生产经营成果，可称为产出。经济效益即投入与产出的比较，一般用相对数表示。常用的指标有劳动生产率、土地生产率、资金占用盈利率等。

1. 劳动生产率

可供实际应用的劳动生产率指标是活劳动生产率，其计算公式如下：

劳动生产率 = 花卉产量或产值 / 活劳动消耗量

目前，计算劳动生产率一般用人工年指标，有条件可采用人工日、人工时指标。该指标反映活劳动消耗为社会提供的产出水平。

2. 土地生产率

土地生产率是指占用单位土地面积的产品产量或产值。通常采用的是计算土地的净产率和土地盈利率。它们分别反映劳动者在单位面积上所创造的新价值和纯收入。计算公式如下：

土地净产率＝（花卉总收入－消耗的生产资料价值）/ 土地面积

土地盈利率 =（花卉总收入—花卉总成本）/ 土地面积

3. 资金占用盈利率

讲求经济效益不仅要以较少的资金消耗生产较多的产品和提供较多的盈利，还要尽可能以较少的资金占用，完成产品生产。反映资金占用效果的指标包括资金占用产品率、资金占用盈利率、成本产品率和成本盈利率。其中，最为重要的指标之一是资金占用盈利率。它反映的是全年各项生产经营活动取得的纯收入与固定资金和流动资金占用额进行比较的经济效益。它是评价经营经济效益的重要指标之一。其计算公式如下：

资金占用盈利率 = 年纯收入额 /（固定资金占用额＋流动资金占用额）

（二）经济活动分析

企业经济活动分析是企业依据各种经济资料，运用经济指标和科学方法，对生产经营活动及其成果所进行的分析、研究和评价。经济活动分析的内容主要包括资源利用分析、生产经营成果分析、基本建设投资分析、农产品市场营销效益分析等。分析的方法有对比分析法、因素分析法、动态分析法、差额计算法、余额平衡法等。分析的形式也多种多样，有定期分析、日常分析、专题分析、专业分析、群众分析等。经济活动分析，对企业经营管理来讲，具有生产经营总结、经营成果评价和企业诊断等职能，起着审查决策目标的正确性与可行性、检查经营指标完成情况、考核生产经营成果、寻找偏差和改善经营管理等作用。

花卉奇趣

仙人掌传说

仙人掌花语是“外表坚硬带刺，内心相当甜蜜；坚强、刚毅的爱情；暗暗隐忍的坚强。”

墨西哥当地有个优美的传说：一只巨大的山鹰叼着一条蛇，为寻找栖身之地，到处飞翔。当它落到一丛开满黄花的仙人掌上后，再也不愿离开。从此，墨西哥人便在这富有生机的地方建立起自己的家园——墨西哥城。墨西哥国徽上的图案就是以这个传说为依据的。墨西哥高原上，千姿百态的仙人掌在恶劣环境中，任凭土壤多么贫瘠，天气多么干旱，总是生机勃勃，凌空直上，构成墨西哥独特的风貌。它全身带刺，具有顽强的生命力，坚韧的性格，有水、无水、天热、天冷都不在乎，在掌状的茎上却能开出鲜艳、美丽的花朵，这就是坚强、勇敢、不屈、无畏的墨西哥人民的象征。

仙人掌在中国的传说：很久以前，大海边上的一座高山上长着一棵仙草，可以治百病。许多人上山去采仙草，但仙草被一个仙翁守护着，凡采仙草的人都要正确回答他的三个问题，否则，就会被仙翁的怪风卷走。有一个智勇双全的小伙子，冒着生命危险上山采挖仙草。不料，半路上就冲出三只老虎，他奋力除掉了一只，另外两只一左一右地向他扑来，情况危急。恰在这时，仙翁把那两只老虎用怪风卷走了。小伙跪拜谢恩。仙翁问：“你上山采仙草不怕老虎？”“为了采到仙草，老虎何足道？”小伙子答道。“现在打死了老虎，你可去官府领赏钱了。”“要是为了赏钱，我又何必上山呢？”“好吧，我把仙草给你，但你不许给别人，好吗？”这是仙翁的第三个问题，小伙子答道：“我身强力壮，要仙草有什么用，我要用它为百姓治病。”仙翁点头称善，让小伙子采走了仙草，许多平民百姓因此而治好了病。这仙草形状大小如同手掌，故此人们就叫它“仙人掌”。

项目二　花卉产品的销售

知识目标

- 掌握花卉产品销售的方式。
- 掌握花卉产品销售的策略。
- 掌握花卉产品出口的一般程序。

技能目标

- 能够进行花卉产品多渠道进行销售。
- 能够针对市场变化和竞争对手调整或变动销售方案。
- 能熟练进行花卉进口合同的订立及合同的履行。

任务提出

- 如何进行花卉产品的销售？如何采取有效策略进行花卉的销售？如何进行花卉产品的进出口？

任务分析

- 本次任务主要了解花卉销售过程中的中间商；掌握花卉产品销售的方式、销售策略；能够根据花卉产品的特点采取最有效的销售策略。

学习内容

产品销售是指花卉生产者和经营者，通过商品交换形式，使产品经过流通领域，进入消费领域的一切经济活动。产品销售是联系花卉生产和社会消费的纽带，是花卉生产经营的重要环节。

任务一　熟悉销售方式

销售方式是由围绕着商品物流的组织和个人形成的。销售的起点是生产者，终点是消费者，中间有批发商、代理商、储运机构和零售商等，即中间商。因此，销售方式按商品销售中经过的中间环节的多少，可分为长渠道销售和短渠道销售；按商品销售中使用同种类型中间商的多少，可分为宽渠道销售和窄渠道销售；按承担销售的实体任务的多少，分为主渠道销售与支（次）渠道销售；按商品是否经过中间商，也可分为直接销售和间接销售。

一、中间商

中间商是指参与商品交易业务的处于生产者与消费者之间中介环节的具有法人资格的经济组织或个人。中间商有广义和狭义之分。狭义的中间商，是指从事商品经销的批发商、零售商和代理商等经销商。广义的中间商，包括经销商、经纪人、仓储、运输、银行和保险等机构。

1. 批发商

批发商是指从生产者处（或其他批发商品企业）购进商品，继而以较大批量转卖给零售商（或其他批发商），以及为生产者提供生产资料的商业企业。批发商在商品流转过程中，一般不直接服务于最终消费者，只实现商品在空间、时间上的转移，起着商品再销售的作用。批发商是连接生产企业与零售企业的桥梁，具有购买、销售、分配、储存、运输、融资、服务和指导消费等功能。批发商按业务所在地分类，可分为产地批发商、销地批发商、中转批发商和进口商品接收地批发商等。

① 产地批发商 处于商品批发流转的起点，其主要业务是在产品生产地收购产品，集中分类后批发给中转地批发商、销地批发商、零售商等。

② 销地批发商 处于商品批发流转的终点，一般设在消费者较集中的城镇。其主要业务是向产地、中转地和进口商品接收地批发商购买商品，然后将商品批发给零售商。

③ 中转地批发商 处于商品批发流转的中间环节，多设在交通枢纽城市，其主要业务是将从产地批发商购进的商品转卖给销地批发商。

④ 进口商品接收地批发商 有类似中转批发业务的特点。其不同点是一个在国内从事商品批发中转业务；一个是在口岸从事外贸进口商品的批发中转业务，将进口商品调往销地。

2. 代理商

代理商是指不具有商品所有权，接受生产者委托，从事商品交易业务的中间商。

代理商的主要特点是不拥有产品所有权，但一般有店、铺、仓库、货场等设施，从事商品代购、代销、代储、代运等贸易业务，按成交额的大小收取一定比例的佣金作为报酬。代理商具有沟通供需双方信息、达成交易的功能。代理商擅长于市场调研，熟悉市场行情，能为代理企业提供信息，促进交易。

代理商按其与生产企业（代理企业）业务联系的特点，可分为企业代理商、销售代理商、寄售代理商、拍卖行、委托贸易商、进出口代理商等。

① 企业代理商 企业代理商是受生产企业委托，根据双方签订的协议为企业代销产品，按代销产品销售额的一定比例获取代销报酬。企业代理商与生产企业之间是委托代销关系，负责推销产品的代销业务，其产品价格由生产企业制订。一般可不设仓库，由顾客直接从生产企业提货。

② 销售代理商 销售代理商是受产品生产者的委托，负责代销产品，并拥有一定的售价决定权的中间商。生产企业为使其产品占领市场，一般要求销售代理商在一定时期内只能代销本企业的产品，并且在一定时期内要完成规定的商品推销数量，因此销售代理商实际上是按销售额收取佣金为生产企业代销产品的独家代理商。

③ 寄售代理商 寄售代理商通常备有仓库和铺面，替委托人储存、保管商品并代销商品，在商品销售额中扣取寄售仓储费用和代销商品的佣金。寄售代理商能使顾客及时得到现货，易于成交。

④ 拍卖行 拍卖行为卖主和买主提供交易场所和各种服务项目，以公开拍卖方式决定市场价格，组织买卖双方成交，收取规定的手续费和佣金。中国第一家花卉拍卖行是1998年由北京朝阳区太阳宫农工商总公司投资兴建的北京莱太花卉交易中心。

⑤ 委托贸易商 属代理批发商性质，凡委托人需要的代购、代销、代储、代运、代结算等业务，委托贸易商均为其代办，并按委托贸易数额收取一定佣金。少数委托贸易商也有自营批发业务。

⑥ 出口代理商 进出口代理商一般在口岸、海关设立办事处，专门从事为委托人从国外代

理进口商品业务；为国内生产企业和商业企业代理出口商品的业务，并按进出口商品款额收取佣金。

3．经纪人

经纪人（又称经纪商）是为买卖双方洽谈购销业务起媒介作用的中间商。经纪人的特点是无商品所有权，不经手现货，为买卖双方提供信息，起中介作用。经纪人有一般经纪人和交易所经纪人。后者为同业会员组织，由同业会员出资经营，参加交易者仅限于会员，这在我国花卉销售中尚无运用。目前国内的花卉经纪人为一般经纪人。

一般经纪人了解市场行情，掌握市场价格，熟悉购销业务，并与一些生产者和消费者有一定的联系，在买卖双方之间穿针引线，介绍交易，在商品成交后，获取一定佣金。一般经纪人对买卖双方都不承担义务，均无固定的联系，但在买卖双方交易过程中，只要受托，既可代表买方，又可代表卖方，以促进成交而收取佣金为目的。

4. 零售商

零售商是将商品直接供应给最终消费者的中间商。零售商处于商品流转的终点，具有采购、销售、服务、储存等功能，使商品的价值得以最终实现，使再生产过程得以重新开始。常见的零售商有：

① 专业商店　是专门经营某一类商品或某一种商品为店名的零售商。如专门经营鲜切花的商店、专门经营仙客来的商店等。其特点是经营商品类别比较单一。

② 综合商店　经营商品种类、类型多，一家商店内，既可经营盆花，又可经营切花、盆景、观叶植物等，还可经营种子、种苗、花肥、花药、盆钵等，琳琅满目，可供顾客任意挑选。

③ 超级市场　是一种明码标价，提供购物小车、包装，由顾客自行选购，在商店出口处统一付款的零售商店。其特点是可通过包装介绍商品；服务设施也较好。

④ 方便商店　是设在居民区的小型零售商店。方便商店经营时间长，但服务区域较小。

⑤ 集市花摊　是由农民和小商小贩出售花卉产品的场所。其特点是买卖双方自由协商价格，讨价还价，进行交易。

⑥ 邮购商店　是通过邮电局办理订货和送货业务的零售商店。其特点是顾客根据邮购花卉商品目录得到的商品信息，利用信件、电报等形式购货。它不受空间限制，顾客能从外地购买商品。

⑦ 连锁商店　是由同一商品所有者用同一店名，按统一规定集中管理两个或两个以上分店的零售商业组织。其优点是实行统一进货，能享受较高的折扣，减少运输成本，避免相互竞争所造成的内耗。其缺点是缺乏一定的灵活性。

⑧ 流动商店　是用流动售货车、货郎担等形式，走街串巷，送货上门，方便顾客的零售业务。

二、常见的销售方式

（一）直接销售与间接销售

1. 直接销售

直接销售是指商品从生产领域转移到消费领域时，不经过任何中间商的销售方式。直接销售一般要求企业采用产销合一的经营方式，由企业将自己生产的商品直接出售给消费者和用户，只转移一次商品所有权，其间不经过任何中间商。其优点是生产者与消费者直接见面，企业生产的商品能更好地满足消费者的要求，实现生产与消费的结合。企业实行产销合一的经营方式，能及时了解市场行情，根据反馈中的信息，改进产品和服务，提高市场竞争能力。产销合一的直接销售方式，不经过任何中间环节，也可以节约流通费用。其缺点是企业要承担繁重的销售任务，要投放一定的人力、物力和财力，如经营不善，会造成产销之间的顾此失彼，甚至两败俱伤。

2. 间接销售

间接销售是指商品从生产领域转移到消费领域时要经过中间商的销售方式。间接销售与直接销售相比，它有中间商参与，商品所有权至少要转移两次或两次以上，其渠道较长，商品流转时间长。间接销售的优点是：第一，运用众多的中间商，能促进商品的销售；第二，生产企业不从事产品经销，能集中人力、物力和财力组织好产品生产；第三，中间商遍布各地，利用中间商有利于开拓市场。其缺点是间接销售将生产者与消费者分开，不利于沟通生产与消费之间的联系，增加了中间环节的流通费用，提高了商品价格，因消费者需求的信息反馈较慢，易造成产销脱节。

（二）短渠道销售和长渠道销售

1. 短渠道销售

短渠道销售是指生产企业不使用或只使用一种类型中间商的销售。它的优点是中间环节少，商品流转时间短，能节约流通费用。它适用于销售小批量生产的商品，也较适宜于销售花卉等鲜活商品。

2. 长渠道销售

长渠道销售是指生产企业使用两种或两种以上不同类型中间商来销售商品的销售方式。它的优点是能充分发挥各种类型中间商促进商品销售的职能，使企业集中精力组织产品生产。但长渠道销售存在着不可避免的缺点：生产与需求远离，很难实行产销结合；商品流转环节多，流通时间长，流通费用高。长渠道销售，一般适用于大批量生产的、需求面广的、需求量多的商品营销。

（三）窄渠道销售与宽渠道销售

1. 窄渠道销售

窄渠道销售是指生产企业只使用一两个同种类型的中间商来销售商品的销售方式。窄渠道销售主要运用于技术性强、价格高、小批量生产的商品。其优点是生产企业只使用为数极少的中间商，双方紧密相依，共求发展。在正常情况下，双方产销关系稳定。缺点是一旦一方变故，双方均受损失。窄渠道销售的具体模式，一是使用一两个零售商；一是使用一两个批发商。

2. 宽渠道销售

宽渠道销售是指生产企业使用许多同种类型的中间商来推销商品的销售方式。宽渠道销售有利于扩大商品销售；有利于选择销售成绩高的中间商；有利于提高营销效益。其缺点是生产企业与中间商之间的关系松散，不够稳定。宽渠道销售的模式，一是使用多个零售商，一是使用多个批发商。

任务二 掌握销售策略

销售策略是指在市场经济条件下，实现销售目标与任务而采取的一种销售行动方案。销售策略要针对市场变化和竞争对手，调整或变动销售方案的具体内容，以最少的销售费用，扩大占领市场，取得较好的经济效益。

销售策略主要包括：市场细分策略、市场占有策略、市场竞争策略、产品定价策略、进入市场策略及促销策略等。

一、市场细分策略

所谓市场细分，是指根据消费者的需要，购买动机和习惯爱好，把整个市场划分成若干个“子市场”（又称细分市场），然后选择某一个“子市场”作为自己的目标市场。例如，某企业生产商品盆景，国内外所有的盆景消费者是一个大市场。如果根据不同地区对盆景消费的要求来进行市场细分，则可以分成如欧洲市场、东南亚市场、美洲市场和国内市场等。这个企业可选择其中一个作为目标市场，该目标市场也就是被选定作为销售活动目标的“子市场”。如该企业选定的是欧洲市场，那么它所提供的产品必须是能最大限度满足欧洲消费者需要的产品。选定目标市场应具备三个条件。一是拥有相当程度的购买力和足够的销售量；二是有较理想的尚未满足的消费需求和潜在购买力；三是竞争对手尚未控制整个市场。根据这些要求，在市场细分的基础上，进行市场定位，然后采用合理办法占领所定位的目标市场。

二、市场占有策略

市场占有策略指企业和农户占有目标市场的途径、方式、方法和措施等一系列工作的总称。具体可考虑三种市场占有策略：一是市场渗透策略。即原有产品在市场上尽可能保持原用户和消费者，并通过提高产品质量，探索新的销售方式，加强售后服务等来争取新的消费者的策略。二是市场开拓策略，这是以原产品或改进了的产品来开拓新的市场，争取新的消费者的策略。这需要注意对花卉新的科技成果的运用，适时地开发新的品种，从产品品种的多样化、高品质等方面求得改进。三是经营多元化策略。即在尽力维持原有产品的同时，努力开发其他项目，实行多项目综合发展和多个目标市场相结合的策略，以占领和开拓更多的新市场。

三、市场竞争策略

市场竞争策略指企业和农户在市场竞争中，如何筹划战胜竞争对手的策略。主要有以下内容：

① 靠创新取胜　例如，向市场投放新的产品，用新的销售方式、新的包装给消费者以新的感觉。

② 靠优质取胜　新的产品形象、新的销售方式等都必须以优质为前提。产品与服务的质量好坏同竞争能力密切相关。参与市场竞争，必须在优质上下工夫。

③ 靠快速取胜　要对市场的变化作出灵敏的反应，要很快地抓住时机，以最短的渠道进入市场，要能根据市场需求的变化，快速地接受新知识、新观念，快速开发新产品抢占市场。

④ 靠价格取胜　消费者和用户都希望以较低的价格买到称心的产品。因此，企业和农户应尽可能降低产品成本和销售费用，使产品价格具有竞争优势。

⑤ 靠优势取胜　每个企业和农户总有自己的优势，要根据地理位置、气候条件、资金、技术及资源条件，使生产经营的项目能充分发挥自身的优势，在扬长避短中获得较好的效益。

四、产品定价策略

价格是市场营销组合的一个重要组成部分。任何一个企业单位，要在激烈的竞争中取得成功，必须采用合适的定价方法，求得在市场营销中的主动地位。定价策略作为一种市场营销的战略性措施，国内外有许多成功企业的经验可供借鉴，如心理定价策略、地区定位策略、折扣与折让策略、新产品定价策略和产品组合定价策略等。在组织市场营销活动中，应以价格理论为指导，根据变化着的价格影响因素，灵活运用价格策略，合理制定产品价格，以取得较大的经济利益。

五、进入市场策略

进入市场策略主要是研究商品进入市场的时间。不少花卉在市场上销售都会有淡季和旺季之分，因此，正确选择进入市场的时间是一项不可忽视的策略。例如，鲜切花的上市时间放在元旦、春节等重大节日，就会畅销市场。

六、促销策略

促销策略是指通过各种手段和方法让消费者了解自己的产品以促进其购买消费。促销策略按内容分，有人员推销策略、广告策略、包装策略和商标策略等。

任务三　花卉的进出口

一、花卉进口

花卉产品进口与其他货物进口的一般程序大致相同。从贸易洽谈到合同履行完成，由订立合同、租船投保、结汇赎单、报关提货、验货索赔等几个环节组成。但花卉产品本身具有特殊性，一方面是属于农产品，具有很强的季节性，所以时效性十分重要；另一方面，是属于国家规定必须经过检疫方可进口的产品，所以植物检疫工作必须重视。

1. 合同订立

① 通过询盘、还盘、与外商磋商　初步商定购销协议书，确定所需进口的品种、数量、规格、价格、预期装船期等条款。

② 办理进口所需的批文　进口种苗所需批文主要有《引进种子、苗木检疫审批申请书》、《进（出）口农作物种子（苗）审批表》、《引进种子、苗木检疫审批单》等。一般程序是先由引种者到所在的省一级农业厅植保站、种子站办理申请书，然后到农业部有关部门和海关总署办理有关批文。其中办理的批文有的需收取一定费用。

③ 了解出口商的资信情况　在与外商磋商及订立正式合同之前，应尽可能地了解出口商的资信情况，对他们的信誉度及偿付能力做到心中有数，并挑选资信情况良好的外商成交。

付款方式最保险的为即期不可撤销信用证或预付，以此确保全数货款如数回收。如果对出口方不够了解，就应该选择可靠的代理商。

2. 合同履行

在进口业务中，大多是以信用证 CIF（成本费加保险费加运费）的价格条件成交。其程序包括开立信用证、审单付款、报关、提货、植检、索赔等环节。

① 开立信用证和付款赎单。根据合同条款填制开立信用证申请书，要求银行开立信用证。当银行收到国外客户全套单据时，包括提单、发票、装箱单、国外植检证书、质量证书、原产地证书等，进口商应对照合同仔细审单。如做到“单单相符，单证相符”，即承兑付款，从银行赎回全套单据；如有不符，则应立即向银行提出，拒付货款，全套单据退回。开立信用证时需向银行缴纳相关费用。

② 报关。进口报关是指海关规定的对外关系人应向海关申报进口的手续，旨在核实进口货物是否非法入关。由于海关规定报关手续应当自运输工具申报进境之日起 14 天内向海关申报，交税手续应当自海关填发税款纳税证的次日起 7 天内缴纳税款，否则须缴纳滞税金。又由于港口规定普通集装箱自运输工具进境 10 天内，冷藏集装箱自运输工具进境 4 天内应提走货物，否则须缴纳滞箱费。所以，报关工作必须完成得准确及时。为能从港口提走货物，所需要的主要手续包括换取提货单、填制报关单、海关报关、申报商检、卫检、植检等。办理这些手续，需向有关的各个部门提交相关的单证。向海关报关时，除应提交报关单外，还应提交贸易合同、提货单、检疫审批单、国外植检单、发票、装箱单、原产地证书等；属免税商品的，还需要农业部及海关总署批的免税单。由此可见，订立合同时的批文准备和付款赎单时的审单工作非常重要而具体，环环相扣，不能出任何差错。

③ 提货。当报关手续全部完成后，即可到港区申请提货。首先，应填报提货计划书，由港区安排吊装提货的时间。然后，港口植检人员在开箱时进行抽样检疫。经检验如发现有植物检疫对象的，由植检机构封存，或做消毒处理，或停止调运，或销毁。

④ 相关费用。在提货报关中，由于进口商品的品种、数量、价值以及提货方式的不同，费用支出也有所不同。但所发生的费用大致包括植检费、换单费、制单费、报关费、商检费、卫检费、港杂费、集装箱出港运费、吊装费、掏箱费、装车费、滞箱费等项目。

3. 索赔和种植监测

开箱验货时，如发现进口商品的品质、规格、数量、包装等方面不符合合同规定或发生残损，需根据不同情况，向有关责任方提出，并应提交相关单据，包括索赔函件、商检证明、植检证明、发票、装箱单、提单副本等。索赔应提出充足的理由和索赔的具体要求，做到有理有据。

进口花卉的种子（球）由于存在发芽率和开花率的问题，所以如合同中有规定的，当植物的一个生产周期完成时，也存在索赔问题。另外，根据中国的植物检疫条例，植物在生长期间，应受到所在省（省市区）植保站的监测，所以为保证生产安全，应与植保站很好配合，做好疫病监测工作。按规定，疫情监测费由引种单位负责。

二、花卉出口

1. 一般程序

出口工作是个复杂的过程，涉及的工作环节较多，涉及的面较广，手续也较繁杂。花卉产品，包括种子、种苗、种球、切花、盆花等多类产品。不同类的产品手续各有不同，所以其出口程序较一般产品出口更复杂。盆花、盆景出口，常不能带土出境，有时还要有生命力和花期的保证，要求则更为严格。但是，商品出口的一般程序是大致相同的，包括订立合同、备货、催证、审证、改证、租船（或飞机）、订舱、报检、报关、投保、装船和制单结汇等环节的工作。鉴于大多数的出口合同为 GIF 或 CFR 合同，并且通常采用信用证付款及集装箱船运的方式，现以此为例，概述花卉产品出口的一般程序。

根据花卉产品的分类，按品种、规格、株高（茎长）、颜色、开花期、供货期、可供数量、运费、税率及包装等项，对外商报价，视不同要求及方式而定。经过与外商的往来函电磋商和确认，签订正式销售合同。并至少在装运期 1 个月之前，在收到通知实行转送信用证后，经严格的审证之后加紧备货，若条款有误，应立即与进口方联系改证事宜，并应同时联系租船、订舱、向出口地动植物检疫局报检，取得出口植检证书，制好货物出口的全套单据后向海关报关，并根据合同规定办理出口货物投保事宜。待货物装运后，开制汇票，备齐单据后交出口地银行议付。

2. 要求和注意事项

出口合同的履行以货（备货）、证（催证、审证、改证）、船或飞机（租船、订舱）、款（制单结汇）四个环节的工作最为重要。只有做好这些环节的工作，使其环环紧扣，才能提高履约率。而作为花卉产品，根据其本身产品的特性，在出口工作中应特别注意以下几点。

① 注重时效性。时效性主要包括两点：一是指花卉产品的生长和消费具有时效性，二是指合同履行的各个环节具有时效性。花卉产品，有一定的生长周期，有很强的季节性，观花产品又存在花期长短的问题。同时作为消费品，花卉产品的市场需求同样具有很强的时令性。所以，花卉产品的出口需根据产品的不同生产和消费特点，特别注意其时效性，否则，季节一过，什么都来不及了。也正是因为这个原因，合同从磋商订立开始一直到履行结束为止，每一个环节都必须进行得细致、准确、及时。

② 做好植物检疫。一般花卉产品的进口国都规定出口国的植物检疫部门必须出具植检证书，同时多数进口商也都对花卉产品的质量和检疫对象提出了具体要求。若出口植物发现病虫害，须进行商品熏蒸消毒灭菌，当然这样可能会影响质量、数量并导致货值的下降。如果有检疫对象，整批花卉都将被销毁。对此，我们必须认真对待，根据外方提出的检疫要求到我国植检局进行检疫，以避免因此遭到外方海关拒收而发生索赔。

小　结

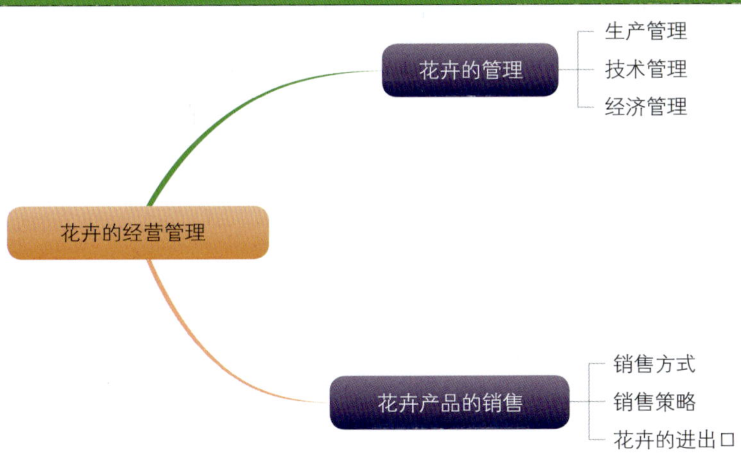

花卉奇趣

花卉十二月歌

正月梅花香又香，
二月兰花盆里装，
三月桃花连十里，
四月蔷薇靠短墙，
五月石榴红似火，
六月荷花满池塘，
七月栀子头上戴，
八月丹桂满枝黄，
九月菊花初开放，
十月芙蓉正上妆，
十一月水仙供上案，
十二月腊梅雪里香。

目标检测

一、判断题：判断下列说法正误。

1. 花卉春季播种越早越好，秋季播种越晚越好。
2. 宿根花卉较一、二年生草花根系深，耐旱性强。
3. 我国花卉生产是以大规模、百花园式的生产方式占多数。
4. 宿根花卉都是多年生草本花卉，分为常绿植物和落叶植物。
5. 室内观叶植物大多具有一定的耐阴性，喜温暖湿润的环境。
6. 百合、万寿菊、唐菖蒲的自然花期都在秋季。
7. 岩生植物都具有较强的耐旱性。
8. 仙人掌科植物和景天科植物为多浆多肉类花卉，一般都较耐旱。
9. 球根花卉主要是由地下根系变态发生膨大而形成的。
10. 为了更好地利用太阳辐射能，单屋面温室的南屋面倾斜度应不大于 30° 。
11. 根据花径大小，菊花可以分为小菊、中菊、大菊、特大菊。
12. 玉簪、萱草、德国鸢尾等属于半耐寒性花卉。
13. 荷兰菊、景天、玉簪都属于耐寒性花卉。
14. 盆栽花卉浇水的原则是“见干见湿”。
15. 对于大多数花卉而言，日照长度只影响开花。
16. 一般来说，长日照植物分布在温带地区，短日照植物常分布于热带和亚热带地区。
17. 自然花期为秋天开花的花卉多属短日照植物。
18. 旱生花卉可较长时间忍受干旱环境。
19. 植株缺氮、磷、钾、铁元素时从新叶开始表现。
20. 独本菊是一株一杆、一杆一花。
21. 一、二生草花多采用扦插法繁殖。
22. 短日照花卉是指生长、开花需要 12 小时以下的光照长度的花卉。
23. 长日照花卉是指生长、开花需要 12 小时以上的光照长度的花卉。
24. 根据操作时期，整形修剪可分为春季修剪和冬季修剪。
25. 摘心是多种花卉推延花期常用的方法之一。
26. 盆栽花卉上盆用的花盆宜大不宜小。
27. 太阳光照越强，花卉花色越鲜艳。
28. 单屋面温室栽培盆花要适时转盆，防止偏冠。
29. 盆栽花卉装盆时一定要装满土。
30. 盆栽花卉栽培宜选用塑料盆。
31. 唐菖蒲常用的繁殖方法是分球繁殖。

32. 植物的根、茎、叶都可以作为扦插的材料。
33. 可叶插繁殖的花卉多具有粗壮的叶脉或肥厚的叶片。
34. 橡皮树可以用叶芽进行扦插繁殖。
35. 扦插繁殖时基质的含水量越高、空气湿度越大，越有利于生根。
36. 月季扦插繁殖在生长季均可进行。
37. 对于较难生根的木本花卉，压条繁殖可采用刻伤法、环剥法等促进生根。
38. 河沙、蛭石、珍珠岩透气性和保水性好，常用作扦插基质。
39. 花卉有性繁殖就是用种子繁殖的方法。
40. 种子覆土厚度与种子的大小有关。
41. 草本花卉的扦插繁殖大多数在生长季节进行。
42. 矮牵牛的种子属于微粒种子，播种不覆土。
43. 嫁接繁殖采用的砧木与接穗应选择亲缘关系近的种类。
44. 扦插繁殖需保持地温高于气温。
45. 一、二年生草花的整地深度要比宿根花卉和球根花卉深。
46. 花卉种子繁殖时，分嫌光种子和需光种子。
47. 无性繁殖的最大优点是能有效地将品种的性状稳定地遗传下去。
48. 扦插繁殖的插穗应选择枝条健壮、芽饱满的种类。
49. 插穗上的叶可以进行光合作用，因此扦插时插穗的叶片保留越多越有利于生根。
50. 一年生花卉的生长周期为 1 年。
51. 二年生花卉的生长周期为两年。
52. 短日照花卉所需的日照长短一定短于长日照花卉。
53. 长日照花卉所需日照长短一定长于短日照花卉。
54. 多年生花卉依据地下根、茎是否发生变态分为宿根花卉和球根花卉。
55. 唐菖蒲属于球茎类花卉。
56. 百合属于鳞茎类花卉。
57. 唐菖蒲、月季、香石竹、菊花是世界著名的四大切花。
58. 百合、月季、香石竹、菊花是世界著名的四大切花。
59. 三色堇、羽衣甘蓝、桂竹香为二年生花卉，常做一年生栽培。
60. 一串红、矮牵牛、万寿菊为常用的“五一”、“十一”用花。
61. 一品红、地被菊是典型的短日照花卉。
62. 唐菖蒲、月季是典型的长日照花卉。
63. 中国已成为世界上最大的花卉生产基地。
64. 分株繁殖时，春季开花的花卉春季分株，秋季开花的花卉秋季分株。
65. 芍药一般为春季分株繁殖。
66. 间苗一般在子叶长出后就可进行。
67. 金盏菊和雏菊是两种耐寒性的花坛花卉，特别适合早春花坛布置。
68. 鸡冠花栽培过程中不能摘心，因为摘心会影响其开花质量。
69. 采用良种繁育是一二年生花卉育苗的关键之一。
70. 万寿菊、孔雀草用途相同，但二者的形态有明显差别。
71. 金鱼草是玄参科的秋播春花类，可以用做切花，也可以用于花坛布置。
72. 羽衣甘蓝是一种二年生花卉，耐寒能力强，主要应用于冬季花坛布置。

73．花坛花卉应用中主要以一二年生花卉为主。
74．四季海棠、矮牵牛、万寿菊都需保护越冬，但在夏季高温时也都能良好生长。
75．凤仙花、鸡冠花栽培中通常不用摘心。
76．宿根花卉的中耕、除草宜在浇水、施肥后进行。
77．四季海棠幼苗定植深度要深些，最好将新叶盖住。
78．四季海棠喜弱光，栽培养护过程中要适当遮荫。
79．矮牵牛一般采用温度调节来控制花期。
80．间苗前一天要浇透水，保持土壤湿润。
81．矮牵牛为微粒种子，播种后可以不用覆土。
82．花卉上盆的用盆要大小适宜，大苗选大盆，小苗选小盆。
83．一品红为长日照花卉，夏季也应在阳光直射下生长才有利于开花。
84．仙客来冬季休眠期应保持土壤干燥。
85．中国兰花的主要繁殖手段是分株，分株的时间根据种类而定。
86．仙客来播种繁殖时需要种子处理，可以做到出苗整齐，出苗期缩短为 10 天左右。
87．蝴蝶兰应采用白色透光的塑料盆栽培。
88．非洲菊定植时植株心部的生长点要露出基质的水平面。
89．影响红掌花和叶的生长量的重要因素是光照。
90．蝴蝶兰种子细小不易萌发，一般采用组培瓶内播种。
91．仙客来可采用萘乙酸钠一酯处理块茎，以便提早开花。
92．切花月季适宜的贮存温度为 4℃。
93．唐菖蒲种球贮藏一般为干藏法。
94．百合为球根花卉，切花、盆花应用较多。
95．切花包装一般在贮运之前进行，包装可减少切花在运输过程中的损耗。
96．季节、品种不同，月季的采收标准亦不同。
97．菊花栽培过程中剥蕾是为了使菊花花朵增大。
98．非洲菊在定植时要将根茎部埋入土中。
99．当切花菊出现侧蕾时应立即剥除。
100．非洲菊的最佳采切期为花蕾期。
101．花烛、花叶万年青、孔雀竹芋等可在 5℃以上越冬。
102．蕨类植物一般采用孢子来进行大量繁殖。
103．花叶榕一般采用扦插法繁殖。
104．大多数观叶植物适宜在全光条件下生长。
105．假龙头、玉带草和肥皂草均可以采用根插法进行繁殖。
106．间苗的时期可在子叶出现后进行。
107．芍药为喜肥花卉，每年追肥 3 次，第一次施肥为新梢抽出、叶及花蕾伸展时。
108．一般大苗适宜带土坨移植，小苗适宜裸根移植。
109．芍药耐寒、怕炎热、忌涝，宜阳光充足。
110．大花萱草一般采用分株法繁殖。
111．荷花和睡莲都是浮水花卉。
112．大花萱草的花只开一天，又有“一天百合”之称。
113．牡丹可以采用芍药根作为嫁接砧木。

114．郁金香的休眠期在夏季。

115． 一、二年生草花以花坛栽培和盆栽为主。

116．宿根花卉为多年生草本花卉，可一次种植，多年观赏。

117．菊花为短日照花卉，短日照是菊花开花的关键因素之一。

118．多年生草花对土壤、肥水及气候等环境条件的要求不高，耐粗放管理。

119．宿根草花的分株繁殖宜在春、秋两季进行。一般春花类在秋季或初冬分株，而夏秋开花的宿根草花宜在早春萌芽前分株。

120．一、二年生草花可根据园林应用时期确定播种期。

121．一年生花卉又称春播花卉，二年生花卉又称秋播花卉。

122．中耕可以保墒，减少水分蒸发。

123．轮作可以避免某些花卉种类因重茬而影响花卉质量、产量。

124．有机肥营养元素单一，为速效肥。

125．摘心可促进植株多分枝，使植株矮化。

126．花坛栽培的花卉要求能耐粗放管理，所以常用球根花卉和宿根花卉来装饰花坛。

127．花卉浇水时间根据季节不同而异，冬季天气寒冷，中午浇水为宜；夏季天气炎热，早晨或傍晚浇水为宜。

128．球根花卉休眠期不宜浇水过多，否则易导致烂根。

129．球根花卉栽培过程中常使用高畦。

130．对于花卉来说，比较理想的浇水水源是自来水。

131．大多数二年生花卉属于冬性花卉。

132．常见的酸性花卉有杜鹃、栀子、山茶。

133．花境由能露地越冬、耐粗放管理的乔木、灌木、草本花卉组合栽植而成，一般以宿根草花和小灌木为主。

134．花卉生长发育的最高温度、最低温度和最适温度被统称为温度三基点。

135．低温对植物成花的促进作用称春化作用。

136．狭义的花卉包括具有观赏价值的草本花卉和木本花卉。

137．我国的十大传统名花是梅花、牡丹、菊花、兰花、月季、杜鹃花、山茶、荷花、桂花、水仙。

138．宿根草花和球根花卉均属多年生草本植物。

139．我国切花花卉栽培面积最大的省市是上海市。

140．球根花卉繁殖以扦插为主。

141．睡莲、王莲为浮水花卉。

142．球根花卉依据地下茎变态分为球茎、根茎、块茎、鳞茎、块根。

143．水生花卉需终生生活在水中。

144．光周期处理适用于所用花卉的促成和抑制栽培。

145．对于长日照花卉，短日照处理将使其开花期延后。

146．乙烯是与切花衰老关系最为密切的植物内源激素，有“衰老激素”之称。

147．短日照花卉经过短日照处理可使花期提前。

二、选择题

1．花卉生产技术的研究内容是（　　）。

A．花卉的种类、形态、产地　　B．花卉的繁殖、习性
C．花卉的栽培　　D．花卉的园林用途

2．狭义的花卉是指（　　）。
A．具有观赏价值的草本植物　　B．以观叶、观果为主的草本植物
C．一些原产南方的盆栽花木类　　D．盆景

3．世界三大花卉消费市场是在（　　）。
A．欧洲　B．澳洲　C．北美洲　D．亚洲

4．我国北方最大的花卉物流中心是（　　）。
A．北京　B．天津　C．沈阳　D．西安

5．世界花卉生产的特点包括（　　）。
A．专业化　B．区域化　C．周年化　D．大规模化

6．花卉产业的发展趋势是（　　）。
A．专业化　B．现代化　C．系列化　D．周年化

7．属于一年生花卉的植物有（　　）。
A．孔雀草　B．紫罗兰　C．鸡冠花　D．凤仙花

8．属二年生花卉的植物有（　　）。
A．羽衣甘蓝　B．紫罗兰　C．地被菊　D．桂竹香

9．自然花期处于冬季的花卉有（　　）。
A．百合　B．一品红　C．仙客来　D．月季

10．自然花期处于春季的花卉有（　　）。
A．郁金香　B．芍药　C．荷包牡丹　D．八宝景天

11．下列花卉中属于球根花卉的是（　　）。
A．百合　B．仙客来　C．唐菖蒲　D．朱顶红

12．一年生花卉又称（　　）；二年生花卉又称（　　）。
A．春播花卉　　B．夏播花卉
C．秋播花卉　　D．冬播花卉

13．下列花卉中属于温室宿根花卉的是（　　）。
A．文竹　B．鸢尾　C．吊兰　D．马蔺

14．下列花卉中属于兰科的是（　　）。
A．吊兰　B．君子兰　C．大花蕙兰　D．剑兰

15．睡莲为（　　）。
A．挺水植物　B．沉水植物　C．浮水植物　D．漂浮植物

16．下列花卉中属于观茎花卉的是（　　）。
A．驯鹿角　B．光棍树　C．酒瓶兰　D．孔雀竹芋

17．下列属于宿根花卉的有（　　）。
A．地被菊　B．鸡冠花　C．一串红　D．金盏菊

18．下列属于水生花卉的有（　　）。
A．王莲　B．睡莲　C．凤眼莲　D．半支莲

19．下列属于观果类的有（　　）。
A．南天竹　B．龟背竹　C．文竹　D．佛手

20．从光、温、水、肥、气等因素综合考虑，单栋式塑料大棚面积一般以（　　）平方米

左右较为有利。

A．200　　B．300　　C．400　　D．500

21．一般热带植物的昼夜温差为（　　），温带植物为（　　），沙漠地区原产的植物，如仙人掌类则为（　　）或以上。

A．1℃　　B．3 ~ 6℃　　C．5 ~ 7℃　　D．10℃

22．可在高温下进行花芽分化的花卉是（　　）。

A．八仙花　　B．杜鹃　　C．卡特兰　　D．郁金香

23．属于日中性的植物有（　　）。

A．长春花　　B．香石竹　　C．一品红　　D．月季

24．植物同化作用吸收最多的是（　　）。

A．红光　　B．橙光　　C．绿光　　D．蓝光

25．属于光性种子的花卉有（　　）。

A．喜林芋　　B 黑种草　　C．报春花　　D．秋海棠

26．对花卉生长比较有利，适应大多数花卉要求的土壤类型是（　　）。

A．砂土　　B．沙壤土　　C．黏土　　D．黄土

27．八仙花花朵在土壤 pH 值低时，花色呈现（　　）。

A．蓝色　　B．白色　　C．绿色　　D．粉红色

28．下列属于微量元素的是（　　）。

A．磷　　B．硼　　C．钼　　D．钾

29．抗氟化氢的花卉有（　　）。

A．月季　　B．百合　　C．一串红　　D．唐菖蒲

30．常见的对氯气敏感的指示花卉有（　　）。

A．百日草　　B．波斯菊　　C．一品红　　D．荷兰菊

31．现代温室发展方向是（　　）。

A．大型化　　B．现代化　　C．智能化　　D．花卉生产工厂化

32．连栋温室的特点是（　　）。

A．光照好　　B．空气流通　　C．温度高　　D．易维持温度

33．日光温室的特点是（　　）。

A．光照好　　B．空气流通　　C．温度高　　D．易维持温度

34．温室建造时要考虑（　　）。

A．当地气候条件　　B．所栽花卉习性

C．建造地点环境　　D．建材价格

35．温度在宿根花卉生长与开花的控制方面起着十分重要的作用，如低温处理的作用有（　　）。

A．有利于花芽的形成　　B．有助于培养良好的株型

C．促成开花　　D．A 和 B

36．下列花卉在低温下进行花芽分化的是（　　）。

A．月季　　B．八宝景天　　C．菊花　　D．郁金香

37．下列花卉是短日照花卉的是（　　）。

A．百合　　B．一品红　　C．唐菖蒲　　D．月季

38．下列花卉是阴性花卉的是（　　）。

A．仙人掌　B．昙花　C．牡丹　D．孔雀竹芋

39．下列花卉在夜晚开花的是（　　）。

A．矮牵牛　B．紫茉莉　C．昙花　D．孔雀草

40．以下属于耐寒花卉的是（　　）。

A．蜀葵　B．荷兰菊　C．彩叶草　D．非洲凤仙

41．下列花卉采用走茎进行繁殖的有（　　）。

A．虎耳草　B．长春花　C．君子兰　D．吊兰

42．可用鳞茎繁殖的花卉是（　　）。

A．唐菖蒲　B．大丽花　C．百合　D．美人蕉

43．下列哪些花卉可采用叶片扦插法进行繁殖（　　）。

A．落地生根　B．虎尾兰　C．棒叶落地生根　D．铁十字秋海棠

44．下列可作为花卉扦插繁殖基质的是（　　）。

A．珍珠岩　B．河沙　C．海沙　D．黏土

45．可以采用根插的植物是（　　）。

A．芍药　B．牡丹　C．荷兰菊　D．玉带草

46．仙人掌类繁殖可采用的方法是（　　）。

A．压条　B．芽接法　C．髓心接法　D．腹接法

47．播种前促进种子发芽的方法是（　　）。

A．刻伤　B．层积处理　C．清水浸种法　D．去除附属物

48．仙客来原产地中海地区，夏季高温天气出现完全落叶现象，这种现象称为（　　）。

A．球根休眠期　B．夏季死亡　C．球根储存营养　D．球根存贮期

49．种子萌发的外界条件是（　　）。

A．适宜的温度　B．适当的水分　C．充足的氧气　D．以上三者都是

50．金娃娃萱草的主要繁殖方法是（　　）。

A．嫩枝扦插　B．分株繁殖　C．叶片扦插　D．压条繁殖

51．虎尾兰最常用的繁殖方法为（　　）。

A．分株繁殖　B．叶片扦插　C．压条繁殖　D．嫁接繁殖

52．花卉扦插繁殖过程中为了促进生根，常用的物质是（　　）。

A．NAA　B．IBA　C．GA_3　D．BA

53．花卉栽培过程中，叶面喷肥浓度一般控制在（　　）。

A．0.1% ~ 0.3%　B．0.3% ~ 0.5%　C．0.5% ~ 0.7%　D．1% ~ 3%

54．园林应用中，一串红和万寿菊的繁殖方法通常采用（　　）。

A．播种　B．扦插　C．嫁接　D．压条

55．鸡冠花根据花型不同，最常见的品种类型有（　　）。

A．球头鸡冠类、凤尾鸡冠类　B．绿叶类、紫叶类

C．红花类、黄花类　D．早花类、晚花类

56．（　　）组花卉最适合春季“五一劳动节”花坛布置。

A．百合、金盏菊、金鱼草、藿香蓟　B．一串红、矮牵牛、孔雀草、万寿菊

C．雏菊、金盏菊、唐菖蒲、桂竹香　D．矮牵牛、玉簪、香雪球、鸢尾

57．翠菊是原产中国的一、二年生草本花卉，其花期在（　　）。

A．春季　B．秋季　C．春季或秋季　D．冬春季

58.（　　）组花卉最适合北方“十一国庆节”花坛布置。

A. 雏菊、金盏菊、金鱼草、鸢尾　　B. 雏菊、金盏菊、三色堇、萱草

C. 矮牵牛、三色堇、香雪球、波斯菊　D. 三色堇、羽衣甘蓝、矮牵牛、翠菊

59. 摘心是为了促进植株多分枝，但（　　）不能摘心。

A. 一串红、万寿菊、百日草　B. 洋地黄、蜀葵、鸡冠花

C. 矮牵牛、长春花、紫罗兰　D. 金盏菊、百日草、一串红

60. 鸡冠花为苋科花卉，下列（　　）条件不适合鸡冠花生长栽培。

A. 阳光充足

B. 耐寒，忌热

C. 排水良好

D. 春季播种繁殖为主，一般不用扦插繁殖

61. 红掌栽培过程中主要采用的繁殖方式是（　　）。

A. 扦插　B. 播种　C. 分株　D. 组培

62. 蝴蝶兰栽培过程中主要的繁殖方法是（　　）。

A. 播种　B. 分株　C. 组培　D. 扦插

63. 常用于凤梨催花的药剂是（　　）。

A. 脱落酸　B. 赤霉素　C. 乙烯利　D. 生长素

64. 蝴蝶兰叶片数不多，一般成熟株具（　　）片以上叶。

A. 3　B. 4　C. 5　D. 6

65. 唐菖蒲主要的繁殖方法是（　　）。

A. 分子球法　B. 分株　C. 扦插　D. 压条

66. 热带兰花在生产上采用的主要繁殖方法是（　　）。

A. 组织培养　B. 分球繁殖　C. 分株繁殖　D. 扦插繁殖

67. 下列花卉属于球根花卉的是（　　）。

A. 郁金香　B. 凤梨　C. 蝴蝶兰　D. 吊兰

68. 凤梨科植物是重要的室内盆栽观赏植物，主要观赏部位有叶、（　　）。

A. 花　B. 苞片　C. 种子　D. 果实

69. 一品红叶状苞片着色鲜艳，是主要观赏部分，有深红、粉红、白色等色，一品红又称（　　）。

A. 一品红　B. 草本象牙红　C. 银边翠　D. 圣诞树

70. 自然花期在春节前后的是（　　）。

A. 一品红　B. 风信子　C. 杜鹃　D. 蝴蝶兰

71. 下列花卉中用苔藓做栽培基质的是（　　）。

A. 报春花　B. 仙客来　C. 百合　D. 蝴蝶兰

72. 现代月季多采用（　　）繁殖。

A. 扦插　B. 分株　C. 嫁接　D. 播种

73. 一品红属于典型的（　　）。

A. 短日照花卉　B. 长日照花卉　C. 日中性花卉　D. 全日照花卉

74. 郁金香是“花卉王国”荷兰的国花。郁金香在我国至今尚无普遍生产栽培的原因主要有（　　）。

A. 土壤病虫害，有些地区的夏季高温，多雨

B. 成本太高，没有足够的市场

C. 国内栽培品种太少，品种质量差

D. 花期集中在春季，观赏期相对较短

75. 香石竹在生产上主要采用的繁殖方法是（　　）。

A. 组织培养　B. 播种繁殖　C. 扦插　D. 压条

76. 仙客来繁殖采用的主要方法是（　　）。

A. 嫁接繁殖　B. 播种繁殖　C. 压条繁殖　D. 分株繁殖

77. 冬季一品红加光处理可（　　）。

A. 提早花芽分化　B. 推迟开花　C. 没有作用　D. 提早开花

78. 大多数观叶植物适宜的温度范围是（　　）。

A. 10 ~ 15℃　B. 15 ~ 20℃　C. 20 ~ 30℃　D. 25 ~ 35℃

79. 较喜阳的花卉种类是（　　）。

A. 变叶木　B. 花烛　C. 喜林芋　D. 百合竹

80. 下列花卉中，能用叶插法进行繁殖是（　　）。

A. 虎尾兰　B. 香菇草　C. 绿萝　D. 吊兰

81. 唐菖蒲种球在栽培时的覆土厚度一般为种球高度的（　　）。

A. 1 倍　B. 2 倍　C. 3 倍　D. 与地面平齐

82. 生产栽培中，芍药适宜的分株时期为（　　）。

A. 春季　B. 夏季　C. 秋季　D. 冬季

83. 荷花的繁殖方法是以（　　）为主。

A. 播种　B. 扦插　C. 分根茎　D. 压条

84. 草坪浇水时应渗透到地表以下（　　）厘米处。

A. 5 ~ 10　B. 10 ~ 15　C. 15 ~ 20　D. 20 ~ 25

85. 夏季天气炎热，一天中最佳的浇水时间是（　　）。

A. 早晨　B. 中午　C. 傍晚　D. 夜间

86. 为了使秋菊提前开花，可采用的方法是（　　）。

A. 短日照处理　B. 降温处理　C. 升温处理　D. 长日照处理

87. 标本菊采用的繁殖方法是（　　）。

A. 嫩茎扦插　B. 脚芽扦插　C. 老茎扦插　D. 叶片扦插

88. 下列花卉中（　　）为水生花卉中的挺水花卉。

A. 王莲　B. 荷花　C. 凤眼莲　D. 鱼草

89. 下列花卉中属于喜凉花卉类的是（　　）。

A. 荷包牡丹　B. 羽衣甘蓝　C. 芍药　D. 杜鹃

90. 下列花卉中少用播种方法繁殖的是（　　）。

A. 万寿菊　B. 翠菊　C. 矮牵牛　D. 百合

91. 下列花卉中属于室内观叶植物的是（　　）。

A. 杜鹃　B. 紫背竹芋　C. 百日草　D. 非洲凤仙

92. 一串红，原产南美巴西，为（　　）属多年生亚灌木，在我国常作一年生栽培。

A. 唇形科，鼠尾草属　B. 苋科，鼠尾草属

C. 玄参科，金鱼草属　D. 苋科，青葙属

93. 对于某些花卉，光强与花蕾开放关系密切，晚香玉（　　）开放，昙花午夜开放。

A. 凌晨　　B. 强光　　C. 午夜　　D. 傍晚

94. 露地栽培的一年生花卉通常在春天播种，因此又称（　　）。

A. 春播花卉　　B. 夏播花卉　　C. 秋播花卉　　D. 冬播花卉

95. 蕨类植物繁殖主要采用的方法是（　　）。

A. 嫁接繁殖　　B. 播种繁殖　　C. 扦插繁殖　　D. 孢子繁殖

96. 下列花卉中（　　）为水生花卉中的浮水花卉。

A. 荷花　　B. 凤眼莲　　C. 王莲　　D. 鱼草

97. 下列花卉中属于耐寒花卉的是（　　）。

A. 一串红　　B. 非洲凤仙　　C. 矮牵牛　　D. 玉簪

98. 下列花卉中属于中日性花卉的是（　　）。

A. 四季秋海棠　　B. 一品红　　C. 菊花　　D. 唐菖蒲

99. 切花用香石竹生产中主要采用（　　）方法进行繁殖。

A. 压条　　B. 扦插　　C. 嫁接　　D. 播种

100. 以下所列气体中，对花卉生长发育有危害的是（　　）。

A. 氧气　　B. 二氧化碳　　C. 氟化氢　　D. 氮气

101. 下列花卉中属于多浆植物的花卉是（　　）。

A. 生石花　　B. 仙客来　　C. 石斛兰　　D. 铁十字海棠

102. 下列花卉中，属于国兰的是（　　）。

A. 春兰　　B. 大花蕙兰　　C. 卡特兰　　D. 虎尾兰

103. 露地栽培的二年生花卉常在秋季播种，因此又称为（　　）。

A. 春播花卉　　B. 夏播花卉　　C. 秋播花卉　　D. 冬播花卉

104. 下列花卉中（　　）为水生花卉中的漂浮花卉。

A. 凤眼莲　　B. 王莲　　C. 荷花　　D. 鱼草

105. 下列花卉中属于耐寒花卉的是（　　）。

A. 荷兰菊　　B. 三色堇　　C. 杜鹃　　D. 一串红

106. 下列花卉中属于短日性花卉的是（　　）。

A. 玫瑰　　B. 一品红　　C. 百合　　D. 康乃馨

107. 下列花卉中属于木本花卉的是（　　）。

A. 紫背竹芋　　B. 燕子掌　　C. 非洲凤仙　　D. 叶子花

108. 某些花卉种类其花蕾开放与光强关系密切，如紫茉莉、晚香玉（　　）开放。

A. 傍晚　　B. 中午　　C. 凌晨　　D. 午夜

109. 花卉栽培因栽培目的和性质不同可分为（　　）和（　　）两类。

A. 经济生产　　B. 观赏栽培　　C. 生产栽培　　D. 露地栽培

110. 园林应用中常用的一年生花卉植物有（　　）。

A. 三色堇　　B. 玉簪　　C. 万寿菊　　D. 紫罗兰

111. 假龙头、一串红的叶着生为（　　）。

A. 叶互生　　B. 叶对生　　C. 叶轮生　　D. 螺旋状着生

112. 菊花、金盏菊的叶着生为（　　）。

A. 叶互生　　B. 叶对生　　C. 叶基生　　D. 螺旋状着生

113. 水生花卉荷花为（　　）科花卉。

A. 睡莲　　B. 百合　　C. 莲花　　D. 莲科

114. 下列花卉中为典型的短日照花卉的是（　　）。
A. 百合　B. 菊花　C. 一串红　D. 月季

115. 下列花卉中属二年生花卉的有（　　）。
A. 三色堇　B. 蝴蝶兰　C. 虎尾兰　D. 羽衣甘蓝

116. 独本菊是指（　　）。
A. 一株数花　B. 一株一花　C. 立菊　D. 切花菊

117. 著名的一年生草花一串红属于（　　）花卉。
A. 百合科　B. 唇形科　C. 鼠尾草科　D. 鸢尾科

118. 用球茎进行繁殖的花卉有（　　）。
A. 水仙　B. 唐菖蒲　C. 郁金香　D. 月季

119. 在生长期间进行多次摘心，促使发生多数枝条形成的整形方式是（　　）。
A. 多干式　B. 丛生式　C. 单干式　D. 攀援式

120. 下列宿根花卉中可以根插的为（　　）。
A. 玉簪　B. 芍药　C. 鸢尾　D. 萱草

121. 下列花卉中采用适宜栽培方法可达到三季开花的是（　　）。
A. 君子兰　B. 矮牵牛　C. 百日草　D. 对红

122. 世界著名的“四大切花”为：香石竹、（　　）、月季和唐菖蒲。
A. 非洲菊　B. 菊花　C. 百合　D. 红掌

123. 肥料在花卉生长过程中是不可缺少的，肥料的三种主要元素是（　　）。
A. 氮、磷、钙　B. 氮、磷、镁　C. 磷、镁、钾　D. 氮、磷、钾

124. 北方园林应用常用于点缀草坪的球根花卉有（　　）。
A. 大丽花　B. 水仙　C. 一串红　D. 百日草

125. 以观叶为主的花卉施肥应以（　　）为主。
A. 氮肥　B. 磷肥　C. 钾肥　D. 钙肥

126. 栽培杜鹃花常用（　　）作为营养土。
A. 草炭土　B. 松针土　C. 砂壤土　D. 腐叶土

127. 栽培一品红时，应放在（　　）温室中。
A. 高温　B. 中温　C. 低温　D. 对温度没有要求

128. 下列草本花卉中在北方既可以在温室、又可以在露地应用是（　　）。
A. 彩叶草　B. 君子兰　C. 三色堇　D. 凤仙花

129. 下列花卉中喜全光照的阳性花卉是（　　）。
A. 竹芋　B. 万寿菊　C. 蝴蝶兰　D. 玉簪

130. 促进菊花提前开花时，主要用（　　）方法。
A. 加温处理　B. 低温处理　C. 遮光处理　D. 补光处理

131. 仙客来的繁殖方法主要是（　　）。
A. 叶片扦插　B. 分株　C. 分球　D. 播种

132. 下列花木中，（　　）为酸性花卉。
A. 香石竹　B. 山茶　C. 一串红　D. 月季

133. 下列花卉中为碱性花卉的是（　　）。
A. 杜鹃　B. 香石竹　C. 山茶　D. 栀子

134. 在栽培管理上，下列花卉中（　　）一般需摘心培养。

A．多本菊 B．香石竹 C．大花蕙兰 D．鸡冠花

135．下列花卉中，（ ）不耐移栽。

A．矮牵牛 B．虞美人 C．一串红 D．万寿菊

136．下列球根花卉中，属块茎类的为（ ）。

A．仙客来 B．大丽花 C．美人蕉 D．百合

137．下列球根花卉中，属于鳞茎类花卉的是（ ）。

A．百合 B．郁金香 C．唐菖蒲 D．荷花

138．下列属于不耐寒的阴性花卉的是（ ）。

A．袖珍椰子 B．大岩桐 C．金娃娃萱草 D．玉簪

139．下列球根花卉中，属于根茎类花卉的是（ ）。

A．百合 B．郁金香 C．唐菖蒲 D．荷花

140． 多数秋植球根花卉分布于（ ）气候型。

A．热带雨林 B．沙漠 C．地中海 D．温带

141．选择优良的水仙头（种球）可以从问庄、看形、观色和（ ）四个方面进行挑选。

A．测体（球的大小） B．按压（紧实程度）

C．数数（大头两侧旁生小头多少） D．望盘（茎盘情况）

142．下列花卉属于多年生花卉的植物有（ ）。

A．荷兰菊 B．万寿菊 C．玉簪 D．紫罗兰

143．夹竹桃叶的着生方式为（ ）。

A．叶互生 B．叶对生 C．叶基生 D．轮生

144．玉簪、落新妇的叶着生为（ ）。

A．叶对生 B．叶互生 C．叶基生 D．螺旋状着生

145．假龙头属（ ）花卉。

A．茄科 B．百合科 C．大戟科 D．唇形科

146．下列花卉中为典型的短日照花卉的是（ ）。

A．一品红 B．一串红 C．香石竹 D．万寿菊

147．下列花卉中属多年生花卉的植物有（ ）。

A．玉簪 B．桂竹香 C．一串红 D．万寿菊

148．一年生草花万寿菊是（ ）花卉。

A．菊科 B．百合科 C．茄科 D．鸢尾科

149．球茎类花卉唐菖蒲属（ ）花卉。

A．百合科 B．鸢尾科 C．花葱科 D．禾本科

三、概念

1．花卉 2．一年生花卉 3．露地花卉 4．宿根花卉
5．球根花卉 6．二年生花卉 7．扦插繁殖 8．嫁接繁殖
9．压条繁殖 10．芽接 11．上盆 12．换盆
13．转盆 14．分株繁殖 15．切花 16．水生花卉
17．挺水花卉 18．浮水花卉 19．促成栽培 20．移植
21．保护地栽培 22．硬枝扦插 23．绿枝扦插 24．旱生花卉
25．湿生花卉 26．阳性花卉 27．阴性花卉 28．间苗

29．摘心　30．盆花栽培　31．整形修剪　32．假植
33．花坛　34．花镜　35．观叶花卉　36．翻盆
37．年宵花　38．光周期现象　39．春化作用　40．短日照花卉
41．长日照花卉　42．温度三基点　43．花期调控　44．湿藏法
45．轮作　46．高空压条　47．枝接　48．疏剪
49．无土栽培　50．干藏法

四、简答题

1．花坛设计的原则是什么？哪些花卉适合花坛绿化？
2．花坛与花境的主要区别有哪些？
3．对你生活的小区或校园某一场地进行花坛及花境设计，要求有详细的设计方案及效果图。
4　如何区别蟹爪兰和仙人指？
5．如何区别孔雀草和万寿菊？
6．如何区别芍药和牡丹？
7．常见的花坛花卉有哪些？
8．常见的花境花卉有哪些？
9．花坛花卉常见的种子储藏方法有哪些？
10．花坛花卉扦插繁殖需要怎样的生根环境？
11．花卉生产上，常见的扦插基质有哪些？
12．如何进行玉簪的分株繁殖？制定合理的生产计划。
13．唐菖蒲进行分球繁殖时应注意那些问题？
14．如何用仙人球为砧木进行蟹爪兰的嫁接？
15．如何进行月季的高空压条繁殖？
16．如何提高花卉嫁接繁殖的成活率？
17．庭院花卉进行嫁接繁殖时，如何进行砧木和接穗的选择？
18．如何以白蒿为砧木进行菊花的切接繁殖？
19．如何进行切花月季的“T”字型芽接？
20．家庭居室不同功能空间植物布置的原理是什么？
21．对玄关进行植物装饰的不利因素有哪些？如何对玄关进行植物装饰？
22．客厅植物装饰应注意哪些问题？
23．餐厅花卉布置的重点在哪里？应该如何布置？
24．根据主人年龄的不同，卧室可分为哪几种？在进行植物装饰时应分别注意哪些问题？
25．厨房环境有何特点？植物装饰时应注意哪些问题？
26．书房绿化的原则是什么？哪些植物适合书房绿化？
27．卫浴间环境有何特殊性？适合卫浴间绿化的植物需具备哪些习性？
28．不同朝向的阳台如何选择合适的植物进行绿化？
29．请用下列植物装饰客厅。

供选植物：南天竹、橡皮树、山茶花、朱蕉、散尾葵、绿萝、发财树、巴西铁、万年青、五针松、常春藤、君子兰、棕竹、垂叶榕等。

30．强调建筑物出口的绿化方法一般有几种？其植物布置有何特点？
31．会场分为哪些类型？植物布置各自有何特点？

32. 宾馆植物装饰的重点在哪里？如何进行装饰？

33. 利用巴西木、散尾葵、竹芋、常春藤四种植物，为某餐厅设计一个植物装饰方案。

34. 利用绿萝、一品红、凤梨和春羽四种盆栽植物，为某酒店大堂设计一个绿化设计方案。

35. 利用喜林芋、绿萝、龙血树、橡皮树、变叶木、袖珍椰子、常春藤、龟背竹、棕竹、散尾葵、文竹、秋海棠、豆瓣绿、万年青、凤梨、藻类植物等装饰办公室、会议室。

36. 花卉生产的特点有哪些？

37. 花卉生产管理记录的内容有哪些？怎样进行花卉生产区的区划和布局？

38. 花卉产业技术管理的特点有什么？选用适用的技术应考虑哪几个方面？

39. 花卉产品成本费用包括哪些项目？怎样进行花卉产品的经济效益分析？

40. 花卉产品销售方式有哪些？有何优缺点？

41. 花卉产品的销售策略主要包括哪些？

42. 花卉出口的一般程序包括哪些？有何要求和注意事项？

43. 作为一个花卉公司的经理，怎样做才能盈利？采取怎样的花卉生产及经营管理措施？

44. 某公司欲生产 50000 株一串红，供给“五一”广场绿化，已知购买的一串红种子的发芽率为 98%，该品种一串红的生育期为 110 天。

（1）计算需要购买的种子量。

（2）计算播种日期，拟定节前 10 天上市。

（3）制定一串红的生产计划，确保“五一”用苗。

参考文献

[1] 张艳芳．家庭养花谚语．上海：上海科学技术文献出版社，2011．
[2] 杨先芬．花卉文化与园林观赏．北京：中国农业出版社，2005．
[3] 侯元凯．庭院美化植物．北京：农村读物出版社，中国农业出版社，2007．
[4] 冯天哲等．家庭花卉装饰与商品花卉生产．北京：金盾出版社，1991．
[5] 张宝棣．图说草本花卉栽培与养护．北京：金盾出版社，2007．
[6] 陈发棣等．城市园林绿化花木生产与管理．北京：中国林业出版社，2004．
[7] 赵兰勇．商品花卉生产与经营．北京：中国林业出版社，2000．
[8] 韦三立．阳台花卉．北京：金盾出版社，2006．
[9] 王意成．盆栽花卉生产指南．北京：中国农业出版社，2000．
[10] 工香春．城市景观花卉．北京：中国林业出版社，2003．
[11] 刘金海等．观赏植物栽培．北京：高等教育出版社，2005．
[12] 王敏．商品花木养护与营销．北京：中国农业出版社，2003．
[13] 陈俊愉，程绪珂．中国花经概论．上海：上海文化出版社，1990．
[14] 卢思聪．中国兰与洋兰．北京：金盾出版社，1994．
[15] 舒迎澜．古代花卉．北京：农业出版社，1993．
[16] 孙可群，张应麟，龙雅宜，等．花卉及观赏树木栽培手册．北京：中国林业出版社，1985．
[17] 胡松华．热带兰花．北京：中国林业出版社，2002．
[18] 薛聪贤．观叶植物 225 种．郑州：河南科学技术出版社，2000．
[19] 北京林业大学园林系花卉教研组．花卉学．北京：中国林业出版社，2000．
[20] 包满珠．花卉学．北京：中国农业出版社，2003．
[21] 鲁涤非．花卉学．北京：中国农业出版社，2002．
[22] 吴志华．花卉生产技术．北京：中国林业出版社，2003．
[23] 朱加平．园林植物栽培养护．北京：中国农业出版社，2001．
[24] 曹春英．花卉栽培．北京：中国农业出版社，2001．
[25] 章镇，王秀峰．园艺学总论．北京：中国农业出版社，2003．
[26] 石万方．花卉园艺工（中级）．北京：中国社会劳动保障出版社．2003．
[27] 唐祥宁．花卉园艺工（高级）．北京：中国社会劳动保障出版社，2003．
[28] 沈玉英．花卉应用技术．北京：中国农业出版社，2006．
[29] 雷一东．园林绿化方法与实现．北京：化学工业出版社，2006．
[30] 刁慧琴，君丽．花卉布置艺术．南京：东南大学出版社，2001．
[31] 董丽．园林花卉应用设计．北京：中国林业出版社，2003．
[32] 岳桦．园林花卉．北京：高等教育出版社，2006．
[33] 金波．室内观叶植物．北京：中国农业出版社，1999．
[34] 夏春森，朱义君，等．名新花卉标准化栽培．北京：中国农业出版社，2005．
[35] 刘燕．园林花卉学．北京：中国林业出版社，2003．
[36] 张树宝．花卉生产技术．重庆：重庆大学出版社，2006．
[37] 朱加平．园林植物栽培养护．北京：中国农业出版社，2001．
[38] 成海钟．观赏植物栽培．北京：中国农业出版社，2000．
[39] 许荣彦．花卉学．北京：中国林业出版社，1993．
[40] 邱国金．园林植物．北京：中国农业出版社，2001．

[41] 施振周．园林花卉栽培新技术，北京：中国农业大学出版社，1999.
[42] 彭东辉．园林景观花卉学．北京：机械工业出版社，2008.
[43] 杜莹秋．宿根花卉栽培与应用．北京：中国林业出版社，2002.
[44] 吴涤新．花卉应用与设计．北京：农业出版社，1994.
[45] 马太和．观叶植物大全．北京：中国旅游出版社，1989.
[46] 卢海新．园林规划设计．北京：化学工业出版社，2005.
[47] 何小弟．园林树种选择与应用实例．北京：中国农业出版社，2003.
[48] 胡长龙．城市园林绿化设计．北京：中国林业出版社，2003.
[49] 朱钧珍．中国园林植物景观艺术．北京：中国建筑工业出版社，2003.
[50] 余树勋．花园设计．天津：天津大学出版社，1998.
[51] 朱秀珍．花坛艺术．沈阳：辽宁科学技术出版社，2002.
[52] 车生泉．室内装饰植物设计与范例．北京：中国农业出版社，2002.
[53] 徐惠风等．室内绿化装饰．北京：中国林业出版社，2002.
[54] 朱仁元等．花卉立体装饰．北京：中国林业出版社，2002.
[55] 王立新．园林植物应用技术．中国劳动社会保障出版社，2009.
[56] 柏玉平．花卉栽培技术．北京：化学工业出版社，2009.
[57] 周余华．花卉栽培．北京：化学工业出版社，2011.
[58] 陈卫元．花卉栽培．第 2 版．北京：化学工业出版社，2010.
[59] 熊运海．园林植物造景．北京：化学工业出版社，2009.
[60] 刘奕清．观赏植物．北京：化学工业出版社，2009.
[61] 宋会访．园林规划设计．第 2 版．北京：化学工业出版社，2011.
[62] 陈璟．园林规划设计．北京：化学工业出版社，2009.
[63] 张德炎．园林规划设计．北京：化学工业出版社，207.